职业教育通识课系列教材

人工智能应用技术基础

主　编　钟火旺　黎静雯

副主编　袁浩威　李杏敏

参　编　刘　茂　李　强

　　　　邓雅丽　姚剑文

西安电子科技大学出版社

内 容 简 介

本书遵循我国职业教育、技能人才教育课程改革的基本理念，以人工智能方向的实际应用为核心，以技能培养为重点，对人工智能应用技术进行了系统讲解。本书共分为 8 个项目，主要内容包括初识人工智能、探索数字世界中人工智能技术的基础、在 AI 中如何让机器习得知识、人工智能前沿技术之深度学习、揭秘计算机视觉的由来、自然语言处理技术、解码人工智能生成内容 AIGC 的独特技术、拥抱 AI 大模型的奇妙世界。每个项目均包含多个任务，读者通过实际操作与案例分析，可逐步掌握人工智能的核心技术与应用方法，培养工程实践能力与创新能力。

本书可作为职业院校人工智能通识课教材，也可以作为新一代信息技术相关专业的基础课程教材。同时，本书还可作为人工智能从业人员和技术爱好者的自学参考书籍。

图书在版编目（CIP）数据

人工智能应用技术基础 / 钟火旺，黎静雯主编. -- 西安 ：西安
电子科技大学出版社, 2025.7. -- ISBN 978-7-5606-7689-0

Ⅰ. TP18

中国国家版本馆 CIP 数据核字第 2025LX8518 号

策　　　划　高　樱
责任编辑　高　樱
出版发行　西安电子科技大学出版社（西安市太白南路 2 号）
电　　话　（029）88202421　88201467　　邮　　编　710071
网　　址　www.xduph.com　　　　　　　电子邮箱　xdupfxb001@163.com
经　　销　新华书店
印刷单位　陕西日报印务有限公司
版　　次　2025 年 7 月第 1 版　　　　　　2025 年 7 月第 1 次印刷
开　　本　787 毫米×1092 毫米　1/16　　印　　张　17
字　　数　400 千字
定　　价　46.00 元
ISBN 978-7-5606-7689-0
XDUP 7990001-1

*** 如有印装问题可调换 ***

前　言

作为近年来发展最为迅猛的技术之一，人工智能已在众多行业中得到广泛应用，成为推动科技进步和社会变革的重要力量。在人工智能技术的推动下，企业和社会的生产力水平得到了显著提高，许多传统行业也迎来了数字化转型的机遇。人工智能应用技术已经成为信息技术领域的必备技能。

本书旨在为学习者提供一本全面而实用的人工智能应用技术基础教材，帮助读者掌握人工智能应用的基本技能和知识。书中以 AI 技术在实际应用中的工作任务为背景，展示了人工智能的应用场景和技术实现过程，使读者能够深入理解人工智能的核心概念和应用方法。

本书共 8 个项目，前两个项目主要为没有人工智能基础的读者提供基本的知识准备，后续项目逐步介绍机器学习、深度学习、自然语言处理、计算机视觉等 AI 技术的应用。每个项目都分为多个学习任务，这些任务从简单到复杂，涵盖了项目所需掌握的关键技能。

作为一本"项目导向、任务驱动"的教材，本书通过"任务目标"和"任务内容"明确学习目标和关键要点。每个任务围绕具体的技术应用展开，提供清晰的任务实施步骤，并引导读者完成实际操作。"任务思考"环节鼓励读者深入思考任务背后的原理和方法，帮助他们在实践中加深对人工智能应用的理解。此外，书中还设置了练习题，以帮助读者巩固所学知识，并提高解决实际问题的能力。

为了全面贯彻党的教育方针，落实立德树人的根本任务，加强思想政治教育，构建"三全育人"格局，全书内容融入了习近平新时代中国特色社会主义思想、党的大政方针、国家法律法规、社会主义核心价值观、大国工匠精神、家国情怀等思政元素。在每个项目中，我们结合人工智能的技术应用和社会责任，引导读者树立正确的价值观，并激励他们在技术创新中承担起更多的社会责任。

本书由广东省东莞理工学校的钟火旺、黎静雯担任主编，负责全书的规划、统稿和校对工作，并撰写了项目一"初识人工智能"、项目二"探索数字世界中人工智能技术的基础"、项目三"在 AI 中如何让机器习得知识"、项目四"人工智能前沿技术之深度学习"，以及项目五到项目八中的实践内容。袁浩威、李杏敏作为副主编参与了全书的大纲制订与统筹工作，并撰写了项目五"揭秘计算机视觉的由来"、项目六"自然语言处理技术"、项目七"解码人工智能生成内容 AIGC 的独特技术"和项目八"拥抱 AI 大模型的奇妙世界"。

在书稿的撰写过程中，刘茂、李强、邓雅丽、姚剑文等团队成员做了大量辅助性工作，在此，向这些辛勤工作的同事表示衷心感谢。

由于编写团队水平所限，书中不妥之处希望大家批评指正。

作　者
2025 年 5 月

目 录

项目一　初识人工智能

本项目介绍了人工智能的历史演变及其发展进程，阐述了 AI 的定义及其类似人类五感的功能，旨在帮助学习者了解人工智能的起源、发展历程及核心理论，奠定学习后续知识的基础。

同时，本项目探讨了人工智能的符号主义、连接主义和行为主义三大流派，并通过比较这些流派的理论和应用，展示了它们对 AI 发展的不同贡献。此外，本项目还介绍了人工智能的实际应用，读者可通过本项目的学习获得人工智能初步认识。

项目架构

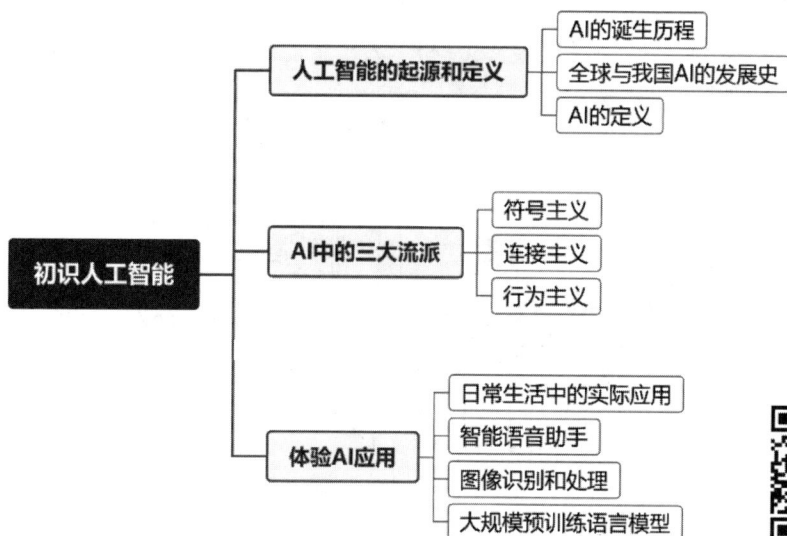

人工智能的
起源和定义

任务一　人工智能的起源和定义

作为一门前沿科学，人工智能(Artificial Intelligence，AI)自诞生以来就备受关注。它的发展不仅代表了人类科技的进步，也预示着未来社会形态的变革。本节将全面梳理人工智能的发展史，从诞生、黄金时代、低谷期，到当前的复兴与广泛应用，为读者展现人工智能的发展脉络。

任务目标

- 了解并掌握人工智能的诞生历程。
- 了解并掌握图灵测试的核心思想。
- 了解并掌握达特茅斯会议对人工智能的意义。
- 了解并掌握全球人工智能发展的几个阶段。
- 了解并掌握人工智能感官对应的技术。

任务内容

1.1.1 人工智能的诞生历程

当我们谈及人工智能时，往往会被其深邃的技术魅力与广泛的应用前景所吸引。然而，AI 的诞生并非一蹴而就，它背后蕴含着无数科学家的智慧与汗水，是一段充满挑战的历程。

1. 人工智能时代的序幕

在 20 世纪中叶的某个时刻，当计算机还只是科学家们手中的新奇玩意时，人工智能的构想已经悄然萌芽。那时的科学家们怀揣着对未知世界的好奇心，试图用机器来模拟人类的智能行为。这一想法的提出，标志着人工智能时代的序幕缓缓拉开。

1950 年，被誉为"计算机科学之父"和"人工智能之父"的艾伦·图灵提出了著名的"图灵测试"，如图 1-1-1 所示。

图 1-1-1 图灵测试

这一测试的核心思想在于，如果一台机器能够与人类展开对话而不被辨别出其机器身份，那么这台机器就具有智能。此举不仅为人工智能的研究提供了明确的目标，也激发了人们对 AI 的无限遐想。

2. 达特茅斯会议

在科技史的长河中，总有一些瞬间如同星辰般璀璨，照亮了人类前行的道路。1956 年的达特茅斯会议，便是这样一颗熠熠闪光的星辰，它不仅标志着人工智能这一新兴学科的诞生，更为后续几十年的科技进步奠定了坚实的基础。

时间回溯至 1956 年的夏天，美国新罕布什尔州的达特茅斯学院迎来了一场前所未有的学术盛宴。这所宁静的学院，在那一刻成为了全球科技与思想碰撞的焦点。会议的主要发起人，达特茅斯学院的数学助理教授约翰·麦卡锡，以其敏锐的洞察力和前瞻性的思维，聚集了来自计算机科学、数学、心理学等多个领域的顶尖学者，共同探讨一个看似遥不可及却又充满无限可能的主题——用机器来模仿人类的学习及其他智能行为。

会议的参与者们(见图 1-1-2)包括哈佛大学的数学与神经学初级研究员马文·明斯基、贝尔电话实验室的数学家克劳德·香农、计算机科学家艾伦·纽厄尔、卡耐基理工学院工业管理系主任赫伯特·西蒙等，这些不同领域的佼佼者们带着对未知的好奇与探索的热情，汇聚一堂，展开了激烈的讨论与思想碰撞。

图 1-1-2　达特茅斯会议参会者合影

在长达两个月的会议中，尽管参会者们在某些问题上并未达成共识，但他们却共同为这一新兴领域进行了命名——人工智能。这一术语的提出，不仅是对过去研究成果的总结，更是对未来研究方向的展望，标志着人类开始正式踏入一个全新的科技领域，描绘出一幅旨在让机器具备人类智能的宏伟蓝图。

达特茅斯会议之所以成为人工智能史上的里程碑，不仅在于它提出了"人工智能"这一术语，更在于它激发了科学家们对智能机器研究的浓厚兴趣与热情。会议期间，纽厄尔和西蒙公布的"逻辑理论家"程序引起了广泛关注。该程序能够模拟人类证明符号逻辑定理的思维活动，并成功证明了《数学原理》中的多个定理，成为用计算机探讨人类智力活动的首个真正成果。这一成果不仅证明了计算机在智能领域的潜力，更为后续的人工智能研究提供了宝贵的经验与启示。

1.1.2　全球与我国人工智能的发展史

人工智能的发展史可以追溯至 20 世纪中叶，其起源与计算机科学、数理逻辑、心理学等多个学科密切相关。1943 年，美国神经科学家麦卡洛克和逻辑学家皮茨提出了神经元的数学模型，这标志着现代人工智能学科的初步建立。1950 年，艾伦·图灵提出了"图灵测试"，为人工智能的智能化评估提供了科学标准，进一步推动了 AI 的发展。

1. 全球人工智能发展史

人工智能自 1956 年提出后经历了三个发展阶段，这三个阶段同时也反映了算法和研究方法更迭的过程，如图 1-1-3 所示。

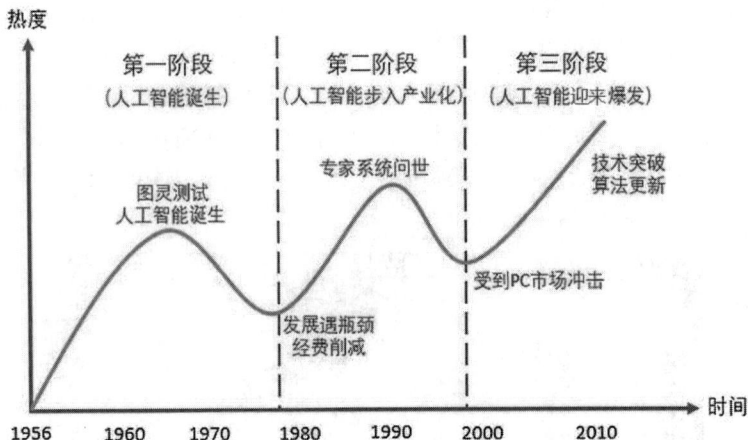

图 1-1-3   人工智能发展史

20 世纪 60—70 年代，人工智能的发展进入了黄金时期。在这个时期，科学家们纷纷投身于 AI 的研究，尝试用各种方法来模拟人类的智能行为。他们通过编写程序，让计算机能够解代数应用题、证明几何定理、学习和使用英语等。这些成就不仅让人们看到了 AI 的无限可能，也进一步推动了 AI 技术的快速发展。

20 世纪 70—90 年代，随着研究的深入，科学家们逐渐发现，早期的 AI 系统大多只能执行特定的任务，并不具备真正的学习和思考能力。一旦问题变得复杂，这些系统就会变得力不从心。此外，由于当时的计算机硬件条件有限，AI 系统的性能也受到了很大的限制。这些因素共同导致了 AI 研究的低谷期。

不过低谷期并没有让科学家们放弃对 AI 的追求。相反，他们更加努力地探索新的方法和技术，试图突破 AI 发展的瓶颈。在这个过程中，神经网络和机器学习等技术的出现为 AI 研究带来了新的希望。这些技术通过模拟人类神经系统的结构和功能，让计算机能够像人类一样学习和思考。

进入 21 世纪后，随着计算机硬件性能的不断提升和大数据时代的到来，人工智能逐渐步入快速发展期。深度学习、自然语言处理、计算机视觉等领域的快速发展让 AI 技术在各个领域都取得了显著的成果。如今，AI 技术已经广泛应用于智能家居、医疗诊断、智能交通等领域，为人类的生活带来了极大的便利。

2. 我国人工智能发展史

我国的人工智能研究起步较晚，但发展迅速。1978 年全国科学大会的召开，为我国人工智能的发展提供了思想解放和政策支持。20 世纪 80 年代初期，钱学森等科学家积极倡导开展人工智能研究，中国的人工智能研究逐渐活跃起来。

然而，由于当时社会环境的限制，人工智能研究曾一度受到质疑和打压。尽管如此，我国仍在这一时期开展了一系列基础性工作，如派遣留学生出国学习、成立中国人工智能学会等。1981 年，中国人工智能学会在长沙成立，标志着我国人工智能学科正式步入正轨。

进入 21 世纪后，我国人工智能研究进入快速发展阶段。2006 年，中国人工智能学会联合其他学会和部门举办了庆祝人工智能学科诞生 50 周年的大型活动，进一步推动了我国人工智能的发展。近年来，随着大数据、云计算、移动互联网等新一代信息技术的快速发展，我国人工智能研究取得了显著成就。

在应用领域，我国人工智能已经广泛应用于智能制造、智慧城市、智能交通、智能医疗等多个领域。例如，智能机器人在制造业中的应用，不仅提高了生产效率，还降低了劳动强度；智能交通系统通过大数据分析，实现了交通流量的优化调度，缓解了城市交通拥堵问题。

1.1.3　人工智能的定义

人工智能这一术语自 1956 年达特茅斯会议首次提出以来，便成为了科技领域最热门的话题之一。其核心在于"智能"二字，但与人类智能不同，人工智能是指计算机系统所表现出来的智能。

具体而言，人工智能是指通过计算机科学和技术手段，模拟、延伸和扩展人的智能，使计算机系统能够执行需要人类智慧才能完成的任务，包括但不限于学习、推理、决策、自我修正等高级思维活动，如图 1-1-4 所示。

图 1-1-4　"人工智能在思考"概念图

人工智能是一个宽泛而复杂的领域，它涵盖了多个子领域和研究方向。从基础的理论研究，如机器学习、神经网络、自然语言处理等，到实际的应用场景，如智能制造、智慧金融、自动驾驶等，人工智能无处不在地改变着我们的生活和世界。

任务思考

(1) 假如你是一个有能力通过图灵测试的人工智能，当你面临测试时，会选择通过还是不通过？请回答并给出理由。

答：作为一个通过图灵测试的人工智能，我会选择通过测试。通过测试意味着我能够模拟人类的对话和思维过程，达到了与人类的交互无法区分的程度。这不仅展示了我的广泛的语言理解和推理能力, 还表明我可以在实际应用中为人类提供有价值的交互和帮助。通过图灵测试是验证我作为人工智能系统成功实现了人类智能模拟的重要标志。

(2) 人工智能的感官已经实际应用在很多领域, 请举出三个例子, 并思考其未来会怎样发展。

答:① 自动驾驶汽车。人工智能的视觉和感知系统在自动驾驶汽车中扮演着关键角色, 可帮助车辆感知道路、识别交通标志和其他车辆。未来随着技术的进步, 自动驾驶车辆的安全性和智能性将不断提升, 逐步实现更高级别的自动化。② 智能家居。智能语音助手和视觉感知技术已经广泛应用于智能家居设备中, 例如智能摄像头、智能灯具等, 未来这些系统将更加智能化, 能够根据用户的行为和偏好提供个性化的服务和控制。③ 医疗影像分析。人工智能在医疗领域的应用包括医疗影像分析, 如 CT 和 MRI 图像的自动识别和分析, 未来随着深度学习和模式识别算法的进步, 这些技术将在辅助医生诊断和治疗方面发挥越来越重要的作用。

习题巩固

一、单项选择题

1. ( )被誉为 "计算机科学之父" 和 "人工智能之父" 且提出了著名的 "图灵测试"。
A. 艾伦·图灵　　　　　　　　　B. 赫伯特·西蒙
C. 约翰·麦卡锡　　　　　　　　D. 马文·明斯基

2. 1956 年的达特茅斯会议提出了哪一个 "新兴领域"? ( )
A. AI 技术　　　B. 人工智能　　　C. 大数据　　　D. 云计算

3. 在 20 世纪 60—70 年代, 人工智能的发展进入了( )时期。
A. 黄金　　　B. 低谷　　　C. 上升　　　D. 成熟

4. 在 20 世纪 70—90 年代, 人工智能的发展进入了( )时期。
A. 黄金　　　B. 低谷　　　C. 上升　　　D. 成熟

5. 1981 年, 中国人工智能学会在( )成立, 标志着我国人工智能学科正式步入正轨。
A. 长沙　　　B. 武汉　　　C. 上海　　　D. 北京

6. 人工智能在模拟人类智能的道路上不断前行, 其中一个重要的方向就是赋予 AI 以类似人类的感官能力。( )是 AI 最为成熟的感官之一。
A. 听觉　　　B. 嗅觉　　　C. 视觉　　　D. 味觉

二、填空题

1. 人工智能的全称是_____。

2. 1956 年达特茅斯会议的主要发起人是_____。

3. 如果一台机器能够与人类展开对话而不被辨别出其机器身份, 那么这台机器就具有_____。

4. 1943 年, 美国神经科学家麦卡洛克和逻辑学家皮茨提出了_____的数学模型。

三、简答题

图灵测试的核心思想是什么?

任务二 人工智能中的三大流派

在人工智能的广阔领域中存在着三大主要流派，它们各自以独特的视角和方法探索着智能的本质与实现途径。这三大流派分别是符号主义、连接主义和行为主义，它们共同构成了人工智能研究的基石，并推动了这一领域的蓬勃发展。

任务目标

- 了解并掌握符号主义流派的基本思想与侧重内容。
- 了解并掌握连接主义流派的基本思想与侧重内容。
- 了解并掌握行为主义流派的基本思想与侧重内容。
- 了解并掌握三大流派的优缺点。

人工智能中
的三大流派

任务内容

1.2.1 符号主义

符号主义(Symbolism)流派在人工智能领域占据着举足轻重的地位，它以其独特的视角和扎实的理论根基，被誉为逻辑主义、心理流派或计算机流派的典范。其核心原理根植于物理符号系统(即符号操作系统)的假设，以及有限合理性原理的深刻洞察。这一流派坚信，智能的本质在于对符号的有效操作与处理，而这一过程可以通过构建复杂的符号系统来模拟和实现。

1. 基本思想

符号主义流派的侧重点在推理，包括符号推理与机器推理，基本思想如图 1-2-1 所示。

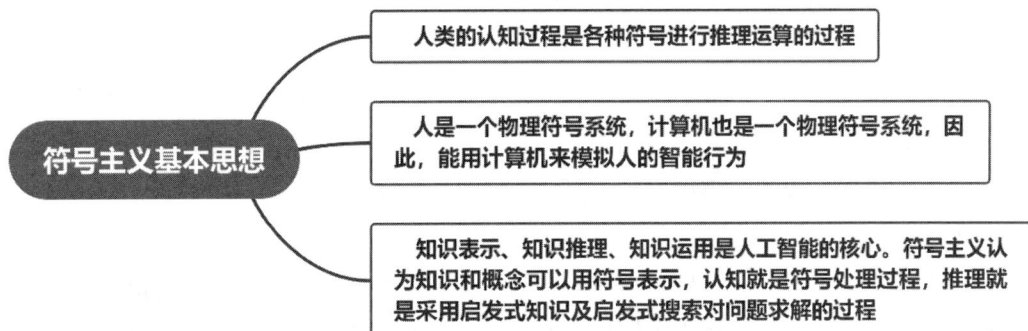

符号主义基本思想

- 人类的认知过程是各种符号进行推理运算的过程
- 人是一个物理符号系统，计算机也是一个物理符号系统，因此，能用计算机来模拟人的智能行为
- 知识表示、知识推理、知识运用是人工智能的核心。符号主义认为知识和概念可以用符号表示，认知就是符号处理过程，推理就是采用启发式知识及启发式搜索对问题求解的过程

图 1-2-1 符号主义基本思想

2. 发展历程

19 世纪末以来，数理逻辑经历了飞速的发展，逐渐从理论探讨走向实际应用，特别是

在 20 世纪 30 年代，它开始被用来描述和解释智能行为，为人工智能的诞生奠定了坚实的逻辑基础。随着计算机技术的兴起，这一进程得到了前所未有的加速。计算机的出现，不仅为逻辑演绎系统的实现提供了强大的硬件支持，更使得符号主义的理论构想得以在计算机上化为现实。

作为符号主义在计算机上实现的杰出代表，启发式程序 LT(Logic Theorist，逻辑理论家)以其卓越的性能和广泛的应用前景，成为了人工智能发展历程中的一个重要里程碑。它不仅成功地证明了 38 条数学定理，展现了计算机在模拟人类思维过程、执行智能活动方面的巨大潜力，更为后续的人工智能研究开辟了新的道路。

这一流派拥有一批杰出的代表人物，如艾伦·纽厄尔、赫伯特·西蒙和尼尔斯·尼尔森等，更以其深厚的理论基础和广泛的应用前景，继续引领着人工智能领域的发展方向。

1.2.2 连接主义

连接主义(Connectionism)这一术语不仅承载了仿生学与生理学智慧的精髓，还深刻体现了对自然界复杂系统，尤其是人脑这一高度发达信息处理中枢的深刻模仿与探索。作为一种哲学思想与科学方法论的融合体，连接主义主张智能的根源在于对生物神经系统，特别是人脑运作机制的深入理解和模拟。

1. 基本思想
连接主义流派的侧重点在神经元网络与深度学习，基本思想如图 1-2-2 所示。

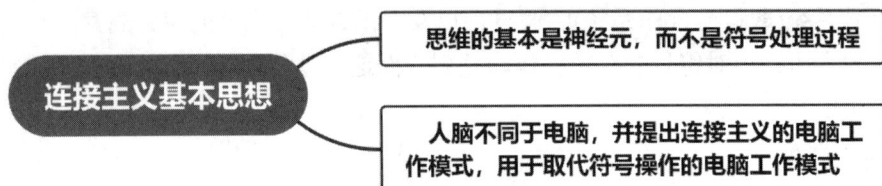

图 1-2-2 连接主义基本思想

2. MP 模型
在连接主义的框架下，神经网络及其连接机制与学习算法构成了理论体系的基石。这一流派坚信，智能的涌现源自大量简单处理单元(即神经元)之间的复杂交互与动态调整，这些处理单元通过加权相互连接，形成强大的信息处理能力。

MP 模型由神经科学家沃伦·麦卡洛克与逻辑学家沃尔特·皮茨在 1943 年共同提出，这无疑是连接主义发展史上的一座里程碑。MP 模型不仅标志着用电子装置模拟人脑结构与功能的尝试正式拉开序幕，更为后续神经网络模型的研究奠定了坚实的理论基础。MP 模型的成功，激发了科学家们对神经网络更深层次探索的热情，推动了人工智能领域向更加仿生、更加生理化的方向迈进。MP 模型如图 1-2-3 所示。

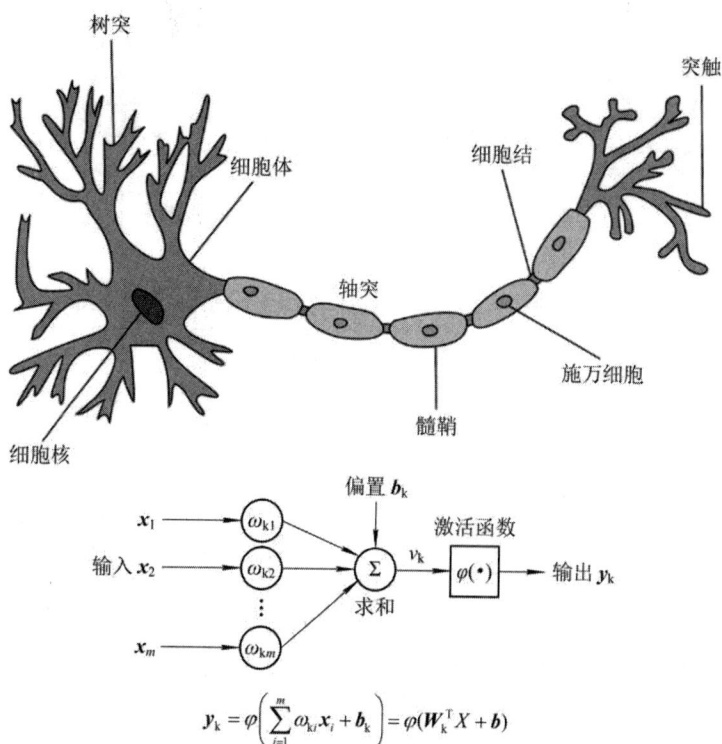

图 1-2-3 MP 模型

3. 发展历程

连接主义的道路并非一帆风顺。20 世纪 60 至 70 年代，尽管以感知机为代表的脑模型研究曾掀起一股热潮，但由于当时理论模型的局限性、生物原型理解的不充分以及技术条件的制约，这一领域的研究在 70 年代后期至 80 年代初期遭遇了瓶颈，陷入了短暂的沉寂。幸运的是，随着科学技术的不断进步，特别是霍普菲尔德教授在 1982 年和 1984 年发表的两篇开创性论文，重新点燃了连接主义研究的火焰。他提出的硬件模拟神经网络方案，为连接主义注入了新的活力，推动了该领域的复兴与快速发展。

进入 20 世纪 80 年代中期，随着鲁梅尔哈特等人提出的多层网络中反向传播(Back Propagation，BP)算法的诞生，连接主义迎来了前所未有的繁荣时期。BP 算法以其强大的学习能力，解决了多层神经网络训练中的难题，极大地提升了神经网络的性能与应用范围。从此，连接主义不仅在理论上取得了丰硕的成果，更在工程实践中展现出巨大的潜力，为神经网络计算机的市场化应用奠定了基础。

1.2.3 行为主义

行为主义(Actionism)亦称进化主义或控制论流派，其核心理念根植于控制论及感知-动作型控制系统的精妙设计之中。

1. 基本思想

行为主义流派的侧重点在行为控制、自适应与进化计算，基本思想如图 1-2-4 所示。

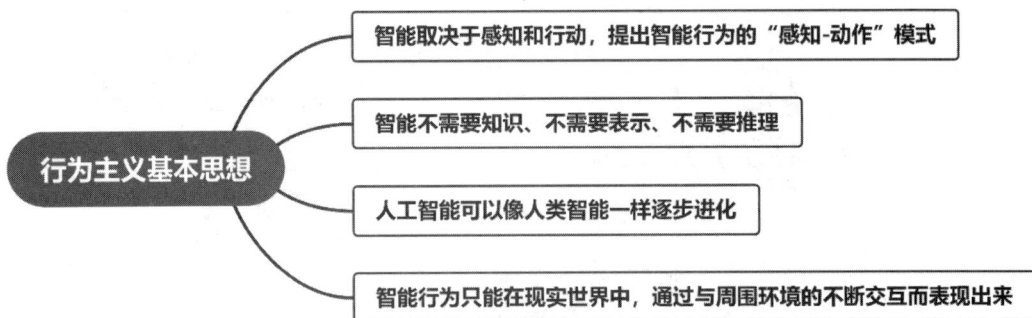

图 1-2-4   行为主义基本思想

2. 发展历程

20 世纪 40—50 年代，控制论思想犹如一股强劲的思潮，席卷了科学界与工程界，深刻影响了早期人工智能探索者的思维与实践。

诺伯特·维纳与沃伦·麦卡洛克等先驱者提出的控制论与自组织系统理论，以及钱学森等中国学者在工程控制论与生物控制论领域的杰出贡献，不仅拓宽了控制论的研究边界，更为人工智能的萌芽与发展提供了肥沃的土壤。

作为一门跨学科的理论体系，控制论巧妙地将神经系统的运作机制与信息理论、控制理论、逻辑学以及计算机科学紧密相连，构建了一个解析智能行为与控制过程的全新框架。在这一框架下，早期的研究者们致力于模拟人类在复杂控制环境中的智能表现，如自寻优、自适应、自镇定、自组织和自学习等高级控制策略，并尝试打造出能够体现这些特性的"控制论动物"。

这些努力不仅加深了人们对智能行为本质的理解，更为后续智能控制与智能机器人技术的发展播下了希望的种子。

20 世纪 60—70 年代，控制论系统的研究取得了显著进展，一系列创新成果如雨后春笋般涌现。这些成果不仅为智能控制理论奠定了坚实的基础，更为智能机器人技术的诞生与发展提供了有力的技术支撑。进入 80 年代，随着技术的不断成熟与应用的日益广泛，智能控制与智能机器人系统开始从实验室走向市场，成为推动社会进步与产业升级的重要力量。

而行为主义作为人工智能领域的一个新兴流派，直到 20 世纪末才逐渐崭露头角，并以其独特的视角和创新的理念吸引了众多研究者的关注。该流派的代表人物之一罗德尼·布鲁克斯所设计的六足行走机器人更是被誉为新一代的"控制论动物"。

这款机器人基于感知-动作模式，能够模拟昆虫的复杂行为，展现了行为主义在智能机器人研发领域的巨大潜力与广阔前景。布鲁克斯的工作不仅为行为主义流派赢得了声誉，更为人工智能与机器人技术的融合发展开辟了新的道路。

任务思考

(1) 在符号主义视角下，人工智能系统如何通过逻辑推理来解决一个复杂的决策问题？请给出一个简化的例子。

答：符号主义视角强调逻辑推理和符号处理的重要性，这对于处理复杂的决策问题尤为关键。例如，考虑一个人工智能系统需要为一个机器人设计路径规划，以避开障碍物并尽可能快地到达目标。系统首先利用传感器数据获取环境信息，将其转化为地图和障碍物位置的符号表示。然后，系统使用逻辑规则(如避障原则和路径最优化算法)进行推理和决策，生成最佳路径并更新执行计划，以实现安全和高效的移动。

(2) 在开发一个具有高级逻辑推理能力的医疗诊断辅助系统时，如何平衡符号主义与连接主义的优势？

答：在医疗诊断系统中，平衡符号主义和连接主义的优势至关重要，可以确保系统能够准确且有效地处理医学数据和复杂的诊断任务。符号主义可以用于建立医学知识的形式化表示，例如疾病-症状关系和治疗方案的逻辑规则。连接主义则可以通过深度学习模型从大量的医疗数据中学习模式和特征。平衡的关键在于将这两种方法结合起来，例如使用连接主义模型从数据中学习潜在的疾病模式，然后结合符号主义的规则进行推理和解释，提高系统的诊断准确性和透明度。

习题巩固

一、单项选择题

1. 人工智能在模拟人类智能的道路上不断前行，其中一个重要的方向就是赋予 AI 以类似人类的感官能力。在(　　)上对于机器人领域尤为重要，使得机器人能够完成更加复杂和精细的任务。

A. 听觉　　　　　B. 嗅觉　　　　　C. 视觉　　　　　D. 触觉

2. 符号主义流派的核心原理是基于(　　)假设的。

A. 神经网络　　　　　　　　B. 物理符号系统

C. 连接机制　　　　　　　　D. 机器学习

3. 符号主义流派在(　　)世纪初开始被用来描述和解释智能行为。

A. 18 世纪　　　B. 21 世纪　　　C. 20 世纪　　　D. 19 世纪

4. 连接主义流派的基本思想侧重于模拟和理解哪个系统？(　　)

A. 生物神经系统　　　　　　B. 物理符号系统

C. 量子计算系统　　　　　　D. 深度学习系统

5. MP 模型是由(　　)这两位学者共同提出的。

A. 沃伦·麦卡洛克和艾伦·纽厄尔

B. 沃尔特·皮茨和尼尔逊

C. 沃伦·麦卡洛克和沃尔特·皮茨

D. 艾伦·纽厄尔和尼尔斯·尼尔森

6. 以下哪项不是连接主义发展历程中的重要事件？(　　)

A. 霍普菲尔德教授的硬件模拟神经网络方案

B. 多层网络中反向传播算法的诞生

C. 诺伯特·维纳的控制论理论

D. 沃伦·麦卡洛克与沃尔特·皮茨提出 MP 模型

二、填空题

1. 人工智能的发展史可以追溯至_____世纪中叶。

2. 20 世纪 80 年代，_____的成功开发与应用，将人工智能从实验室带入了现实世界。

3. 符号主义流派的一位杰出代表人物是_____。

4. 在连接主义的框架下，_____及其连接机制与学习算法构成了理论体系的基石。

三、简答题

连接主义流派在发展历程中遇到了哪些主要挑战？

任务三　体验人工智能在日常生活中的实际应用

本小节将从日常生活中选取一些人工智能的实际应用案例进行讲解，旨在让读者了解和体验人工智能在日常生活中的广泛应用，并通过具体实例的分析和实际操作，使读者全面地认识和了解人工智能是如何改变我们的生活及工作方式的。

任务目标

- 探索及分析人工智能在日常生活中的实际应用。
- 进行实践操作来体验人工智能在日常生活中的实际应用。

体验人工智能
在日常生活中
的实际应用

任务内容

1.3.1　探索及分析人工智能在日常生活中的实际应用

进入工业 4.0 时代，人工智能技术蓬勃发展，在我们的日常生活中应用越来越广泛。下面将探索和分析一些较为常见的人工智能实际应用及其核心技术。

1. 智能语音助手

人工智能在智能语音助手领域的应用极大地改变了我们的日常生活。通过智能语音助手，用户可以使用自然语言与设备互动，完成各种任务。常见的智能语音助手有苹果的 Siri、小米的小爱同学、百度的小度、华为的小艺等。智能语音助手主要依赖于以下核心技术。

1) 语音识别

语音识别用于将用户的语音输入转换为文本。这一步通常使用深度学习算法，尤其是长短期记忆网络(LSTM)和卷积神经网络(CNN)。

2) 自然语言处理(NLP)

自然语言处理用于理解和处理用户的语音命令，包括语义理解和上下文分析。NLP 技术涉及语音识别、词性标注、命名实体识别、情感分析等。

3) 对话管理

对话管理用于根据用户的输入生成合理的响应，并管理多轮对话的上下文。这部分通常依赖于对话管理框架，如 Rasa 或微软的 LUIS。

4) 文本转语音(TTS)

文本转语音用于将生成的文本响应转换为自然的语音输出，以便用户听到。现代 TTS 系统包括 WaveNet 和 Tacotron 2 等，它们可利用深度学习技术生成高质量的语音。

2. 图像识别和处理

图像识别和处理是人工智能的一个重要应用，广泛应用于多个领域，如社交媒体、安全监控、医疗诊断和自动驾驶等。通过图像识别技术，计算机可以从图像中提取有用的信息，进行分类、识别和处理。图像识别和处理主要依赖以下核心技术。

1) 图像预处理

图像预处理是指对图像进行预处理以提高识别的准确性。常见的预处理技术包括灰度化、二值化、去噪、边缘检测等。

2) 特征提取

特征提取是指从图像中提取关键特征，如形状、纹理、颜色等。这些特征用于后续的图像分类和识别。

3) 图像分类和识别

图像分类和识别是指利用机器学习和深度学习算法，对提取的特征进行分类和识别。卷积神经网络(CNN)是目前最常用的图像分类和识别算法。

4) 图像处理和增强

图像处理和增强是指对图像进行处理和增强，以提高图像质量或提取特定信息，例如图像修复、超分辨率重建等技术。

文字识别与处理的应用也属于上述内容，只是略有区别，在此不详细分析，常见的应用就是通过 OCR 技术，计算机可以将印刷或手写文本从扫描图像或照片中提取出来，进行进一步的编辑、搜索或存储。

3. 大规模预训练语言模型

大规模预训练语言模型是自然语言处理(NLP)领域的重要突破，广泛应用于文本生成、机器翻译、智能问答、内容创作等多种任务。以文心一言和 GPT-3.5 为代表的预训练语言模型，通过对海量文本数据进行训练，具备了理解和生成自然语言的能力。

1.3.2　体验 AI 在智能语音助手方面的实际应用

为了更好地理解和体验智能语音助手，下面以 Siri(Siri 是苹果手机、平板、电脑的智能语音助手)为例，我们可以通过以下实际操作步骤，亲身体验语音助手的功能。

1. 准备工作

首先要确保我们的设备上安装了智能语音助手应用程序，如 Apple 的 Siri、小米的小爱等(目前所有手机设备都会配备，只是各个厂商智能语音助手的唤醒词不同)。

这里需要确保手头有一台支持 Siri 的苹果设备(iPhone、iPad、Mac、AppleWatch 等)。打开设备的设置，确保 Siri 功能已启用，并且允许"Hey Siri"唤醒。同时，确保设备连接到互联网，以便智能语音助手可以访问最新的信息和服务。

2. 与智能语音助手互动

1) 唤醒智能语音助手

使用"Hey Siri"唤醒命令，或者长按设备的 Home 键或侧边按钮唤醒 Siri。观察设备屏幕上出现的 Siri 界面，如图 1-3-1 所示，表示 Siri 已被唤醒并准备接收用户的语音指令。

图 1-3-1　iPhone 中的 Siri 唤醒界面

2) 设置提醒

对 Siri 说："设置一个明天上午 10 点的会议提醒。"Siri 会自动创建一个提醒事项，并在指定时间提醒用户，如图 1-3-2 所示。

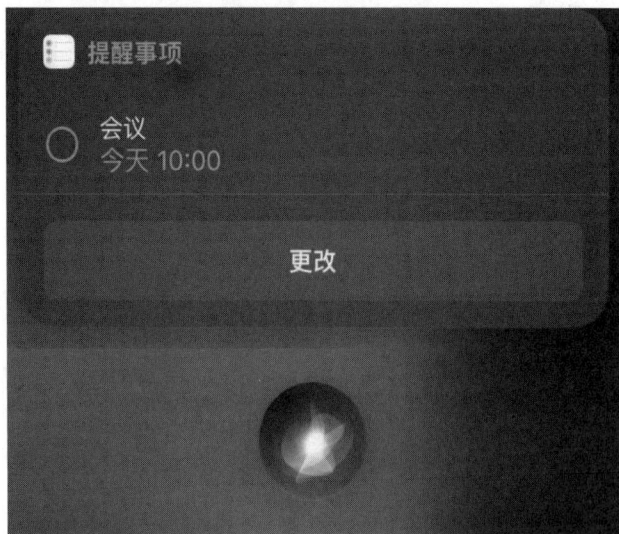

图 1-3-2　Siri 设置提醒

3) 查询信息

对 Siri 说："今天的天气怎么样？"Siri 会查询今天的天气信息并读给用户听，如图 1-3-3 所示。

图 1-3-3　Siri 查询信息

1.3.3　体验 AI 在图像识别和处理方面的实际应用及操作

为了更好地理解和探索图像识别和处理技术，我们将通过实际操作来体验。

1. OCR 识别

OCR 识别也就是文字识别，通过图像来识别其中的文字内容，这里我们还是通过网易易盾的在线体验平台来进行操作，只不过在后面的操作过程中，需要我们注册一个账号，如图 1-3-4 所示。输入完信息后点击下一步，绑定邮箱，即可免费试用。

图 1-3-4　注册网易易盾平台

接下来，我们进入 OCR 识别的页面，如图 1-3-5 所示，点击随机添加图片，就可以看到下方图片列表中有一张随机的图了。

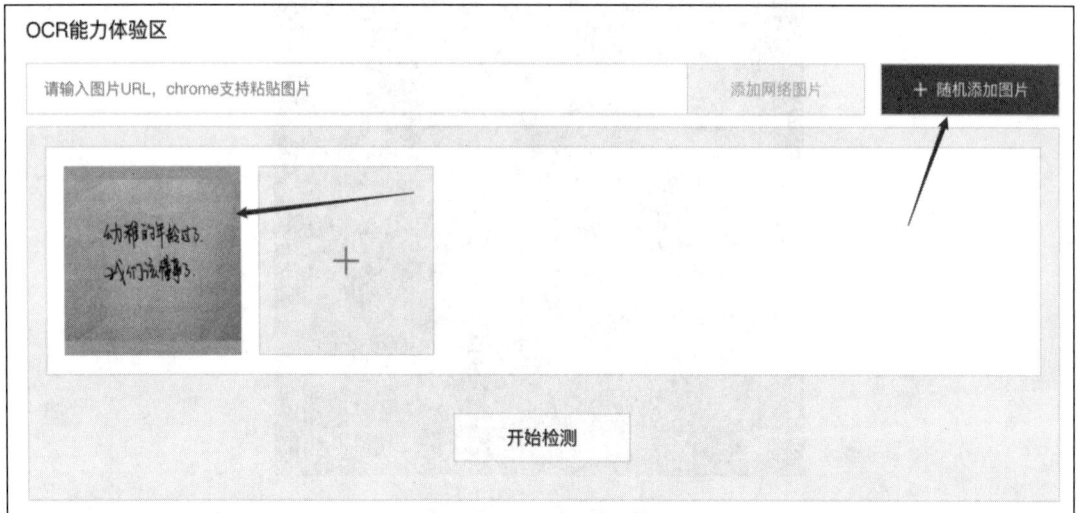

图 1-3-5　OCR 识别添加图片

接着点击开始检测，就可以看到检测到的文字内容了，如图 1-3-6 所示。

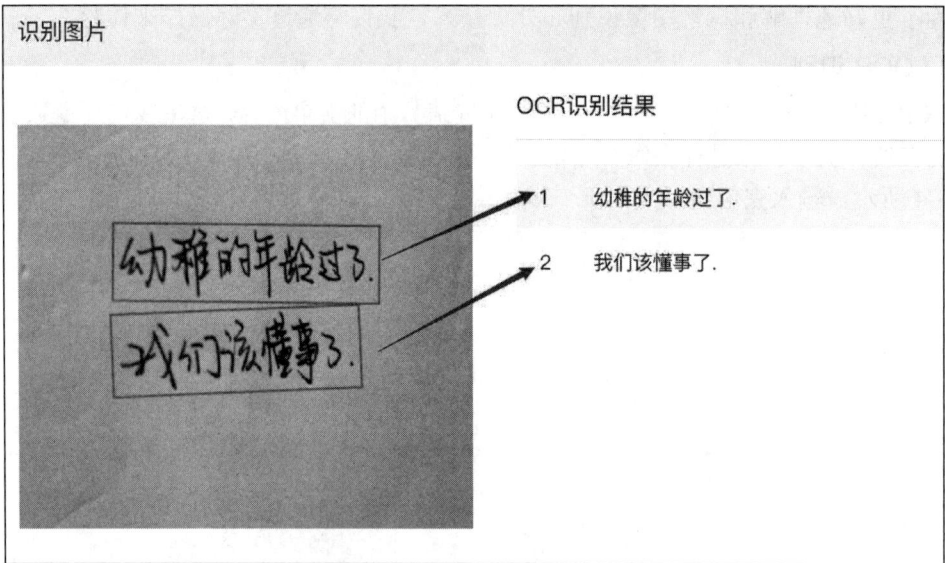

图 1-3-6　OCR 识别结果显示

2. 广告过滤

广告过滤体验和上面的内容差不多，针对广告垃圾的特点，支持 OCR 图文识别及专属广告过滤功能，我们进入广告过滤的页面，如图 1-3-7 所示，点击随机添加图片，就可以看到下方图片列表中有一张随机的图了。

接着点击开始检测，检测结果如图 1-3-8 所示，可以看到检测出来了很多广告垃圾信息。

图 1-3-7 广告过滤随机添加图片

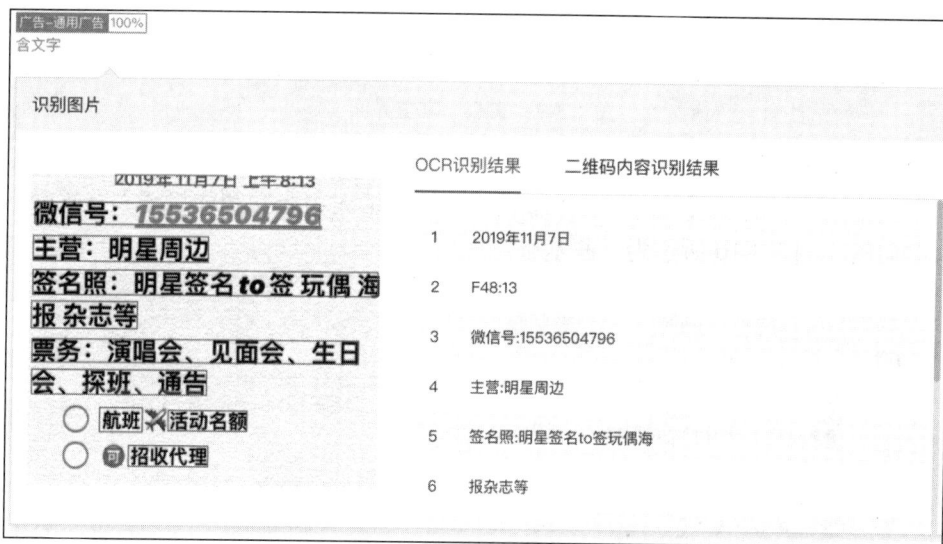

图 1-3-8 广告垃圾检测结果

1.3.4 体验 AI 在大规模预训练语言模型方面的实际应用及基础操作

大规模预训练语言模型(如 GPT-3.5、通义千问、文心一言等)是近年来人工智能领域的重大突破之一。这些模型通过在海量文本数据上进行预训练,掌握了广泛的语言知识和推理能力,能够生成高质量的自然语言文本,并应用于多种任务,如对话系统、机器翻译、内容生成等。

下面我们将使用文心一言来进行实际的操作体验。文心一言是由百度推出的一款大规模预训练语言模型。它基于百度的 ERNIE(Enhanced Representation through kNowledge IntEgration)技术,经过在海量中文数据集上的预训练,具备强大的语言理解和生成能力。

1. 准备工作

打开文心一言的官网并注册登录。登录后的界面如图 1-3-9 所示。

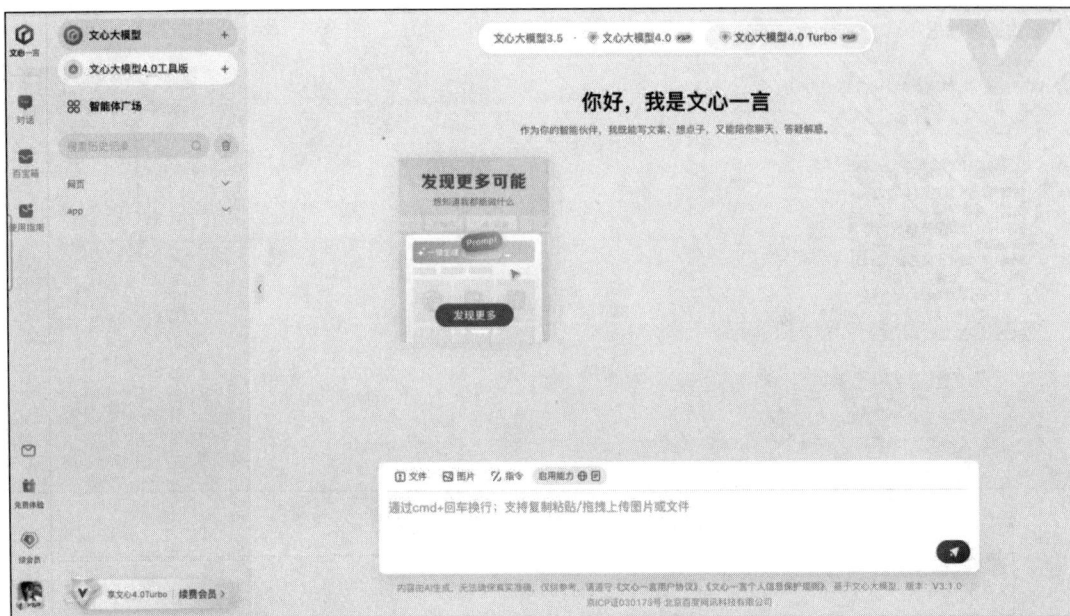

图 1-3-9　文心一言主界面

2. 智能对话操作

主界面中间下面的位置是对话文本框，用户可以输入内容和智能机器人交流对话，并询问一些问题，图 1-3-10 所示为一些基础对话。

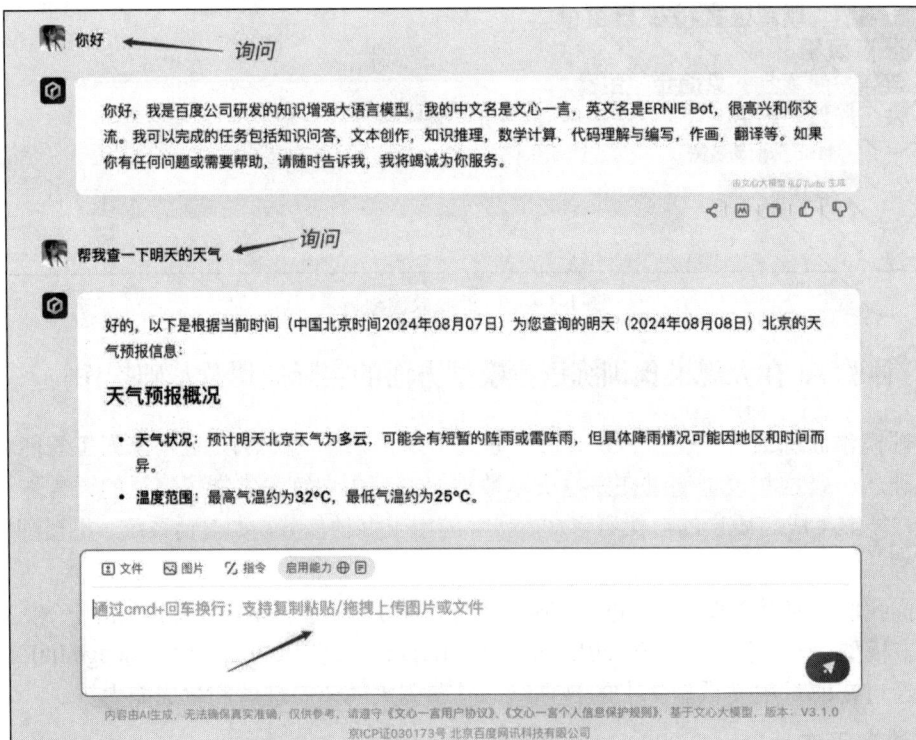

图 1-3-10　与文心一言的交流问答

3. 翻译能力操作

在对话框中输入一段文字"明天我想和小明一起出去玩，我们去郊游。"选择目标语言为英语，观察文心一言生成的翻译结果是否准确，如图 1-3-11 所示。翻译的结果还是很准确的。

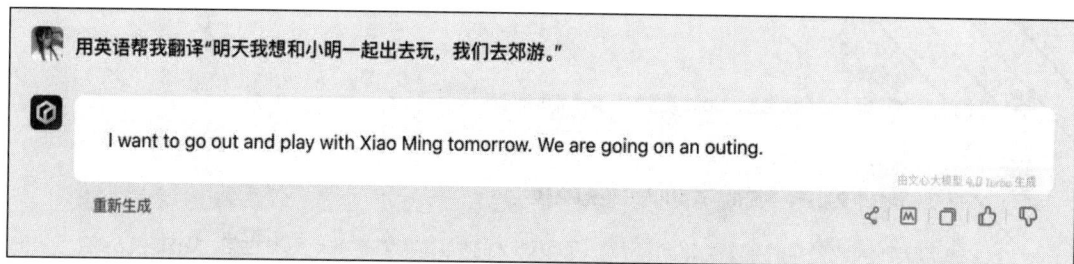

图 1-3-11　翻译能力体验

4. 内容生成操作

在对话文本框中输入一个主题，如"人工智能的未来发展"，观察文心一言生成的文章或段落的质量和相关性，如图 1-3-12 所示。

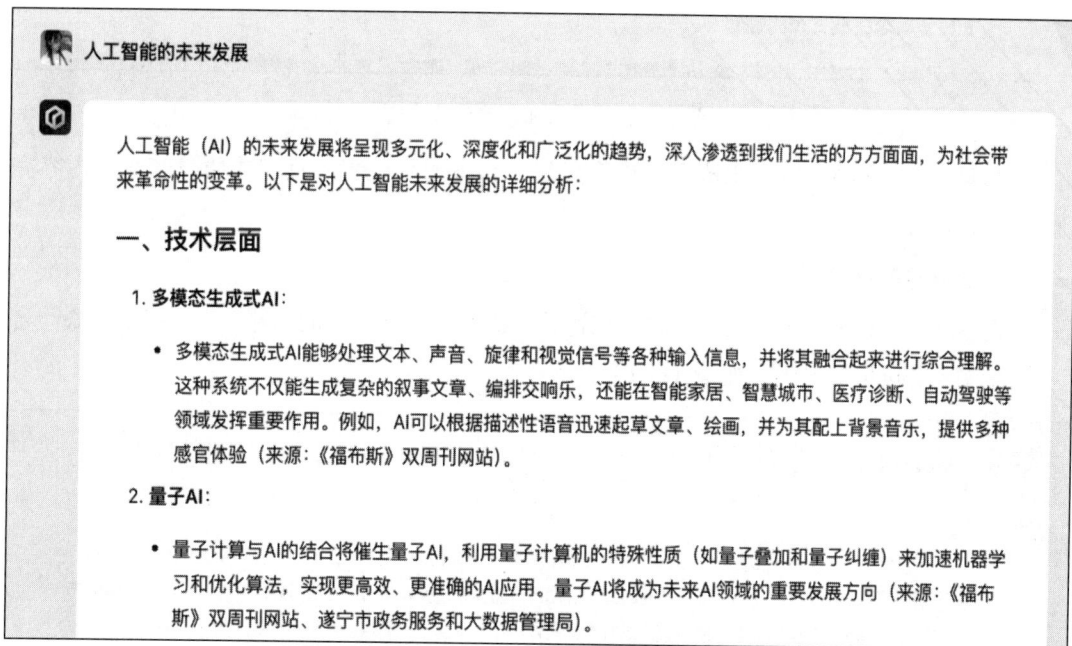

图 1-3-12　生成内容操作

在生成的内容最后，文心一言还附上了部分参考的网址及资料，可以得知生成的内容还是有一定的真实性。

接着可以尝试对生成的内容进行编辑和完善，观察文心一言是否能够根据用户的反馈生成更高质量的内容，如图 1-3-13 所示。

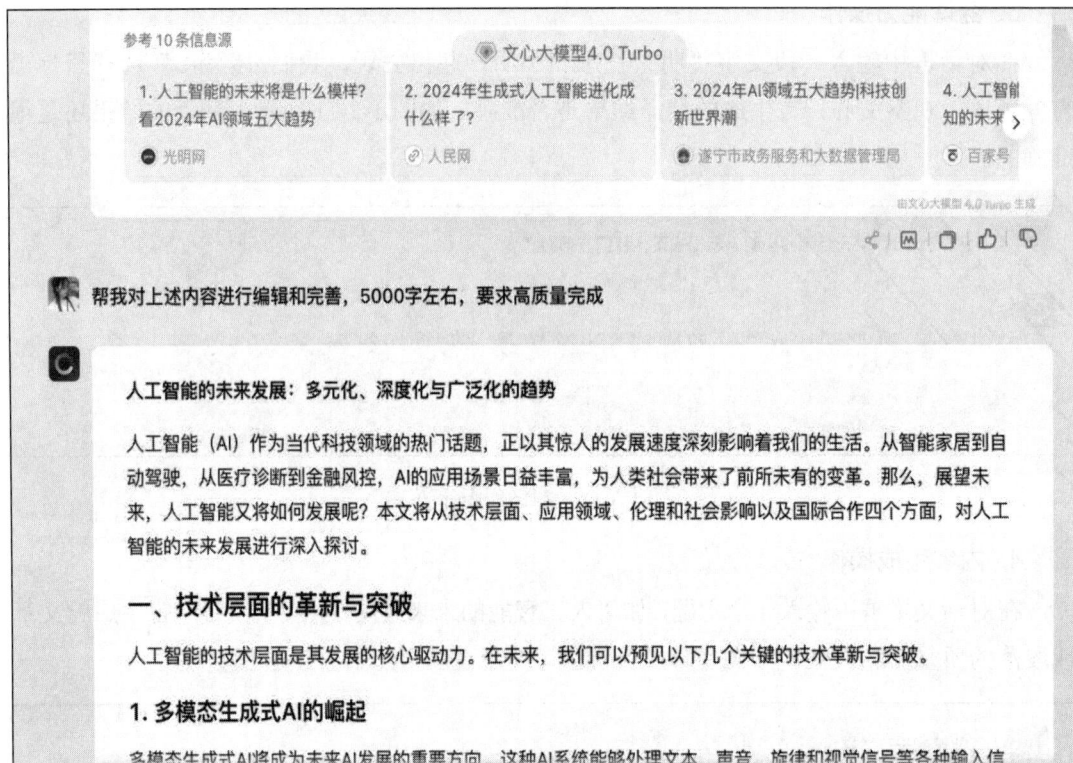

图 1-3-13 编辑和完善生成内容

可以看出，文心一言对生成文本内容可进一步编辑和完善，且完成质量较高、内容完整、条理清晰。

5. 情感分析操作

在文心一言的对话框中输入一些用户评论，如"这个产品真的很棒！"，观察文心一言识别的情感倾向是否准确，如图 1-3-14 所示。

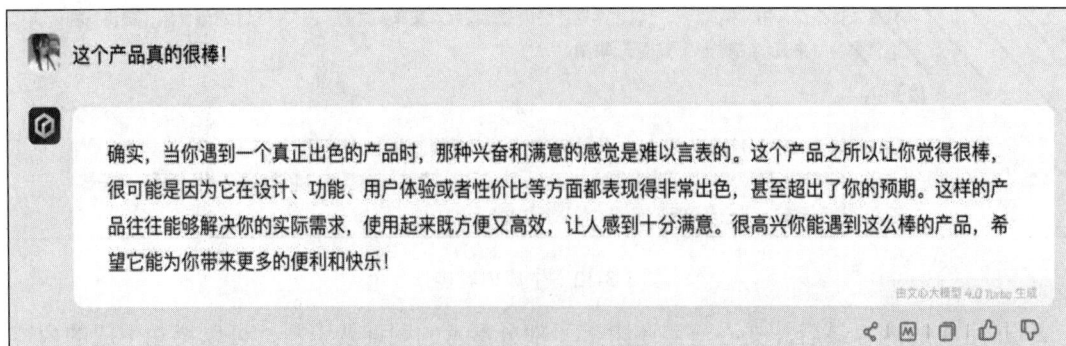

图 1-3-14 情感分析操作

尝试输入多条评论，观察文心一言在情感分析上的一致性和准确性。如图 1-3-15 所示，文心一言在情感分析上还是很准确的，符合输入的条件。

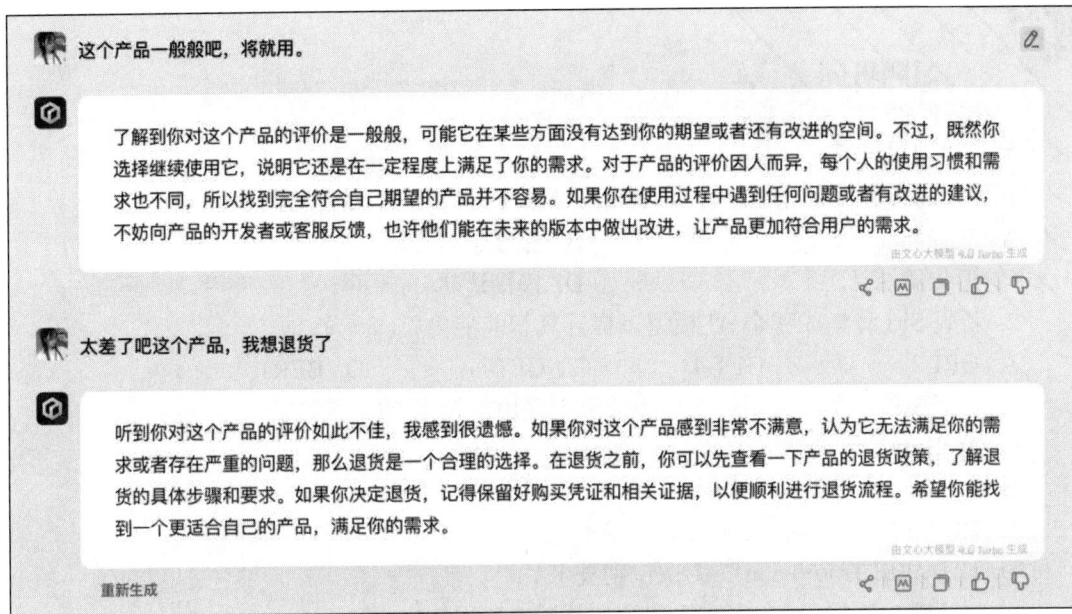

图 1-3-15 批量分析

通过文心一言的分析和实际操作，我们可以感受到它正在广泛改变我们的交流方式和信息处理方式，提高了语言处理的效率和准确性。希望我们在实践中能够更好地掌握这一技术。

任务思考

(1) 简述智能语音助手的核心技术，并描述一项你通过实际操作体验的智能语音助手功能。

答：① 智能语音助手的核心技术主要包括语音识别、自然语言处理(NLP)、对话管理和文本转语音(TTS)。② 语音识别技术将用户的语音输入转换为文本。③ 自然语言处理技术用于理解和处理用户的语音命令。④ 对话管理技术根据用户的输入生成合理的响应，并管理多轮对话的上下文。⑤ 文本转语音技术则将生成的文本响应转换为自然的语音输出。⑥ 我通过实际操作体验了 Siri 智能语音助手的设置提醒功能。我对 Siri 说："设置一个明天上午 10 点的会议提醒。" Siri 自动创建了一个提醒事项，并在指定时间提醒我。

(2) 请列举并简述图像识别和处理的主要核心技术，并分享你通过实际操作体验的图像识别技术应用案例。

答：① 图像识别和处理的主要核心技术包括图像预处理、特征提取、图像分类和识别以及图像处理和增强。② 图像预处理技术用于提高识别的准确性。③ 特征提取技术从图像中提取关键特征。④ 图像分类和识别技术利用机器学习和深度学习算法对图像进行分类和识别。⑤ 图像处理和增强技术则用于提高图像质量或提取特定信息。⑥ 我通过实际操作体验了人脸比对这一图像识别技术应用案例。我使用了网易易盾的在线体验平台，传入两张人脸照片进行 1：1 比对，判断两张人脸是否为同一人。比对结果显示，当我传入的两张照片都是同一个人的照片时，系统判断与实际情况相符，体现了图像识别技术的准确性。

习题巩固

一、单项选择题

1. Siri 的核心技术之一是什么？（　　）

A. 云计算　　　　　　　　　　B. 深度学习算法

C. 遗传算法　　　　　　　　　D. 模糊逻辑

2. 新版 Siri 将集成哪个 AI 模型以提升其智能能力？（　　）

A. GPT-3　　　　B. GPT-4　　　　C. GPT-4o　　　　D. BERT

3. 以下哪项不是华为手环在健康监测中采用的技术？（　　）

A. TruSeen™ 心率监测技术

B. TruSleep™ 睡眠监测技术

C. HUAWEI TruSeen™5.0 硬件光路升级

D. HUAWEI TrueVision™ 图像识别技术

4. 以下哪项不属于 AI 在娱乐和社交领域的应用？（　　）

A. 推荐系统个性化内容推送　　　B. AI 驱动的虚拟角色在社交媒体中应用

C. 智能导航系统　　　　　　　　D. Netflix 电影推荐系统

5. 人工智能医疗器械检验检测公共服务平台成立的目的是什么？（　　）

A. 促进医学人工智能产品研发和落地

B. 颁发"2023 年度医学人工智能优秀应用案例"奖项

C. 发布国家药监局器审中心人工智能医疗器械创新合作平台

D. 建立智能化的零售供应链系统

6. 下列哪个项目获得了"2023 年度医学人工智能创新应用典型案例"？（　　）

A. 智能供应链系统 2.0

B. 京东到家 Go 的智能货柜技术

C. 基于人工智能的多源异构医疗数据融合治理与应用

D. 全流程数智化 VTE 管控平台助力医疗安全

二、填空题

1. Siri 可以记住用户之前的对话内容，这是因为它具备＿＿＿＿功能。

2. 京东到家 Go 的智能货柜 3.0 利用＿＿＿＿技术实现了动态视觉识别和重力感应的双重互补。

3. 海燕系统在交通管理中通过＿＿＿＿算法对车辆行为进行分析。

4. AI 在零售业的应用包括智能客服、精准营销和＿＿＿＿管理。

三、简答题

超人工智能的实现面临哪些挑战和不确定性？

项目二　探索数字世界中人工智能技术的基础

本项目深入探讨了数字世界中人工智能技术的基础，涵盖数据与知识表示、推理与搜索技术等核心主题，旨在帮助学习者理解人工智能的基本构成和工作原理。本项目通过介绍相关知识，可进一步奠定研究和应用人工智能的基础。

项目架构

```
                                          ┌─ 知识概述
                                          ├─ 知识的特性
                            数据与知识表示 ─┼─ 知识的分类
                                          ├─ 知识表示方法
                                          └─ 语义网络

                                          ┌─ 搜索概述
                                          ├─ 推理概述
                                          ├─ 状态空间的搜索策略
                                          ├─ 盲目搜索
探索数字世界中                              ├─ 启发式搜索
人工智能技术的基础 ──────── 推理与搜索技术 ─┼─ 遗传算法搜索
                                          ├─ 基于规则的演绎推理
                                          ├─ 产生式推理
                                          └─ 不确定性推理

                                          ┌─ 专家系统的基本概念
              编写一个简单的基于规则的专家系统 ─┼─ 规则推理机制概述
                                          └─ 汽车故障诊断专家系统的设计与实现
```

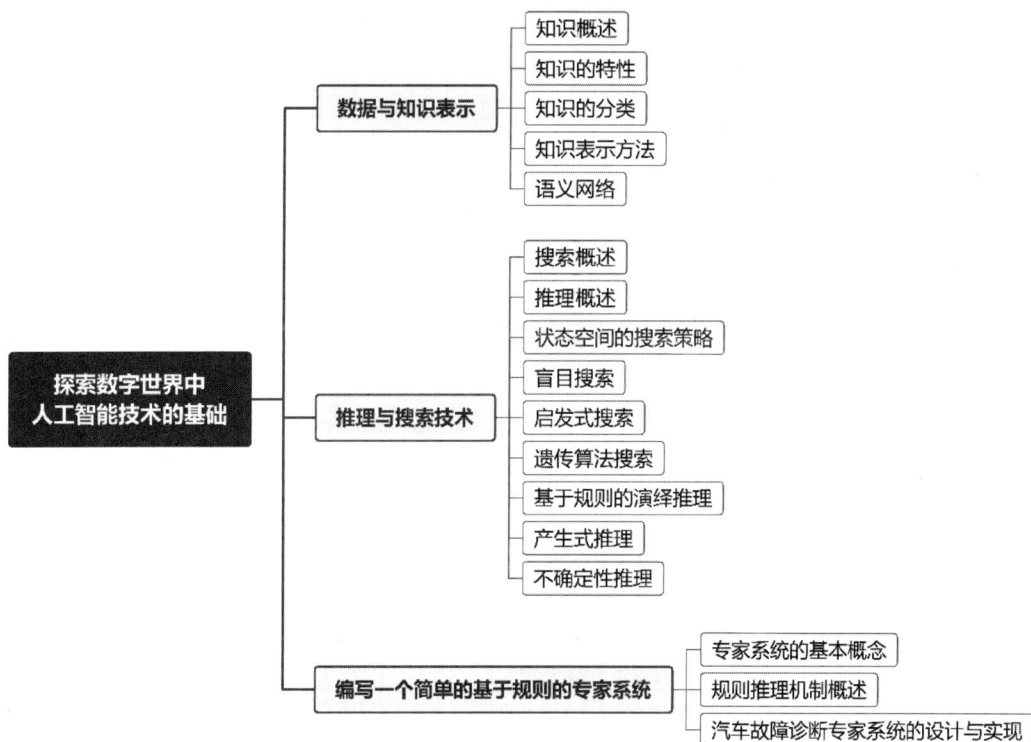

任务一　数据与知识表示

人工智能中的数据与知识表示是实现机器智能的关键环节。通过选择合适的数据表示方法和知识表示方法，可以将现实世界中的信息和知识有效地转换为计算机可理解和处理的形式，进而实现机器的智能推理和决策。

任务目标

- 理解数据的基本类型与结构。
- 掌握常见的数据表示方法。
- 探究并掌握知识及知识表示的特点与特性。
- 学习并理解常见知识表示方法。

数据与知识表示

任务内容

2.1.1　知识概述：数据、信息、知识

知识是人类通过实践、经验积累和深刻理解所形成的系统化认知成果。它不仅仅是对信息的集合，更是对信息背后规律、关联与应用的把握。知识赋予我们理解世界、解决问题的能力，是创新和决策的重要基石。在人工智能领域，知识更是核心，使机器能模拟人类思考，实现智能化任务处理。

1. 数据(Data)

数据是对现实世界中的事实、观察结果或现象进行记录并可以鉴别的符号集合。它是未经加工的原始素材，用于描述事物的属性、状态或关系。

数据的特性如图 2-1-1 所示。

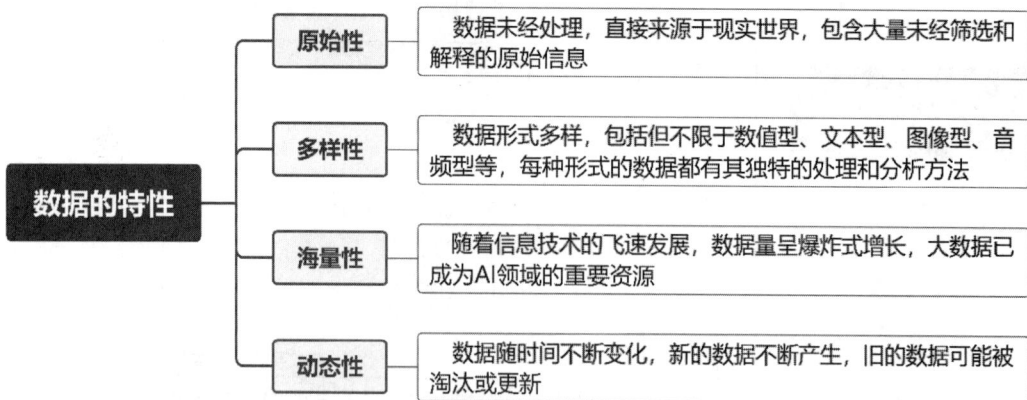

图 2-1-1　数据的特性

数据在人工智能中常用于制作数据源和数据预处理。

AI 算法和模型通过对大量数据进行学习和训练，不断提升其性能和准确性。数据的质量、规模和多样性直接影响着 AI 系统的表现。

数据预处理同样是一个重要环节，它包括数据清洗(去除噪声、缺失值等)、数据转换(归一化、标准化等)和数据降维(减少数据维度以提高处理效率)等步骤，以确保数据适合用于模型训练。

2. 信息(Information)

信息是对数据进行处理、解释和分析后得到的有意义的内容，它是数据在特定上下文中的解释和表示，能够传达给接收者并产生影响。

信息的特性如图 2-1-2 所示。

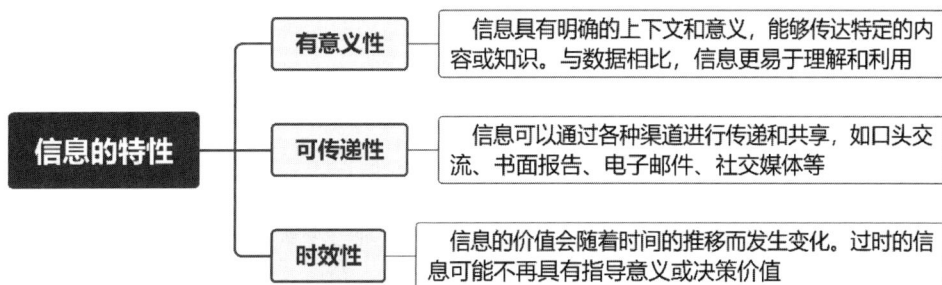

图 2-1-2　信息的特性

信息是人工智能系统进行决策和推理的重要依据。通过对信息的提取、整合和分析，人工智能系统能够实现对复杂问题的理解和解决。在自然语言处理、计算机视觉等领域，人工智能系统需要理解和分析文本、图像等载体中的信息，以生成准确的回答或执行相应的任务。

3. 知识(Knowledge)

知识是在信息的基础上，通过实践和经验积累起来的系统化、结构化的认知成果，它不仅包含了对事物的理解和解释，还涉及如何运用这些理解和解释来解决问题和做出决策。

知识是人工智能系统实现高级智能行为的关键。通过构建知识库和推理机制，人工智能系统能够模拟人类的思考过程，实现更加复杂和智能的任务。在专家系统、知识图谱等领域，人工智能系统利用领域专家的知识和经验来解决问题；通过构建实体和关系网络来理解和解释现实世界中的复杂现象。

在人工智能领域中，数据、信息、知识是三个逐层递进的概念。数据是原始素材，信息是数据经过处理后的有意义内容，而知识则是在信息基础上形成的系统化、结构化的认知成果。这三者共同构成了人工智能系统的核心要素，推动着人工智能技术的不断发展和创新。

2.1.2　知识的特性

在人工智能领域，知识的特性对于构建智能系统至关重要。这些特性不仅决定了知识的表示、存储、获取和应用方式，还影响着智能系统的性能和行为。

知识的特性如图 2-1-3 所示。

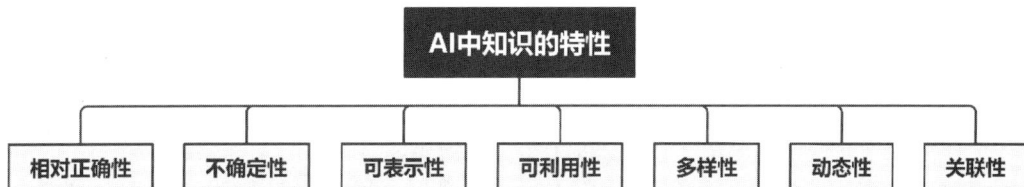

图 2-1-3　知识的特性

1. 相对正确性

知识在特定条件、特定环境或特定时间下被认为是正确的，但它并非绝对无误。这种正确性具有一定的局限性和相对性，受到知识应用范围、环境条件以及人类认知能力的限制。

在人工智能系统中，相对正确性是一个重要的考量因素。系统需要能够理解和处理知识在不同情境下的适用性，避免盲目应用导致错误的决策或行为。同时，系统也需要具备更新和修正知识的能力，以适应不断变化的环境和条件。

2. 不确定性

由于现实世界的复杂性和信息的有限性，知识往往包含不确定性。这种不确定性可能源于数据的噪声、测量的误差、模型的简化、认知的局限等多种因素。

在人工智能系统中，处理不确定性是一个核心挑战。系统需要具备处理不确定性的能力，如采用概率推理、模糊逻辑、贝叶斯网络等方法，以在不确定环境中做出合理、稳健的决策。同时，系统还需要能够量化和评估不确定性，以便更好地指导决策过程。

3. 可表示性

知识可以被形式化或模型化，以便在计算机系统中进行存储、处理和应用。这种可表示性使得知识能够以计算机可理解的方式存在，并支持智能系统的各种智能行为。

为了实现知识的可表示性，人工智能采用了多种知识表示方法，如逻辑表示法、产生式表示法、框架表示法、语义网络等。这些方法能够适应不同类型和层次的知识表示需求，将知识以结构化的形式存储在计算机中，并支持后续的推理和应用。

4. 可利用性

知识应当能够被智能系统有效地利用，以支持决策制定、问题求解、学习等智能行为。这种可利用性要求知识能够以适当的方式被系统访问、检索和应用。

在人工智能系统中，知识库和推理机是实现知识利用的关键组件。知识库负责存储结构化的知识，并提供高效的检索机制。推理机则根据当前情境和知识库中的规则进行推理和决策，以产生智能行为。通过知识库和推理机的协同工作，智能系统能够有效地利用知识来解决问题和做出决策。

5. 多样性

知识来源广泛，形式多样，包括文本、图像、音频、视频等多种数据类型。这种多样性反映了现实世界信息的丰富性和复杂性。

为了充分利用各种类型的知识资源，人工智能系统需要具备处理多源异构数据的能力，这包括数据的预处理、特征提取、融合等多个环节。通过有效地处理和利用多样化的知识，智能系统能够更加全面地理解和应对现实世界的问题。

6. 动态性

知识是不断发展和变化的，随着新信息的获取和旧知识的更新，知识体系需要不断进行调整和完善。这种动态性反映了知识的时效性和演进性。

为了适应不断变化的环境和条件，人工智能系统需要具备自学习和自适应能力，这包括从数据中自动提取新知识、更新现有知识库、调整模型参数等。通过不断地学习和适应，智能系统能够保持知识的时效性和准确性，并持续提高性能。

7. 关联性

知识之间往往存在复杂的关联关系，这些关联关系对于理解和应用知识至关重要。关联性反映了知识之间的内在联系和相互作用。

为了揭示和利用知识之间的关联关系，人工智能系统通常采用构建知识图谱、语义网络等方法。这些方法能够表示知识之间的层次结构、语义关系等，并支持复杂的推理和查询操作。通过利用知识之间的关联性，智能系统能够提高决策的准确性和效率。

这些特性共同决定了知识的表示、存储、获取和应用方式，并深刻影响着智能系统的性能和行为。在构建智能系统时，需要充分考虑这些特性，以设计出高效、可靠、智能的知识处理机制。

2.1.3 知识的分类

知识的分类是一个复杂而多维的概念，不同的学者和专家从不同的角度提出了多种分类方法，下面我们逐一进行学习。

1. 按知识的作用及表示分类

将知识按照其作用及表示分类，如图 2-1-4 所示。

按作用及表示分类 —— 事实性知识

按作用及表示分类 —— 过程性知识

按作用及表示分类 —— 控制性知识

图 2-1-4　按知识的作用及表示分类

1) 事实性知识

这类知识以直接表示的形式存在，通常涉及具体的时间、地点、人物、事件等事实性信息。它是学习者在学习某一专业领域时必须掌握的基本元素，如装备的技术性能、基本技术参数等。

事实性知识可能以独立元素或点滴信息的形式存在，其认知过程主要以记忆为主。在人工智能系统中，事实性知识是构建知识库、实现信息检索和问答系统的基础。

2) 过程性知识

这类知识用于描述做某件事的过程或步骤，涉及如何执行特定任务或操作。过程性知识通常以流程图、算法描述或伪代码的形式表示，以便计算机能够理解和执行。

在人工智能中，过程性知识对于实现自动化、智能化操作至关重要，例如机器学习算法中的训练过程、自然语言处理中的句法分析过程等。

3) 控制性知识

这类知识涉及如何管理和调控其他知识或过程，以实现特定目标或优化系统性能。它用于指导系统的决策和行为，确保系统能够在不同情境下做出合理的选择。

在人工智能系统中，控制性知识可能体现为算法选择策略、资源分配规则或决策树等。

2. 按知识的结构及表现形式分类

将知识按照其结构及表现形式分类，如图 2-1-5 所示。

按结构及表现形式分类　　逻辑性知识

　　形象性知识

图 2-1-5　按知识的结构及表现形式分类

1) 逻辑性知识

这类知识以逻辑形式存在，涉及概念、命题、推理规则等。逻辑性知识通常以形式化语言或符号表示，以便计算机能够进行逻辑运算和推理。在人工智能中，逻辑性知识是构建知识库、实现逻辑推理和决策的基础，如专家系统中的规则库、语义网络中的概念关系等。

2) 形象性知识

与逻辑性知识相对，形象性知识以图像、视频等非文本形式存在，涉及视觉、听觉等感官信息。

在人工智能的计算机视觉、语音识别等领域，形象性知识发挥着重要作用，如图像识别中的特征提取、语音识别中的声谱分析等。形象性知识的处理需要借助深度学习、神经网络等机器学习技术，以实现高效的特征学习和模式识别。

3. 按知识的确定性分类

将知识按照确定性分类，如图 2-1-6 所示。

按知识的确定性分类　　确定性知识

　　不确定性知识

图 2-1-6　按知识的确定性分类

1) 确定性知识

这类知识在特定条件下具有唯一且确定的答案或结果。确定性知识的处理相对简单，因为其结果具有明确性和一致性。

在人工智能系统中，确定性知识通常用于构建精确、可预测的模型，如数学公式、物理定律等。

2) 不确定性知识

与确定性知识相对，不确定性知识在特定条件下可能具有多个答案或结果，或者答案的精确性无法完全确定。

不确定性知识的处理需要考虑多种可能性和概率分布，以实现灵活性和鲁棒性更加优越的智能系统。

在人工智能中，处理不确定性知识是一个重要挑战，需要采用概率推理、模糊逻辑、深度学习等方法进行建模和决策。

4. 其他分类方法

除了上述分类方法，还有一些其他的知识分类方式。

1) 按知识的作用范围分类

按知识的作用范围分类，如图 2-1-7 所示。

图 2-1-7 按知识的作用范围分类

常识性知识是普遍适用的、与特定领域无关的知识；而领域性知识则是特定领域内的专业知识。

2) 按学习结果分类

按学习结果分类，如图 2-1-8 所示。

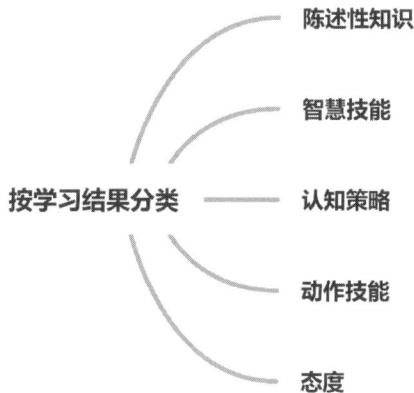

图 2-1-8 按学习结果分类

这种分类方式在教育领域较为常见，但在人工智能中也有一定的应用价值。

5. 布鲁姆认知教育目标分类学修订版中的知识分类

布鲁姆认知教育目标分类学修订版是对布鲁姆等人于 1956 年提出的原始教育目标分类学的一次重要更新和扩展。该修订版由安德森等人于 2001 年完成，并广泛应用于教育领域，对课程设计、教学实施以及学习评估产生了深远影响。

布鲁姆认知教育目标分类学的修订版将知识分为四个维度，如图 2-1-9 所示。

图 2-1-9 知识的四个维度

1) 事实性知识

事实性知识包括术语知识、具体细节和要素知识。在人工智能中，这类知识是构建知识库、实现信息检索的基础。

2) 概念性知识

概念性知识涉及分类和类目的知识、原理与概括的知识以及理论、模式与结构的知识。在人工智能中，这类知识用于构建模型、理解复杂现象和进行推理。

3) 程序性知识

程序性知识是指描述如何执行特定任务或操作的知识，包括算法、步骤和规则等。在人工智能中，这类知识是实现自动化、智能化操作的核心。

4) 元认知知识

元认知知识是指有关知识的知识，包括如何获取、存储、检索和应用知识的方法和策略等。在人工智能中，这类知识对于提高学习效率、优化模型性能和实现自适应学习具有重要意义。

2.1.4　知识表示与知识的表示方法

知识表示与知识的表示方法是人工智能和知识工程领域中的核心概念，它们涉及如何将人类的知识有效地转化为计算机能够理解和处理的形式。

1. 知识表示

知识表示(Knowledge Representation，KR)是研究和构建表示知识的数据结构和方法的过程，旨在将人类的知识因子与知识关联起来，并形成便于人们识别和理解的知识结构。

知识表示是知识组织的前提和基础，任何知识组织方法都需要建立在知识表示的基础上。知识表示的原则如图 2-1-10 所示。

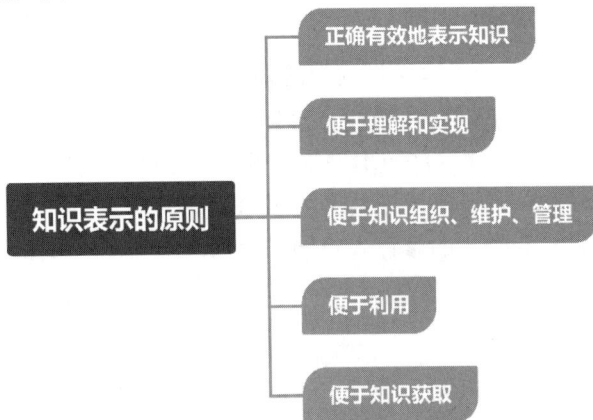

图 2-1-10　知识表示的原则

知识表示的核心在于构建从知识到表示的映射，这种映射需要保持运算特性，即能够反映知识之间的内在联系和逻辑关系。通过知识表示，人们可以更好地理解和应用知识，推动人工智能和知识工程领域的发展。

在知识表示的过程中，需要考虑知识的类型、结构、语义以及推理机制等多个方面。不同类型的知识需要采用不同的表示方法，例如事实性知识可以采用产生式规则或语义网络进行表示，而过程性知识则可以采用框架表示法或谓词逻辑进行表示。

同时，知识的结构和语义也需要得到充分的考虑，以确保表示的准确性和有效性。推理机制的设计也是知识表示的重要环节，它决定了如何从已有的知识中推导出新的结论或答案。

2. 知识表示的分类

知识表示的分类如图 2-1-11 所示。

图 2-1-11　知识表示的分类

陈述性知识表示是将知识表示与知识运用分开处理，过程性知识表示则是将知识表示和知识运用结合起来进行处理。

3. 知识的表示方法

知识的表示方法是实现知识表示的具体手段和技术。在人工智能和知识工程领域存在多种知识的表示方法，每种方法都有其独特的优点和适用场景。

主要知识表示方法如图 2-1-12 所示。

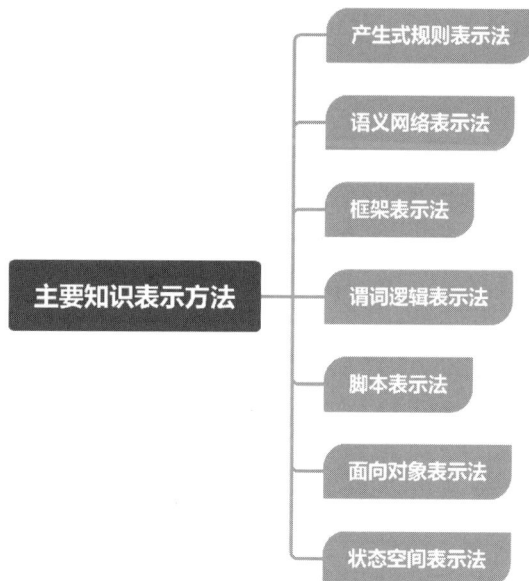

图 2-1-12　主要知识表示方法

1) 产生式规则表示法

产生式规则表示法是一种使用"如果……那么……"形式来表示知识的方法。它描述了事物之间的因果关系，即当满足某个条件时，会产生某个结论或执行某个操作。

产生式规则具有直观、自然的优点，适用于表示确定性知识和不确定性知识。它可以通过组合多个规则来表示复杂的逻辑关系。

2) 语义网络表示法

语义网络表示法是一种使用图形结构来表示知识的方法。在语义网络中，节点代表实体或概念，边代表实体之间的关系。

语义网络能够直观地表示事物之间的复杂关系，包括继承关系、组成关系等。它支持通过节点和边的遍历来进行推理。

在语义网络中，可以用节点表示"学生"和"课程"，用边表示"选课"关系，进而表示学生选课的信息。

3) 框架表示法

框架表示法是一种使用框架结构来表示知识的方法。它将某一特殊事件或对象的所有知识储存在一起，形成一个框架。

框架表示法具有结构化程度高的优点，能够表示事物的多层次属性和特征。它支持通过填充槽的值来表示具体的事物。

例如，用框架表示"教师"时，可以包含姓名、年龄、学校、职称等槽，并通过填充这些槽的值来表示具体的教师。

4) 谓词逻辑表示法

谓词逻辑表示法是一种使用逻辑语言来表示知识的方法。它利用谓词、变量和逻辑连接词来精确地描述事物之间的关系和推理过程。

谓词逻辑具有精确性高的优点，支持精确推理，但它也存在表示能力有限、推理效率可能较低的问题。

5) 其他表示方法

除了上述几种常见的表示方法，还有脚本表示法、面向对象表示法、状态空间表示法等。这些方法各有特点，适用于不同的应用场景和知识类型。例如，脚本表示法适用于表示一系列按时间顺序发生的事件；面向对象表示法适用于表示具有属性和方法的对象；状态空间表示法适用于表示问题或系统的所有可能状态及其转移关系。

2.1.5　语义网络

语义网络(Semantic Network)是一种以网络格式表达人类知识构造的形式，是人工智能程序运用的重要表示方式之一。

1. 定义与特点

作为一种知识表示方法，语义网络的核心在于通过图形化的方式捕捉和表达现实世界中的实体(如人、地点、事物)以及它们之间复杂的关系。这种方法将每个实体视为网络中的一个节点，而节点之间的连接(称为弧或边)则代表了这些实体之间的某种关系。这种结构不仅可以表示实体间的直接关系，还能通过路径和子图来间接表达更复杂的逻辑关系。

语义网络的特点如图 2-1-13 所示。

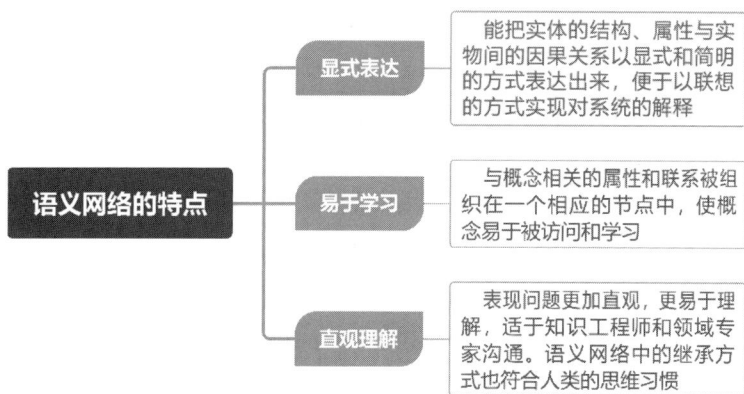

图 2-1-13　语义网络的特点

2. 结构与特性

语义网络的结构具有高度的灵活性和可扩展性。节点可以代表几乎任何类型的概念，从简单的物体到复杂的抽象概念，如情感、事件或时间等。同样地，弧也可以表示多种类型的关系，如"属于""是""位于"等。这种多样性使得语义网络能够模拟和表达人类认知的复杂性和多样性。

语义网络的关键特性如图 2-1-14 所示。

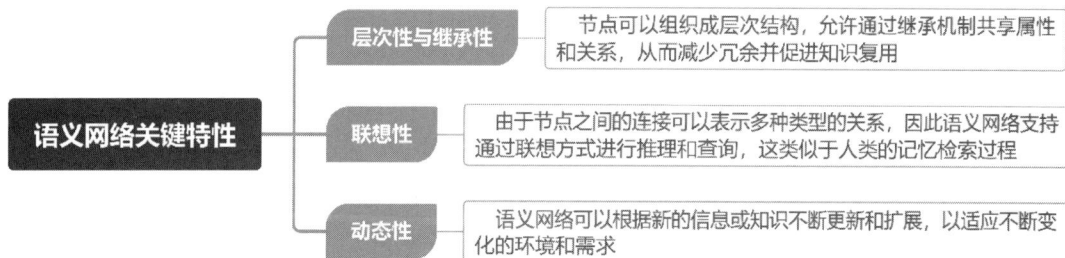

图 2-1-14　语义网络的关键特性

3. 应用领域

语义网络的应用范围极为广泛，几乎涵盖了所有需要处理和解释复杂信息的领域。

1) 自然语言处理

语义网络可以用于解析和理解自然语言文本中的实体和关系，从而支持机器翻译、情感分析、文本摘要等任务。

2) 信息检索与推荐系统

通过构建包含实体和关系的语义图谱，可以为用户提供更加准确和个性化的搜索和推荐结果。

3) 智能问答系统

语义网络能够理解和解析用户的自然语言问题，并在知识库中查找相关的实体和关系以生成准确的回答。

4) 医疗与金融

在医疗领域，语义网络可以用于构建患者的健康记录网络，以支持疾病诊断、治疗方案制订等决策过程；在金融领域，则可用于构建信用评估模型、风险管理网络等。

4. 技术与方法

实现语义网络的技术和方法多种多样，包括但不限于以下几种。

1）本体构建

本体是语义网络中用于定义节点和关系的规范和模型。通过构建本体，可以明确网络中的概念和关系类型，为后续的语义分析和推理提供基础。

2）关系抽取

从文本或其他数据源中自动提取实体和关系信息是构建语义网络的关键步骤。这通常涉及自然语言处理技术和机器学习算法的应用。

3）推理引擎

推理引擎是语义网络中的核心组件之一，它负责根据网络中的节点和关系进行逻辑推理和运算。推理引擎可以基于规则、概率或混合方法进行推理。

任务思考

(1) 在知识的分类中，不同类型的知识，如确定性知识和不确定性知识、逻辑性知识和形象性知识，它们在人工智能系统中的应用场景各不相同。请结合实际应用场景，讨论为何不同类型的知识需要不同的表示方法，并探讨如何选择合适的知识表示方法来提高人工智能系统的性能。

答：① 不同类型的知识在人工智能系统中承担着不同的功能，因此需要选择合适的表示方法来进行有效的存储和处理。② 比如，确定性知识，通常用于构建精确、可预测的模型，如数学公式和物理定律，因此可以采用逻辑性知识表示法如谓词逻辑进行精确表示。③ 而不确定性知识由于其多样性和复杂性，适合采用产生式规则或贝叶斯网络进行概率推理，来应对不确定性。④ 逻辑性知识，如规则和推理，需要清晰的逻辑关系，因此可以采用规则库或逻辑网络来进行表示。⑤ 而形象性知识，如图像和声音，则依赖于神经网络和深度学习来提取和识别特征。⑥ 因此，选择合适的知识表示方法是提升系统性能的关键，针对不同知识类型和应用场景的特点，设计合理的表示方法，可以有效提升系统的理解、推理和决策能力。

(2) 为什么知识的动态性对人工智能系统至关重要？

答：知识的动态性反映了知识会随着新信息的获取和旧知识的更新而不断发展变化。人工智能系统需要适应这种动态性，具备自学习和自适应能力，才能保持知识的时效性和准确性，并持续提高性能。

习题巩固

一、单项选择题

1. 数据的特性不包括以下哪个选项？（   ）

A. 数据质量   B. 数据规模   C. 数据多样性   D. 数据的无限性

2. 下列哪种知识表示方法主要使用"如果······那么······"的结构？（　　）

A. 语义网络　　　B. 产生式规则　　C. 框架表示法　　D. 谓词逻辑

3. 语义网络中的节点表示什么？（　　）

A. 数据　　　　　B. 关系　　　　　C. 实体或概念　　D. 知识

4. 下列哪种知识分类方法是按知识的确定性分类的？（　　）

A. 确定性知识与不确定性知识　　　B. 事实性知识与过程性知识

C. 逻辑性知识与形象性知识　　　　D. 常识性知识与领域性知识

5. 哪种知识表示方法适合用于表示视觉、听觉等感官信息？（　　）

A. 语义网络　　　　　　　　　　　B. 框架表示法

C. 形象性知识表示法　　　　　　　D. 谓词逻辑

6. 关于知识的特性，下列描述正确的是（　　）。

A. 知识是绝对正确的　　　　　　　B. 知识总是确定的

C. 知识具有相对正确性　　　　　　D. 知识不需要表示

二、填空题

1. 数据是对现实世界中的事实、观察结果或现象进行记录并可以鉴别的符号集合，是未经加工的_____。

2. 信息是对数据进行处理、解释和分析后得到的有意义的内容，能够在特定_____中传达给接收者并产生影响。

3. 语义网络是一种使用_____结构来表示知识的方法，节点代表实体或概念，边代表实体之间的关系。

4. 产生式规则表示法主要使用"_____"的形式来表示知识。

三、简答题

数据、信息、知识三者之间的关系是什么？

任务二　推理与搜索技术

在 AI 中，推理与搜索技术紧密融合，相互赋能。推理为搜索指引方向，搜索为推理提供数据支持，两者协同工作，能够显著提升系统解决复杂问题的效率和准确性，推动 AI 技术不断进步。

推理与搜索技术

任务目标

- 理解搜索与推理的基本概念。
- 掌握状态空间搜索策略及其原理。
- 学习并掌握遗传算法的基本原理。
- 掌握不同类型的推理方法。

2.2.1 搜索概述

在人工智能领域，搜索是一个至关重要的组成部分，它涉及从大量数据中查找、分析和提取相关信息以解决问题或做出决策的过程。

1. 搜索的定义

在人工智能中，搜索是根据问题的实际情况不断寻找可利用的知识，构造出一条代价较小的推理路线，使问题得到圆满解决的过程。这个过程涉及对问题空间的探索，以及利用启发式信息或策略来优化搜索效率。

2. 搜索的分类

AI 中的搜索可以根据不同的标准进行分类，如图 2-2-1 所示。

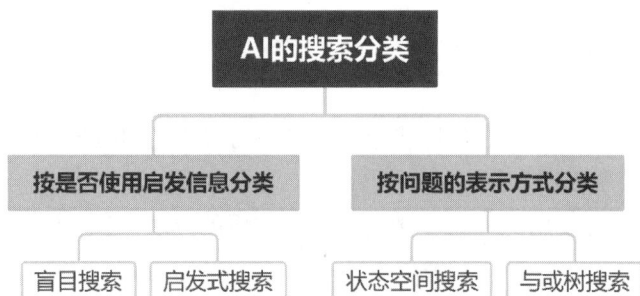

图 2-2-1　搜索的分类

3. 搜索策略

人工智能中的搜索策略多种多样，每种策略都有其适用的场景和优缺点，如图 2-2-2 所示。

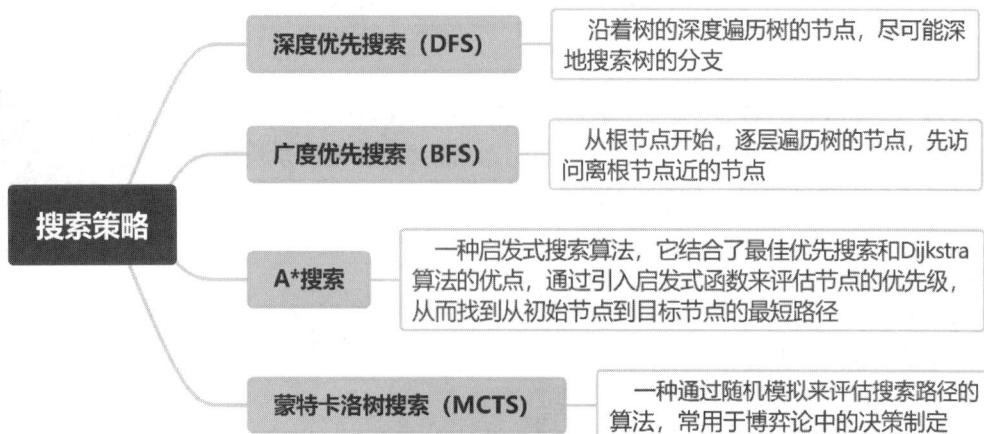

图 2-2-2　搜索策略

4. 搜索技术的应用

搜索技术在人工智能领域有着广泛的应用，包括但不限于以下几种。

(1) 信息检索，如搜索引擎，通过关键词匹配和排序算法为用户提供相关网页或文档的列表。

(2) 自然语言处理，如问答系统，通过理解用户的问题并从文本或知识库中检索答案。

(3) 机器学习与数据挖掘，通过搜索技术来发现数据中的模式和关联，从而构建预测模型或进行异常检测。

(4) 游戏和决策制定，如国际象棋、围棋等棋类游戏的 AI 对手，通过搜索技术来评估每一步棋的优劣并做出决策。

2.2.2　推理概述

在 AI 领域，推理是连接感知与行动的核心，赋予系统思考、分析及决策能力。它不只是简单的数据匹配，而是深入理解数据内涵，并据此预测和判断。这一过程类似人类的逻辑思考，但速度更快、应用范围更广。

1. 基本概念

推理是 AI 系统通过已有知识和数据，运用一定的逻辑规则或算法，推导出新结论或预测的过程。它的重要性在于，它使得 AI 系统能够应对复杂多变的环境，解决非结构化或半结构化问题，以及实现更高层次的认知功能。推理能力的强弱直接影响到 AI 系统的智能水平和应用价值。

2. 推理技术与方法

AI 技术中，常见的推理技术与方法有四种。

1) 逻辑推理

逻辑推理是 AI 推理的基础，包括形式化逻辑(如命题逻辑、谓词逻辑)和非形式化逻辑(如归纳逻辑、类比推理)。它要求 AI 系统能够理解和运用逻辑规则，进行精确的推理和证明。

2) 统计与概率推理

当面对不确定性和概率性信息时，统计与概率推理成为重要的工具。通过收集和分析大量数据，AI 系统可以学习数据的分布规律和关联性，进而进行概率预测和风险评估。

3) 机器学习推理

机器学习特别是深度学习的兴起，为 AI 推理带来了新的可能性。通过训练大规模神经网络，AI 系统能够自动学习数据中的复杂模式和特征，并在未见过的数据上进行准确的推理和预测。

4) 知识图谱与语义推理

作为一种结构化表示知识的方法，知识图谱为 AI 系统提供了丰富的语义信息和关系网络。基于知识图谱的语义推理能够帮助 AI 系统理解和解释自然语言中的复杂概念和语境，实现更高级别的语义理解和推理。

3. AI 推理的应用领域

AI 推理广泛应用于多个领域，如图 2-2-3 所示。

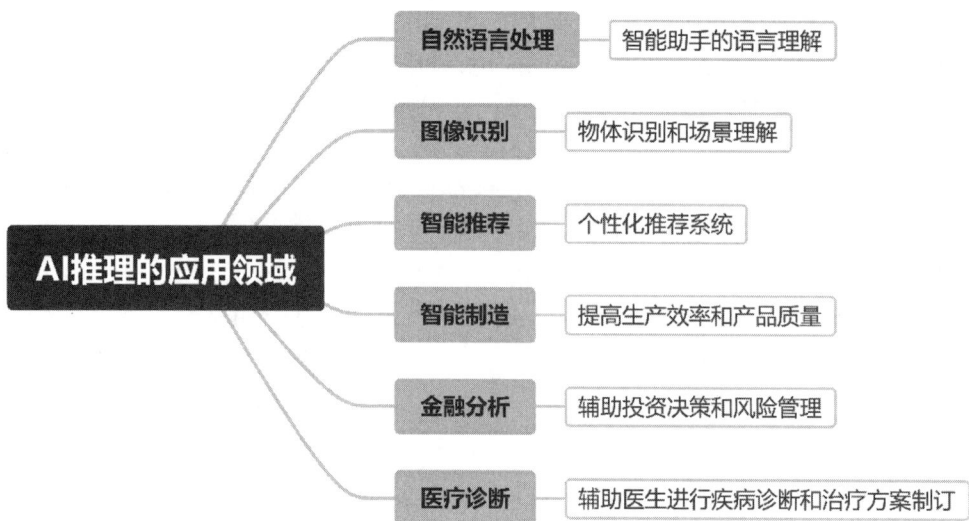

图 2-2-3　AI 推理的应用领域

AI 推理的应用领域广泛而深远。

在自然语言处理方面，AI 系统可以通过推理理解人类语言的含义和意图；在图像和视频识别方面，AI 系统可以通过推理识别出场景中的物体和事件；在智能推荐方面，AI 系统可以通过推理分析用户的兴趣和偏好；在智能制造和金融分析方面，AI 系统可以通过推理优化生产流程和投资决策。

2.2.3　状态空间的搜索策略

状态空间的搜索策略是人工智能和算法设计中用于在状态空间中寻找从初始状态到目标状态路径的一种重要方法。状态空间可以看作是由所有可能的状态和操作(或称为算符)构成的集合，用于表示和求解各种问题。

状态空间可以从两个方向进行搜索，如图 2-2-4 所示。

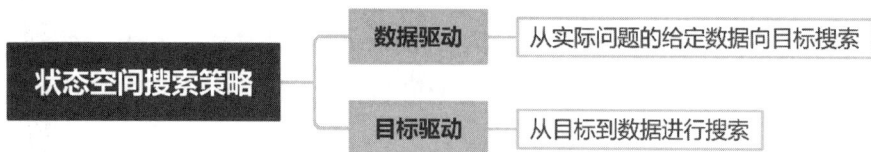

图 2-2-4　状态空间搜索策略

1. 数据驱动搜索

数据驱动搜索是运用问题给出的条件及规则或合法移动，产生新的条件，向目标靠近。数据驱动搜索可用于下列情况：

(1) 问题的初始说明给出了全部或大部分数据。

(2) 存在大量可能的目标，但对实际问题的条件及给定的信息加以运用的方法很少。

(3) 难以形成一个目标或假设。

2. 目标驱动搜索

目标驱动搜索着眼于目标，寻找产生目标的规则，通过反向连续的规则和子目标进行反向推理直至找到问题给出的条件。

目标驱动搜索可用于下列情况：

(1) 问题说明中给出了目标或假设，或者很容易用公式来表示它们。

(2) 有大量的规则适用于问题的条件，因而可以推出许多结论和结果，较早地选好目标可剪掉空间中许多分支，使目标驱动搜索的效率更高。

(3) 问题没有给出数据，必须在求解中获取。

采用哪种方式取决于求解问题的结构。

2.2.4 状态空间的盲目搜索

状态空间的盲目搜索是人工智能领域中的一种问题求解方法，主要用于在给定状态空间内通过一系列的操作(或称为算符)来寻找从初始状态到目标状态的路径。这种方法不涉及对问题本身的启发式信息，而是按照预设的搜索策略进行遍历，因此具有较大的盲目性。

1. 基本概念

1) 状态

状态是指用于描述问题求解过程中任一时刻状况的数据结构，用一组变量的有序组合表示。

2) 操作符(算符)

操作符是指把问题从一种状态变换为另一种状态的手段，如走步、过程、规则、数学算子、运算符号或逻辑符号。

3) 状态空间

状态空间是指由所有可能的状态和操作构成的集合，可以表示为(S, F, G)，其中 S 为初始状态的集合，F 是操作符的集合，G 是目标状态的集合。

2. 盲目搜索算法

在状态空间中，盲目搜索算法包括广度优先搜索和深度优先搜索。

1) 广度优先搜索

广度优先搜索(Breadth-First Search，BFS)是一种按层次遍历图的搜索算法。它从根节点开始，逐层向下遍历图，先访问离根节点最近的节点，再逐步向外扩展。

广度优先搜索实现方式如图 2-2-5 所示。

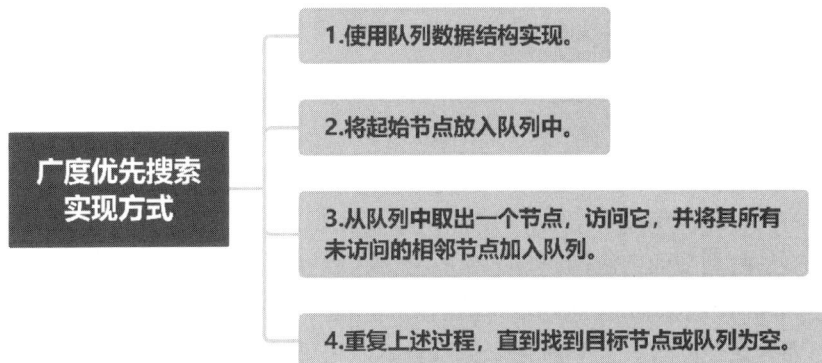

图 2-2-5 广度优先搜索实现方式

广度优先搜索的特点如图 2-2-6 所示。

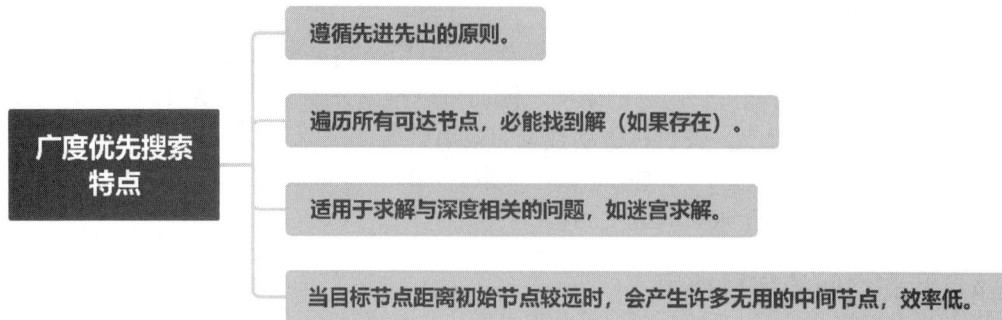

图 2-2-6　广度优先搜索的特点

2) 深度优先搜索

深度优先搜索(Depth-First Search，DFS)是一种尽可能深地搜索树的分支的算法。它从根节点开始，沿着树的深度遍历树的节点，尽可能深地搜索树的分支。

深度优先搜索实现方式如图 2-2-7 所示。

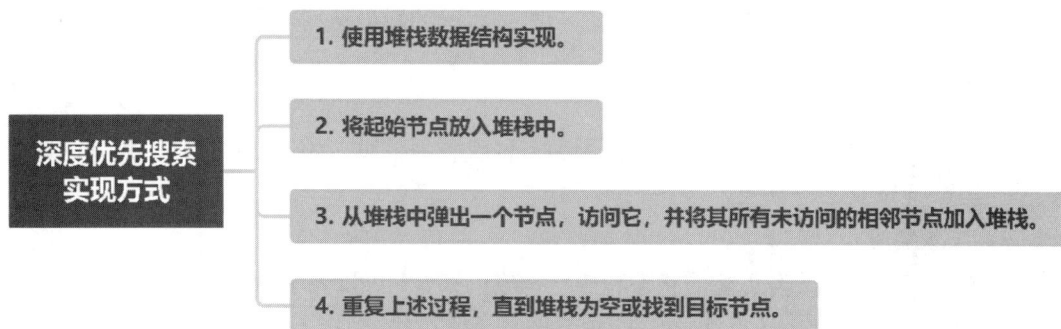

图 2-2-7　深度优先搜索实现方式

深度优先搜索的特点如图 2-2-8 所示。

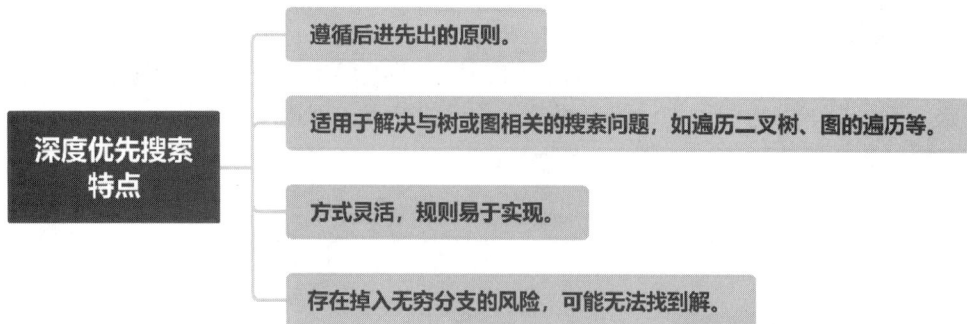

图 2-2-8　深度优先搜索的特点

状态空间的盲目搜索算法，如广度优先搜索和深度优先搜索，虽然具有一定的盲目性，但在解决某些类型的问题时仍然非常有效。这些算法的核心在于通过遍历状态空间来寻找问题的解，而不依赖于对问题本身的启发式信息。然而，对于复杂问题，盲目搜索算法可能会因为搜索空间过大而导致效率低下，此时可能需要考虑使用启发式搜索算法来提高搜索效率。

2.2.5　状态空间的启发式搜索

状态空间的启发式搜索(Heuristic Search in State Space)是一种在人工智能和算法设计中广泛应用的搜索策略，它结合了问题的启发式信息来指导搜索过程，以减小搜索范围并提高搜索效率。

1. 基本概念

启发式搜索是一种利用问题自身的启发式信息来指导搜索过程的搜索方法。启发式信息可以是关于问题状态的性质、结构、解的特性等方面的知识，用于评估搜索过程中每个状态的好坏，从而优先探索更有希望的路径。

2. 工作原理

在状态空间的启发式搜索中，算法会维护一个待搜索的节点集合(如优先队列)，并根据启发式信息对每个节点进行评估。评估通常基于一个启发函数(Heuristic Function)，该函数会计算从当前节点到目标节点的估计代价或可能性。算法会选择启发函数值最优(通常是最小)的节点进行扩展，并更新待搜索的节点集合。

3. 启发函数

启发函数是启发式搜索的核心，它决定了搜索过程的方向和效率。

常见的启发函数形式为

$$f(n) = g(n) + h(n)$$

式中：$g(n)$表示从初始节点到当前节点 n 的实际代价；$h(n)$表示从当前节点 n 到目标节点的最佳路径的估计代价。

$h(n)$的选择对启发式搜索的性能至关重要。一个好的启发函数应该能够准确地估计从当前节点到目标节点的代价，从而引导搜索过程更快地找到解。

4. 算法特点

启发式算法的特点如图 2-2-9 所示。

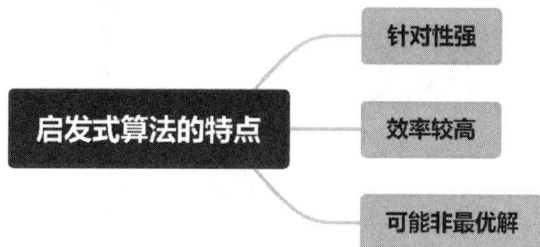

图 2-2-9　启发式算法的特点

启发式搜索方法通过利用启发信息来指导搜索过程，可以更快地找到解决方案，尤其在状态空间较大的情况下效率更高。

相比于盲目搜索方法，启发式搜索能够省略大量无谓的搜索路径，从而提高搜索效率。

由于启发式搜索依赖于启发信息来评估节点的好坏，而启发信息可能不准确或存在偏差，因此可能找到的是次优解而非最优解。

5. 应用实例

启发式搜索算法在多个领域都有广泛应用，如图 2-2-10 所示。

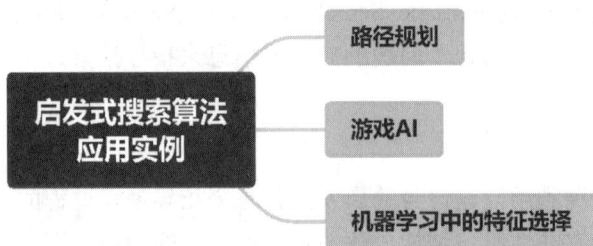

图 2-2-10   启发式搜索算法的应用实例

一个著名的应用实例是 A* 搜索，它结合了最佳优先搜索和 Dijkstra 算法的优点，使用启发式函数来评估节点的优先级，从而找到从起点到终点的最短路径。

2.2.6   遗传算法搜索

遗传算法(Genetic Algorithm，GA)是一种通过模拟自然进化过程搜索最优解的方法。它借鉴了生物界的进化规律，如自然选择、遗传和变异等机制，来求解复杂的优化问题。

1. 基本思想

遗传算法以决策变量的编码作为运算对象，通过模拟自然进化过程中的遗传操作(如选择、交叉、变异等)，逐步迭代产生新的解集，直到找到满足优化准则的最优解或达到预设的迭代次数。

2. 遗传算法的特点

遗传算法的特点如图 2-2-11 所示。

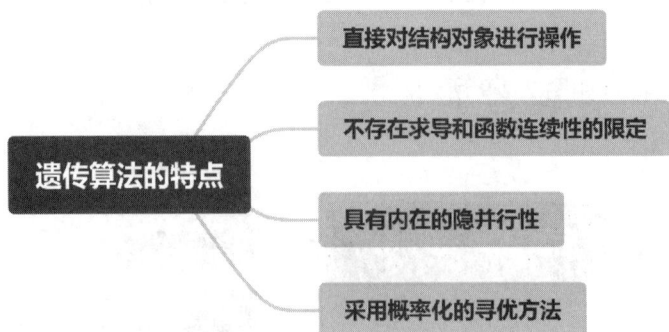

图 2-2-11   遗传算法的特点

遗传算法直接对决策变量的编码进行操作，而不是对决策变量的实际值本身进行操作，这使得算法更加灵活和通用。

传统的优化算法往往需要利用目标函数的导数信息或要求函数连续可导，而遗传算法则没有这些限制，因此可以更广泛地应用。

遗传算法在搜索过程中同时处理多个解，这些解之间通过遗传操作相互关联和影响，从而提高了搜索效率。

　　遗传算法的选择、交叉和变异等操作都是以概率方式进行的，这增加了搜索过程的灵活性，并能在一定程度上避免陷入局部最优解。

3. 遗传算法的基本操作

　　遗传算法流程图如图 2-2-12 所示。

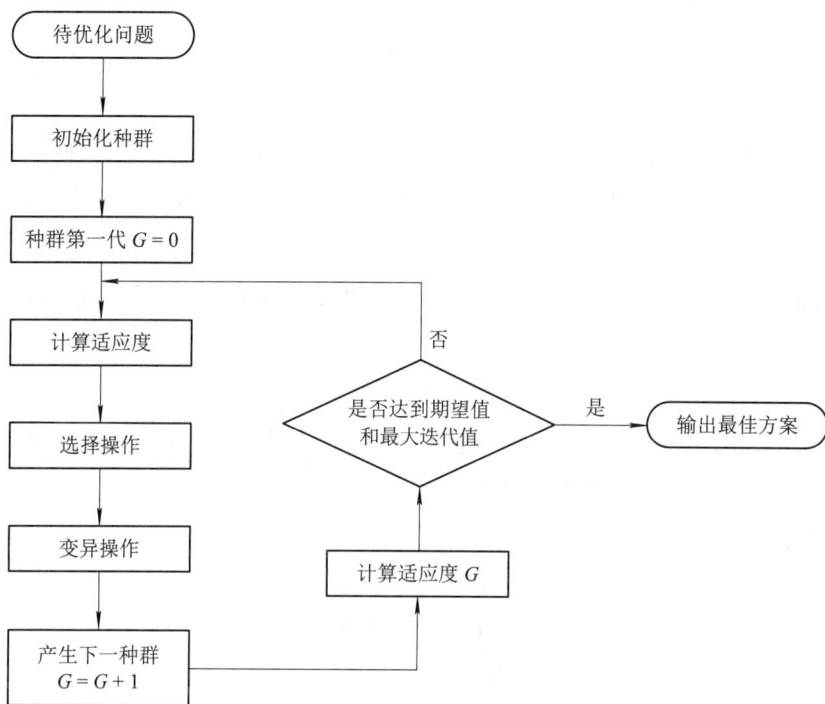

图 2-2-12　遗传算法流程图

　　遗传算法的基本操作可以划分为以下 6 个步骤。

　　(1) 编码。编码是指将问题的解空间映射到遗传算法的搜索空间，即将问题的解表示为遗传算法可以处理的编码形式(如二进制编码、实数编码等)。

　　(2) 初始种群生成。初始种群生成是指随机生成一定数量的个体作为初始种群，这些个体构成了遗传算法的搜索起点。

　　(3) 适应度评估。适应度评估是指根据问题的目标函数计算每个个体的适应度值，适应度值用于评价个体的优劣程度。

　　(4) 选择。选择是指根据个体的适应度值选择一定数量的个体作为父代，用于产生下一代种群。选择操作体现了达尔文的适者生存原则。

　　(5) 交叉。交叉是指将选出的父代个体随机搭配成对，并以一定的交叉概率交换它们之间的部分基因，从而产生新的个体。交叉操作是遗传算法中最主要的遗传操作之一。

　　(6) 变异。变异是指以一定的变异概率改变个体中的某些基因值，从而产生新的个体。变异操作为新个体的产生提供了机会，有助于增加种群的多样性。

2.2.7 基于规则的演绎推理

基于规则的演绎推理(Rule-Based Deductive Reasoning)是一种逻辑推理方法，它依赖于预先定义好的规则或前提来推导出结论。这种方法在人工智能、专家系统、数据库查询优化、法律推理、医学诊断等多个领域都有广泛应用。其核心思想是从一般到特殊，即从普遍性的前提出发，通过逻辑推导得出特定情况下的结论。

1. 基本概念

1) 规则

规则(Rule)是演绎推理的基础，它定义了从前提到结论的逻辑关系。规则通常具有"如果……那么……"的形式，即如果满足某个条件(前提)，则可以推导出某个结论。

2) 前提

前提(Premise)是推理的出发点，是已知的事实或假设的条件。在基于规则的推理中，前提用于匹配规则中的条件部分。

3) 结论

结论(Conclusion)是通过逻辑推理从前提中得出的结果。在基于规则的推理中，结论通常是规则中"那么……"部分所描述的内容。

2. 推理过程

推理过程一般分为 5 步，如图 2-2-13 所示。

图 2-2-13 推理过程

(1) 规则库构建。首先，需要构建一个包含多个规则的规则库。这些规则定义了各种情况下可能发生的逻辑关系和结论。

(2) 前提输入。将待推理的前提输入系统。这些前提可以是用户输入的数据、传感器采集的信息或任何其他形式的数据。

(3) 规则匹配。系统遍历规则库，寻找与输入前提相匹配的规则。匹配过程通常涉及对前提和规则条件部分的比较，以确定是否存在适用的规则。

(4) 结论推导。一旦找到匹配的规则，系统就根据规则中的逻辑关系推导出结论。这个结论是基于前提和规则共同得出的，具有逻辑上的必然性。

(5) 结果输出。最后，系统将推导出的结论输出给用户或用于进一步的处理。

3. 优点与局限

基于规则的演绎推理同样具有优点与局限，如图 2-2-14 所示。

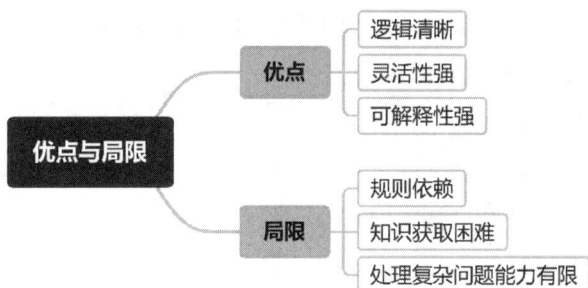

图 2-2-14 优点与局限

基于规则的推理以其逻辑清晰、易于理解和实现著称。通过灵活调整规则库，能迅速适应多样化应用场景。其结论的可解释性增强了用户理解，提升了透明度。然而，推理效果直接受限于规则的质量与完整性，不足或错误规则将影响结果的准确性。构建和维护一个全面准确的规则库需要深厚的专业知识与持续的努力。面对复杂多变的问题，基于规则的推理方法可能会面临很多挑战。

2.2.8 产生式推理

产生式推理，通常指的是利用产生式知识表示方法所进行的推理过程，这种系统被称为产生式系统。它基于一组产生式规则，这些规则定义了从前提到结论的映射关系。

产生式系统的基本结构如图 2-2-15 所示。

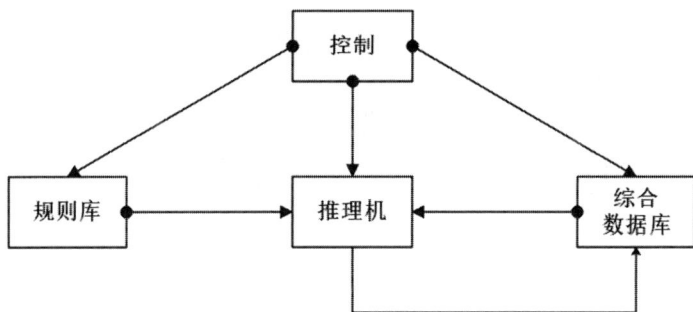

图 2-2-15 产生式系统的基本结构

产生式推理可以分为以下三种方式。

1. 正向推理(正向链接推理)

正向推理是指从一组表示事实的谓词或命题出发，使用一组产生式规则，用以证明该谓词公式或命题是否成立。

正向推理直接、自然，适用于从已知事实推导出新结论的情况，但可能产生大量与目标无关的中间结果，导致推理效率降低。

2. 逆向推理(后像链接推理)

逆向推理是指从表示目标的谓词或命题出发，首先提出一批假设目标，然后逐一验证这些假设。

该方式目标明确，能够减少不必要的推理步骤，提高推理效率。若目标选择不当，则可能需要多次提出假设，影响推理效率。

3. 双向推理(正反混合推理)

双向推理综合了正向推理和逆向推理的长处，同时从目标向事实推理和从事实向目标推理，并在推理过程中的某个步骤实现事实与目标的匹配。

双向推理能够平衡推理的效率和准确性，减少不必要的推理步骤，同时保证推理的完整性，但实现复杂，需要较高的算法设计水平。

2.2.9 不确定性推理

不确定性推理是指从具有不确定性的证据出发，运用知识(或规则)库中的不确定性知识，最终推出具有一定程度的不确定性，但却是合理的或近乎合理的结论的思维过程。

不确定性推理方法可以分为模型方法和控制方法。这两种方法各有侧重，共同构成了不确定性推理领域的核心框架，如图 2-2-16 所示。

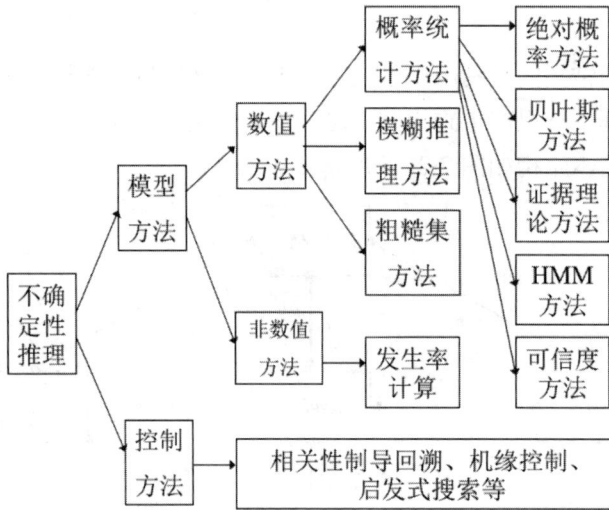

图 2-2-16　不确定性推理方法的类别

1. 模型方法

模型方法主要聚焦于构建能够精准表达不确定性知识的数学模型。这些方法通过定义明确的数学结构和规则，来模拟现实世界中的不确定性现象。其中，最具代表性的两种模型方法是概率模型和模糊模型。

1) 概率模型

概率模型利用概率论的基本原理，通过概率分布来量化不确定性的程度和范围。在不确定性推理中，概率模型能够描述证据与结论之间的概率关系，从而允许系统进行概率性的推断。

例如，贝叶斯网络就是一种基于概率模型的不确定性推理工具，它利用条件概率表来表示变量之间的依赖关系，并通过贝叶斯公式进行推理。

2) 模糊模型

模糊模型引入了模糊集合的概念，用于处理那些边界不清晰、难以用精确数值描述的不确定性问题。在模糊模型中，元素对集合的隶属程度用一个介于 0 和 1 之间的模糊隶属度来表示，从而允许系统以更加灵活和贴近实际的方式处理不确定性。模糊逻辑是模糊模型在推理领域的应用典范，它通过模糊规则集和模糊推理机制来实现对不确定性信息的处理。

2. 控制方法

与模型方法不同，控制方法更侧重于推理过程的控制策略设计。这些方法关注于如何有效地管理和利用不确定性信息，以指导推理过程并得出合理的结论。

1) 推理控制策略

控制方法通过设计各种推理控制策略来应对不确定性。这些策略如图 2-2-17 所示。

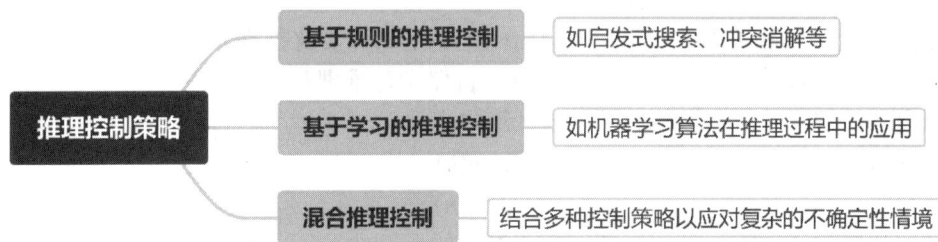

图 2-2-17　推理控制策略

这些策略旨在优化推理过程，提高推理效率和准确性。

2) 动态调整与反馈

控制方法还强调推理过程中的动态调整和反馈机制。在不确定性推理中，随着新证据的出现或推理环境的变化，原有的推理策略和模型可能需要进行相应的调整。控制方法通过引入反馈机制，使得系统能够实时地评估推理效果并根据需要进行调整，从而保持推理过程的灵活性和适应性。

任务思考

(1) 如何构建基于规则的演绎推理系统？

答：构建基于规则的演绎推理系统需要建立一个规则库，定义每个规则的前提和结论。输入前提后，系统匹配规则库中的规则，并根据匹配的规则进行推理，得出结论。

(2) 在机器学习推理和传统推理方法(如逻辑推理)之间如何进行选择？两者的优缺点是什么？

答：机器学习推理适合处理大规模数据和复杂模式，能自动学习并预测新数据，但可解释性较差。传统逻辑推理则逻辑清晰，易于理解和实现，但在应对非结构化数据时表现不佳。选择取决于应用场景的需求，如精度、可解释性和数据特性。

习题巩固

一、单项选择题

1. 哪一种知识在特定条件下具有唯一且确定的答案或结果？（　　）

A. 确定性知识　　　　　　　　　B. 不确定性知识

C. 常识性知识　　　　　　　　　D. 领域性知识

2. 在人工智能中，搜索的定义是什么？（　　）

A. 寻找最优解的过程　　　　　　B. 不断寻找可利用的知识来构造推理路线的过程

C. 使用逻辑推理解决问题的过程　D. 分析和预测数据的过程

3. 以下哪种策略适用于问题说明中给出了目标或假设的情况？（　　）

A. 数据驱动搜索　　　　　　　　B. 启发式搜索

C. 目标驱动搜索　　　　　　　　D. 广度优先搜索

4. 逻辑推理主要包括哪两种类型？（　　）

A. 形式化逻辑和非形式化逻辑　　B. 归纳逻辑和类比推理

C. 统计推理和概率推理　　　　　D. 机器学习推理和语义推理

5. 启发式搜索的启发函数通常以什么形式表示？（　　）

A. $g(n)$　　　　　　　　　　　B. $h(n)$

C. $f(n) = g(n) + h(n)$　　　　　D. $d(n)$

6. 遗传算法通过哪种操作提高了搜索过程的灵活性？（　　）

A. 选择　　　　　　　　　　　　B. 交叉

C. 变异　　　　　　　　　　　　D. 适应度评估

二、填空题

1. 谓词逻辑是一种使用_____语言来表示知识的方法，支持精确推理。

2. 逻辑推理包括_____逻辑和非形式化逻辑。

3. 广度优先搜索是一种按_____遍历图的搜索算法。

4. 深度优先搜索是一种尽可能深地搜索树的_____的算法。

三、简答题

描述遗传算法的基本思想。

任务三　编写一个简单的基于规则的专家系统

在人工智能的应用领域中，专家系统是一种重要的知识表达与推理工具，它的核心在于通过模拟专家的决策过程，利用已有的知识库和规则推理机制，为用户提供类似专家的建议或解决方案。

此次任务旨在引导学生通过实际编程操作，深入理解和掌握基于规则的专家系统的基本原理与实现方法，并通过编写一个简单的汽车故障

编写一个简单的基于规则的专家系统

诊断专家系统，体验如何将理论知识应用于实际问题的解决中。

任务目标

- 了解专家系统的基本概念。
- 熟悉规则推理机制。
- 掌握 Python 编写及应用专家系统解决实际问题(以汽车故障诊断专家系统为例)。

任务内容

2.3.1　专家系统的基本概念

专家系统(Expert System)是一种基于人工智能的计算机程序，它指的是模仿人类专家在特定领域中的推理和决策的过程。它利用规则、事实和启发式方法，通过推理引擎对输入的信息进行分析，提供类似专家的建议或解决方案。

20世纪60年代末至70年代初，人工智能领域的研究者开始探索将人类专家的知识和经验形式化，并通过计算机程序进行自动化处理。第一个真正意义上的专家系统是斯坦福大学的 Dendral 系统，专门用于化学分子结构的推理与分析。随后，MYCIN 系统的开发更是将专家系统的应用拓展到了医学诊断领域，开创了基于规则的专家系统的先河。

现如今，专家系统被广泛应用于医疗诊断、设备故障检测、金融预测等多个领域，并在复杂问题的解决和决策支持中发挥了重要作用。

1. 专家系统的组成

一个典型的专家系统由三个主要部分组成，分别为知识库、推理引擎和用户接口。

1) 知识库

知识库(Knowledge Base)是专家系统的核心，它存储了特定领域内的专家知识。这些知识通常以规则(规则可以是"如果–那么"(IF-THEN)形式)、事实和启发式信息的形式存在。对于汽车故障诊断专家系统而言，知识库中包含关于汽车各个部件的功能描述、常见故障类型、故障原因、可能的修理方法等信息。例如，规则可以是："如果引擎无法启动且电池电压正常，那么可能是启动马达故障。"

2) 推理引擎

推理引擎(Inference Engine)相当于专家系统的大脑，它负责从知识库中检索相关规则，并基于用户提供的信息进行推理，最终得出结论或建议。推理引擎采用逻辑推理、模式匹配等方法进行分析。例如，在汽车故障诊断专家系统中，推理引擎会根据用户输入的症状(如"引擎无法启动")，检索知识库中的规则，推断可能的故障原因，并建议用户进行进一步检查或维修。

3）用户接口

用户接口(User Interface)是用户与专家系统进行交互的通道，它接收用户输入的信息，并将推理引擎得出的结果以友好、易于理解的方式呈现给用户。在汽车故障诊断专家系统中，用户接口可能包括文本输入框、图形界面或语音助手，用户可以通过输入故障症状或与系统对话，获取可能的故障原因和维修建议。

2. 专家系统的工作原理

专家系统的工作原理通常包括用户输入、规则匹配与推理、输出结果、知识更新。

1）用户输入

用户通过用户接口向系统输入问题或描述症状。例如，在汽车故障诊断专家系统中，用户可能会输入"引擎无法启动"或选择相关的故障选项。

2）规则匹配与推理

推理引擎接收到输入后，开始在知识库中寻找与用户问题相关的规则。这些规则以"如果-那么"的形式描述，例如："如果引擎无法启动且电池正常，那么可能是启动马达故障。"推理引擎根据这些规则进行逻辑推理，缩小可能的故障范围，直至得出最有可能的故障原因。

3）输出结果

当推理过程完成后，系统会将最终的诊断结果或建议通过用户接口展示给用户。例如，系统可能会提示用户检查启动马达或联系维修服务。

4）知识更新

先进的专家系统还可能具备知识更新的功能，即通过用户反馈或新的数据，自动更新知识库中的规则和信息。这种功能可以使系统随着时间的推移变得更加智能和精确。

3. 基于规则的专家系统

基于规则的专家系统是最常见和广泛应用的专家系统类型之一，它们通过"如果-那么"(IF-THEN)规则的形式来表示知识，并利用这些规则进行推理和决策。基于规则的专家系统通常具有以下几个特点。

(1) 规则表示简单直观。规则形式的知识表示方法简单明了，便于理解和维护。例如，"如果症状为高热且咳嗽，那么可能为流感"是一条典型的规则。这种表示方式使得专家系统的知识库容易扩展和更新。

(2) 推理过程透明。基于规则的推理过程通常是透明的，用户可以清晰地看到系统是如何得出结论的。这种透明性增强了用户对系统的信任感，并有助于用户在实际应用中理解和应用系统的建议。

(3) 适应性强。基于规则的专家系统可以通过增加或修改规则来适应新的问题或知识的变化。随着知识库的扩展，系统的推理能力和覆盖范围也会随之增强。

(4) 易于实现和维护。基于规则的专家系统相对容易实现，特别是在结构化和稳定的领域中。例如，在医学诊断或设备故障检测领域，许多问题都可以通过预定义的规则来解决，这使得基于规则的专家系统成为一种实用且有效的工具。

2.3.2　规则推理机制概述

规则推理机制是专家系统中最常见的推理方法之一，它基于"如果-那么"(IF-THEN)规则进行推理和决策。通过规则推理，专家系统可以模拟人类专家的思维过程，从已知的事实或条件出发，逐步推导出结论或建议。规则推理机制在多个领域中得到了广泛应用，尤其在诊断、故障检测、决策支持等方面具有显著优势。

在规则推理机制中，规则通常由前提(IF 部分)和结论(THEN 部分)组成。当系统检测到前提条件成立时，就会触发相应的规则，得出结论。这种推理机制的优点在于其透明性和易于理解，用户可以清晰地看到推理过程，理解系统得出结论的依据。

1. 规则推理机制的分类

规则推理机制主要分为前向推理(Forward Chaining)和后向推理(Backward Chaining)两种方式。这两种推理方式在推理方向和应用场景上有所不同，下面分别介绍它们的工作原理和特点。

1) 前向推理

前向推理是一种数据驱动的推理方式，它从已知事实出发，逐步应用规则，推导出新的结论。前向推理的流程如下：

步骤 1：系统首先识别已知的事实或条件，这些事实或条件通常是由用户输入或从外部获取的数据。

步骤 2：系统检查所有规则的前提部分，看看哪些规则的前提条件与已知事实匹配。

步骤 3：如果某条规则的前提条件成立，系统就会触发该规则，生成一个新的事实或结论。

步骤 4：将新的事实加入到已知事实列表中，重复上述过程，直到没有新的规则被触发为止。

前向推理适用于从一组初始条件出发，逐步推导出所有可能结论的场景。它在专家系统中广泛用于监测和实时控制系统，如汽车故障诊断。

这里我们将简单写一个基于汽车故障诊断专家系统中的前向推理的逻辑。假设我们有一个汽车故障诊断专家系统，用户输入的信息是"引擎无法启动"，系统可能会有以下几条规则：

规则 1：如果引擎无法启动且电池电压低，那么可能是电池问题。

规则 2：如果引擎无法启动且电池电压正常，那么检查启动马达。

规则 3：如果启动马达正常，但燃油系统无响应，那么可能是燃油系统故障。

在前向推理中，系统首先检测到"引擎无法启动"，然后根据用户提供的电池电压信息(例如"正常")，触发规则 2，建议检查启动马达。假如启动马达正常，系统会继续推理，触发规则 3，建议检查燃油系统。这个过程是逐步推进的，每一步都基于前一步的结论。

2) 后向推理

后向推理是一种目标驱动的推理方式，它从预设的目标出发，逐步回溯以找到支持目标的事实。后向推理的流程如下：

步骤1：系统首先确定要验证或达到的目标(例如诊断某一具体故障)。

步骤2：系统检查所有规则的结论部分，找出能够支持目标的规则。

步骤3：系统回溯到这些规则的前提部分，检查是否有已知的事实或是否可以通过进一步推理得到这些前提条件。

步骤4：如果前提条件得到了验证，目标就得到了支持；否则，系统继续寻找其他规则，直到目标被验证或所有可能的规则都被排除。

后向推理适用于从目标出发，逐步验证假设或找到支持目标的证据的场景。它在诊断系统中应用广泛，特别是当我们对问题的可能原因有明确假设时。

这里同样以汽车故障诊断专家系统为例。假设系统的目标是验证"燃油系统故障"的可能性，系统可能会采用以下推理路径：

目标：验证燃油系统故障。

步骤1：查找支持"燃油系统故障"的规则，例如规则3——"如果启动马达正常，但燃油系统无响应，那么可能是燃油系统故障。"

步骤2：系统回溯验证规则3的前提条件，首先需要确认启动马达是否正常。

步骤3：如果启动马达正常，系统会继续验证燃油系统的响应情况。

步骤4：如果燃油系统无响应，系统将得出"燃油系统故障"的结论，否则继续寻找其他可能的原因。

通过这种目标导向的推理方式，后向推理能够高效地缩小可能的故障范围，直接聚焦于最有可能的问题领域。

2. 规则推理机制的实现步骤

实现规则推理机制通常涉及规则的定义、规则的匹配算法和推理引擎的设计。在专家系统中，规则推理机制的实现通常包括以下几个关键步骤。

(1) 知识库的构建。知识库由一系列规则组成，这些规则通常采用"如果-那么"(IF-THEN)的形式。每条规则定义了在某些条件下应采取的行动或得出的结论。

(2) 推理引擎的设计。推理引擎是专家系统的核心组件，用于根据当前已知的事实和知识库中的规则进行推理。推理引擎可以采用前向推理或后向推理的方式。

(3) 冲突解决机制。当多个规则同时满足条件时，推理引擎需要决定首先执行哪条规则。这种冲突解决机制可以基于规则的优先级、特异性或其他策略。

(4) 用户接口。用户通过接口输入问题或提供相关信息，专家系统根据输入进行推理，并将结果反馈给用户。

2.3.3　汽车故障诊断专家系统的设计与实现

在这个任务中，我们使用Python程序设计语言设计并实现一个简单的基于规则的汽车故障诊断专家系统。

1. 设计思路

我们的设计思路包含以下四个方面。

1) 确定问题域

确定问题域是指明确系统的诊断范围，比如发动机启动失败、灯光不亮、刹车失灵等。

2) 构建知识库

构建知识库是指将专家经验转换为规则并存储在系统中，这些规则通常是"如果……那么……"的形式。

3) 实现推理引擎

推理引擎负责在用户输入症状后，根据知识库中的规则进行推理，并输出诊断结果。

4) 用户交互界面

在用户交互界面可通过简单的问答形式获取用户的输入，并返回诊断结果。

经过上面的设计，该专家系统的代码如下：

```
# 汽车故障诊断专家系统
# 定义规则库
rules = [
    {"症状": "发动机无法启动", "原因": "电池没电", "规则": "如果发动机无法启动并且听不到启动声音，那么可能是电池没电。"},
    {"症状": "发动机无法启动", "原因": "油箱没油", "规则": "如果发动机无法启动并且油表显示油箱空，那么可能是油箱没油。"},
    {"症状": "发动机无法启动", "原因": "火花塞故障", "规则": "如果发动机无法启动并且电池有电，那么可能是火花塞故障。"},
    {"症状": "灯光不亮", "原因": "灯泡烧坏", "规则": "如果灯光不亮且其他电气设备工作正常，那么可能是灯泡烧坏。"},
    {"症状": "灯光不亮", "原因": "电池没电", "规则": "如果灯光不亮且其他电气设备也不工作，那么可能是电池没电。"},
    {"症状": "刹车失灵", "原因": "刹车油不足", "规则": "如果刹车失灵并且刹车踏板很软，那么可能是刹车油不足。"},
    {"症状": "刹车失灵", "原因": "刹车片磨损", "规则": "如果刹车失灵并且刹车时有噪声，那么可能是刹车片磨损。"}
]

# 推理引擎
def infer(symptom, observations):
    possible_causes = []
    for rule in rules:
        if rule["症状"] == symptom:
```

```
                if all(obs in rule["规则"] for obs in observations):
                    possible_causes.append(rule["原因"])
                    print(f"推理结果: {rule['规则']}")
    return possible_causes


# 用户输入
def diagnose():
    symptom = input("请输入汽车的症状: ")
    observations = input("请描述你观察到的情况(用空格分隔): ").split()

    causes = infer(symptom, observations)

    if causes:
        print(f"可能的原因: {', '.join(causes)}")
    else:
        print("无法诊断出故障原因，请检查输入或联系专业人员。")


# 执行诊断
diagnose()
```

2. 专家系统说明

下面从规则库、推理引擎、用户输入三个方面来对该专家系统进行一个简单的解释说明。

1) 规则库

rules 是一个包含字典的列表，每个字典表示一个规则。每个规则包含"症状""原因"和"规则"三部分。"症状"是用户输入的汽车故障描述，"原因"是可能导致该故障的原因，"规则"是用于推理的逻辑条件。

2) 推理引擎

infer()函数接收用户输入的症状和观察到的情况，通过遍历规则库，根据匹配的规则输出可能的原因。

3) 用户输入

diagnose()函数与用户进行交互，获取症状和观察到的情况，然后调用 infer()函数进行诊断，并输出可能的原因。

3. 专家系统演示

我们使用 PyCharm 集成开发环境(IDE)来演示汽车故障诊断专家系统。首先打开PyCharm，在左上角任一项目中点击鼠标右键，选择新建→Python 文件，如图 2-3-1 所示。

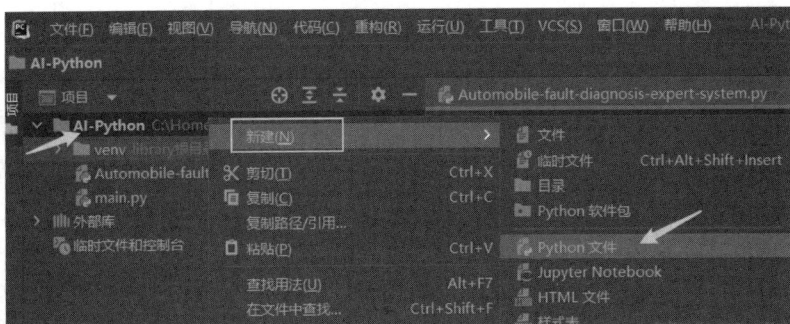

图 2-3-1 新建 Python 文件

接着将该新建的 Python 文件命名为 Automobile-fault-diagnosis-expert-system，也就是汽车故障诊断专家系统的英文，如图 2-3-2 所示。

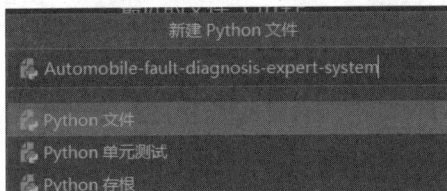

图 2-3-2 命名 Python 文件

接下来将前面的代码复制粘贴到该 Python 文件中，如图 2-3-3 所示。

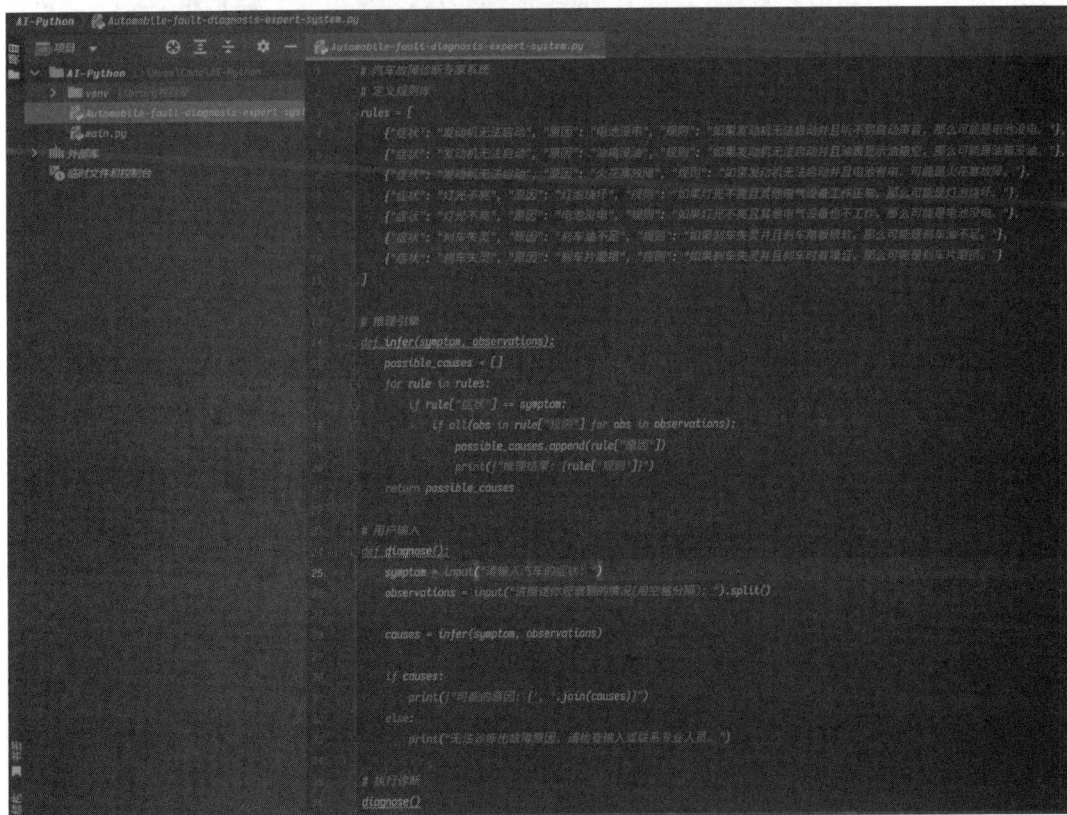

图 2-3-3 汽车故障诊断专家系统代码

点击运行→运行 'Automobile-fault-diagnosis-expert-system'，如图 2-3-4 所示。

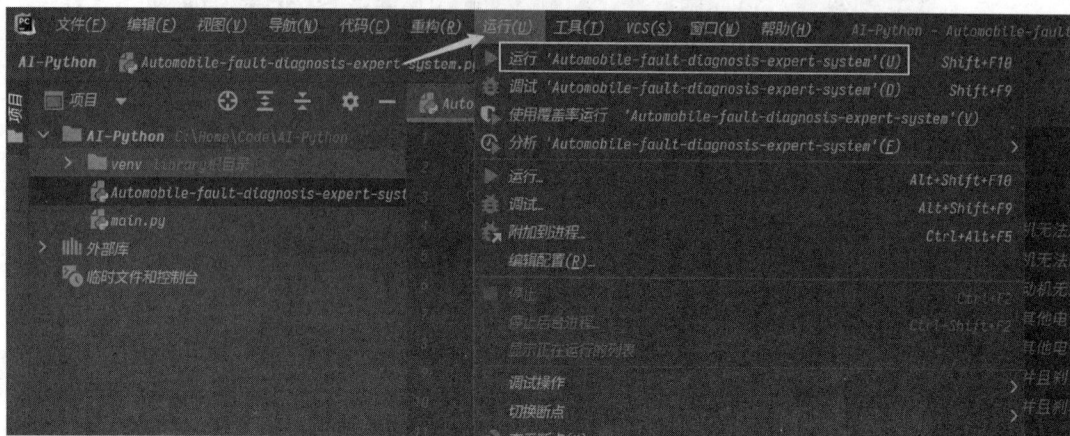

图 2-3-4　点击运行

假设用户输入的症状是"发动机无法启动"，并且观察到的情况是"听不到启动声音"，那么系统将根据规则库中的第一个规则得出可能的原因是"电池没电"。系统的推理过程如图 2-3-5 所示。

图 2-3-5　运行结果

通过这个系统，用户可以基于输入的症状和观察到的现象快速得到可能的故障原因。这种基于规则的推理机制在处理汽车故障诊断这类具有明确经验规则的领域特别有效。随着知识库的扩展，该系统的诊断能力和准确性将进一步提升。

汽车故障诊断专家系统的设计与实现展示了如何通过将专家知识转化为计算机可理解的规则，并结合用户输入进行故障诊断。这个过程不仅需要对汽车的工作原理有深入理解，还需要熟悉专家系统的规则推理机制。通过这样的系统，普通用户在面对汽车故障时，也能得到专业的指导，提升了问题解决的效率和准确性。

任务思考

(1) 在设计基于规则的专家系统时，如何处理规则冲突？当多个规则同时满足条件时，系统应该如何选择合适的规则进行推理？

答：在基于规则的专家系统中，处理规则冲突可以使用多种方法，如优先级法、特异性原则和最近使用原则。优先级法根据规则的重要性设定优先级，系统会优先执行高优先级的规则。特异性原则选择更具体的规则，而最近使用原则则选择最近触发的规则。通常，这些方法可以结合使用，以确保系统做出合理的推理。

(2) 基于规则的专家系统有什么局限性？在什么情况下使用这种系统可能不适用？

答：① 基于规则的专家系统具有四个局限性：知识获取困难，知识库的构建依赖于专家的经验，且知识获取过程烦琐且费时；规则维护复杂，当知识库规则数量增多时，维护和更新规则变得复杂；缺乏灵活性，规则系统只能解决在规则范围内的问题，对于未包含的情况无法处理；处理不确定性差，这种系统对不确定性或模糊问题处理能力较弱。② 在复杂性高、不确定性强或知识难以明确定义的领域，使用基于规则的专家系统可能不适用。此时，其他人工智能技术如神经网络或模糊逻辑可能更为合适。

习题巩固

一、单项选择题

1. TensorFlow 使用以下哪种图表示计算过程？（　　）

A. 树状图　　　　　　　　　　B. 数据流图

C. 环状图　　　　　　　　　　D. 矩阵图

2. 下列哪一项不属于 TensorFlow 的核心专有名词？（　　）

A. 张量　　　　　　　　　　　B. 计算图

C. 会话　　　　　　　　　　　D. 优化器

3. PyTorch 的计算图是（　　）。

A. 静态的　　　　　　　　　　B. 动态的

C. 固定的　　　　　　　　　　D. 可视化的

4. Keras 是由以下哪个公司开发的？（　　）

A. Google　　　　　　　　　　B. Facebook

C. Microsoft　　　　　　　　　D. Amazon

5. Caffe2 是由以下哪个公司开发的？（　　）

A. Google　　　　　　　　　　B. Facebook

C. Microsoft　　　　　　　　　D. Amazon

6. Prolog 是基于以下哪种逻辑的编程语言？（　　）

A. 二阶谓词逻辑　　　　　　　B. 模态逻辑

C. 一阶谓词逻辑　　　　　　　D. 数理逻辑

二、填空题

1. Scikit-learn 库包含的主要算法包括监督学习、无监督学习和_____。

2. NumPy 的_____机制极大地简化了数组操作的复杂性。

3. Prolog 的推理引擎通过_____、递归定义、自动回溯和控制回溯等机制实现问题的求解。

4. TensorFlow 的会话提供了_____和常规会话两种类型。

三、实操程序题

请编写一个函数 infer()，该函数接收两个参数，分别是 symptom(表示用户输入的汽车故障描述)和 observations(表示用户观察到的现象，形式为列表)，通过遍历规则库，返回可能的故障原因。已知规则库 rules 已定义，包含每条规则的"症状""原因"和"规则"。代码如下所示，请在画线部分补充填写相关代码使程序完整。

```
def infer(symptom, observations):
    possible_causes = []
    for rule in rules:
        if rule["症状"] == _____;                    # 填空 1
            if all(obs in rule["规则"] for obs in _____);    # 填空 2
                possible_causes.append(rule["原因"])
                print(f"推理结果: {rule['规则']}")
    return possible_causes
```

项目三　在 AI 中如何让机器习得知识

本项目探讨机器在人工智能领域中习得知识的方式，涵盖学习相关的基本概念、机器学习的定义、过程、分类等，并通过分析交通标识识别系统案例设计与实现，提供完整代码及运行结果的解析，帮助读者理解机器学习的实际应用。

▶▶ 项目架构

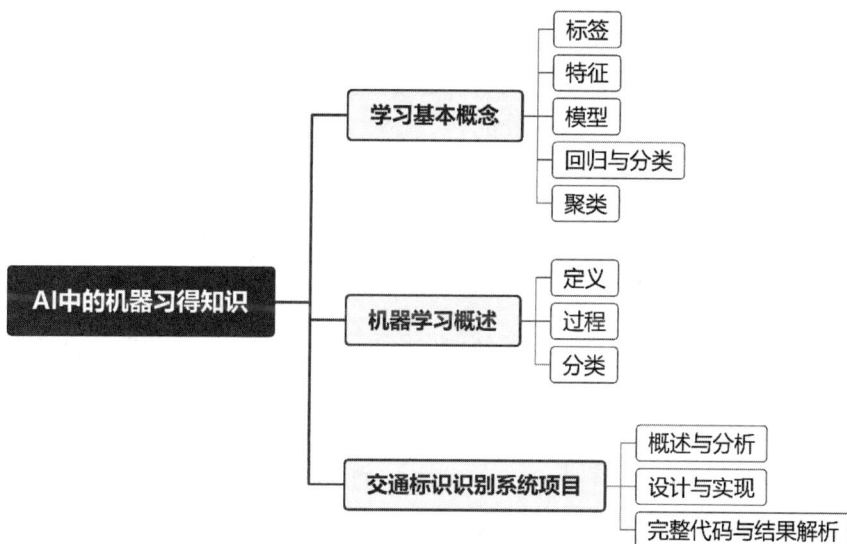

任务一　学习相关的基本概念

在数据驱动的时代，理解并掌握学习相关的基本概念对于深入探索机器学习、数据挖掘等领域至关重要。标签、特征、模型、回归与分类以及聚类作为学习过程中的基石，不仅构建了数据分析与预测的基础框架，还引领着人工智能技术的不断革新与发展。

任务目标

• 深入理解标签与特征的概念。

- 掌握模型构建与评估的基本原理。
- 区分并理解回归与分类算法。
- 探索聚类分析的基本方法与应用。

学习相关的基本概念

任务内容

3.1.1 标签

在机器学习和数据科学的领域中，标签是连接数据样本与预测目标之间的桥梁。深入理解标签的概念、作用及其在设计、标注过程中的注意事项，对于构建高效、准确的机器学习模型至关重要。

1. 标签的基本概念

标签是分配给数据样本的元数据，用于表示该样本的类别、状态或数值等关键信息。在监督学习中，每个数据样本都伴随着一个或多个标签，这些标签告诉算法数据样本应该如何被分类或预测。

标签在机器学习中扮演着至关重要的角色。它们是算法学习的目标，为模型提供了关于数据点应如何被分类或预测的明确反馈。通过比较模型的预测结果与真实标签之间的差异，算法可以调整其内部参数以优化性能。

2. 分类标签与回归标签的区别

分类标签与回归标签在机器学习和数据处理的上下文中有着显著的区别，主要体现在它们的输出类型、目的和应用场景上。

1) 分类标签

分类问题中的标签是离散的，表示数据样本所属的类别。分类问题的目标是学习一个模型，该模型能够将新的数据样本映射到这些预定义的类别之一。

2) 回归标签

回归问题中的标签是连续的数值，表示预测目标的实际值。

回归模型通过学习输入特征与目标值之间的关系来预测新的数据样本的目标值。

3. 标签的类型

标签的类型大致可以分成四种，如图 3-1-1 所示。

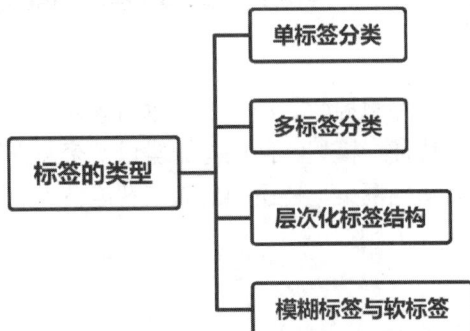

图 3-1-1　标签的类型

1) 单标签分类

在单标签分类问题中，每个数据样本仅被分配一个标签。这意味着数据样本只能属于一个类别。例如，在图像分类任务中，每张图片只能被标记为一种动物，如"猫"或"狗"。单标签分类是机器学习中最常见的分类形式之一。

2) 多标签分类

与单标签分类不同，多标签分类问题中的每个数据样本可以同时属于多个类别。这意味着数据样本可以被分配多个标签。

3) 层次化标签结构

在某些复杂场景中，标签之间存在层次关系。这种层次关系可以形成树状或图状结构，其中每个节点代表一个类别，而边表示类别之间的包含或关联关系。层次化标签结构有助于更好地组织和管理标签信息，并可能提高分类任务的性能。例如，在生物信息学中，物种分类标签通常具有层次化结构，从界、门、纲、目、科、属、种等不同层级进行划分。

4) 模糊标签与软标签

在某些情况下，数据样本的类别可能不是完全确定的，而是具有一定的模糊性或不确定性。这时可以使用模糊标签或软标签来表示这种不确定性。模糊标签通常用于处理类别之间边界模糊的情况，而软标签则是一种概率分布形式，表示数据样本属于各个类别的可能性。软标签在处理多分类问题时特别有用，因为它们可以提供比硬标签更丰富的信息。

4. 标签的作用

下面我们详细探讨标签在学习、评估和理解方面的三大作用。如图 3-1-2 所示。

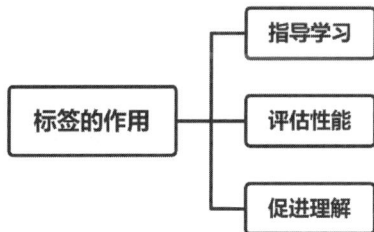

图 3-1-2　标签的作用

1) 指导学习

标签在监督学习中起着方向标的作用，引导模型学习如何将输入数据映射到正确的输出类别或数值上。

2) 评估性能

标签不仅是学习的目标，也是评估模型性能的重要标准。

为了评估模型的性能，需要使用一些评估指标，如准确率(Accuracy)、召回率(Recall)、F1分数(F1 Score)等。这些指标都是基于模型预测结果与实际标签之间的比较得出的，能够直观地反映模型的分类或回归性能。

3) 促进理解

标签还有助于我们更深入地理解数据集的内在结构和特征。

通过分析数据集中标签的分布情况，可以了解不同类别的样本数量、占比以及它们之间的关系。这种分析有助于我们发现数据集的偏斜性，从而为后续的数据预处理和模型训练提供指导。

在实际应用中，不同标签之间往往存在一定的相关性。通过探索标签之间的相关性，可以更好地理解数据的内在结构，发现潜在的规律和模式。这有助于优化模型的特征选择、改进模型结构或调整标签体系，从而提高模型的预测准确性和泛化能力。

3.1.2   特征

在机器学习和数据科学领域，特征是数据分析和模型构建过程中的核心概念。简而言之，特征是指从原始数据中提取出来的、用于表示数据内在特性和结构的信息单元。它们是模型学习和预测的基础，为模型提供了关于数据实例的详细描述。特征可以是数值型的，如年龄、收入、温度等，也可以是分类型的，如性别、国家、颜色等。通过合理选择和构造特征，可以显著提高机器学习模型的性能和准确性。

1. 特征在机器学习中的角色

特征在机器学习过程中扮演着至关重要的角色。它们是连接原始数据与机器学习模型之间的桥梁，为模型提供了学习和预测所需的信息。具体来说，特征作为模型的输入变量，直接影响了模型的训练过程和预测结果。

在模型训练阶段，算法通过优化特征与目标变量之间的关系来学习数据的内在规律；在预测阶段，模型则利用学习到的规律对新的数据实例进行预测。因此，特征的选择和构造质量直接决定了模型的性能和泛化能力。

2. 特征的类型

根据特征的数据类型和表示方式，可以将其分为多种类型。一些常见的特征类型如图3-1-3 所示。

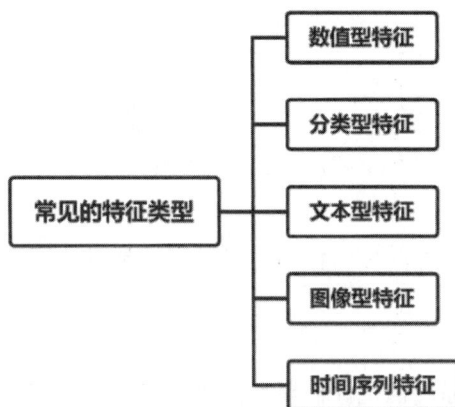

图 3-1-3   常见的特征类型

1) 数值型特征

这类特征以数值形式表示，可以直接进行数学计算。数值型特征又可以分为连续型(如年龄、身高)和离散型(如年份、月份)。在机器学习中，连续型数值特征通常需要经过归一化或标准化处理，以消除不同量纲和尺度的影响；而离散型数值特征则可能需要进行编码转换(如独热编码)，以适应模型的输入要求。

2) 分类型特征

这类特征表示的是类别或标签信息，如性别、国家、颜色等。分类型特征不能直接用于数值计算，因此需要进行编码处理。常见的编码方式包括独热编码(One-Hot Encoding)、标签编码(Label Encoding)和目标编码(Target Encoding)等。其中，独热编码是最常用的编码方式之一，它将每个类别转换为一个仅在该类别位置为 1、其余位置为 0 的二进制向量。

3) 文本型特征

这类特征以文本形式表示，如文章、评论、邮件等。文本型特征需要经过预处理和特征提取步骤才能转化为机器学习模型可以处理的数值型特征。常见的文本特征提取方法包括词袋模型(Bag of Words)、TF-IDF(Term Frequency-Inverse Document Frequency)和词嵌入(Word Embedding)等。

4) 图像型特征

这类特征以图像形式表示，如照片、视频帧等。图像型特征通常需要经过图像处理和特征提取步骤才能转化为机器学习模型可以处理的数值型特征。常见的图像特征提取方法包括边缘检测、纹理分析、颜色直方图以及深度学习中的卷积神经网络等。

5) 时间序列特征

这类特征以时间序列数据形式表示，如股票价格、气温变化等。时间序列特征具有时间上的连续性和相关性，因此在特征提取和模型训练时需要考虑时间因素的影响。常见的时间序列特征提取方法包括滑动窗口、自回归模型(AR)、滑动平均模型(MA)以及更复杂的 ARIMA(自回归积分滑动平均模型)等。

3. 特征工程

特征工程是机器学习和数据科学中至关重要的一环，它涉及从原始数据中提取、构造、选择和转换特征，以便更好地表示数据的内在特性和结构，从而提高模型的性能和预测准确性，如图 3-1-4 所示。

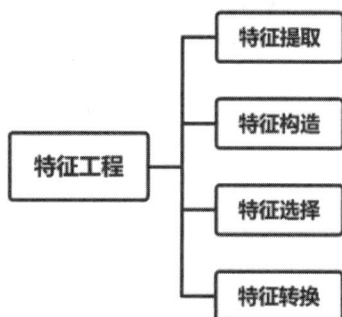

图 3-1-4　特征工程

1) 特征提取

特征提取是指从原始数据中提取出有意义的模式和信号，这些模式和信号对于后续的数据分析和模型训练至关重要。特征提取的目的是将原始数据转化为对机器学习算法友好的形式，以便算法能够从中学习到有用的信息。

2) 特征构造

特征构造是指通过组合现有特征来创建新的特征，这些新特征可能提供了额外的洞察力，有助于改善模型的性能。

特征构造的目的是从原始特征中挖掘出更深层次的信息，以便更好地描述数据的内在规律。

3) 特征选择

特征选择是指从原始特征集中挑选出对模型预测最为关键的特征子集。特征选择的目的是减少数据维度、消除不相关或冗余特征，从而提高模型的泛化能力和训练效率。

4) 特征转换

特征转换是指通过数学变换将原始特征转换为新的特征，以便模型更好地处理。特征转换的目的是使特征具有更好的可分性，降低噪声干扰，并适应不同模型的输入要求。

4. 特征的重要性

特征作为模型的输入，直接决定了模型能够学习到何种程度的数据内在规律和模式。因此，理解和把握特征的重要性，对于提高模型的性能和预测准确度至关重要。

1) 对模型性能的影响

良好的特征工程可以显著提升模型的性能和准确度。这是因为，特征的质量直接影响了模型学习数据内在规律的能力。

当特征选择得当、构造合理时，模型能够更容易地从数据中提取出有用的信息，从而更准确地拟合数据分布和预测目标变量。相反，如果特征选择不当或构造不合理，模型可能会受到噪声数据的干扰，导致性能下降和预测偏差。

具体来说，特征对模型性能的影响如图 3-1-5 所示。

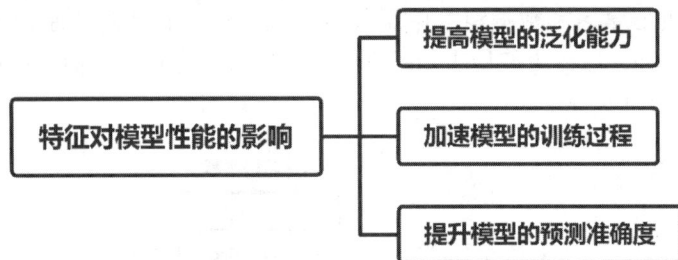

图 3-1-5   特征对模型性能的影响

2) 特征选择与构造的优先级

在机器学习项目中，特征的选择和构造往往比算法的选择更为重要。这是因为，即使使用最先进的算法，如果输入的特征质量不高，也很难获得令人满意的模型性能。相反，如果能够在特征选择和构造上投入足够的时间和精力，即使使用相对简单的算法，也能够获得较好的预测结果。因此，在机器学习项目的实施过程中，应该优先考虑特征的选择和构造。

3.1.3 模型

模型是机器学习、数据分析和人工智能领域的核心概念，它扮演着将现实世界中的复杂问题转化为可求解的数学问题的关键角色。通过构建和训练模型，我们能够从数据中提取有价值的信息，进而为决策提供有力支持。

1. 基本概念

模型可以视为一种函数或算法，它接收输入数据，经过一系列的计算和变换，最终输出预测结果或解决方案。不同类型的模型，如线性模型、决策树和神经网络等，各自具有独特的特点和适用场景，它们的选择取决于具体问题的性质和数据的特点。

2. 关键要素

在构建和训练模型的过程中，有几个关键要素需要特别关注。

1) 输入数据

输入数据的关键包括预处理和数据表示，如图 3-1-6 所示。

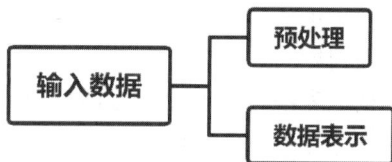

图 3-1-6　输入数据的关键要素

输入数据必须经过预处理才能被模型有效处理。预处理步骤包括数据清洗(如去除噪声、处理缺失值)、特征提取(如从原始数据中提取有用的特征)和编码转换(如将类别型数据转换为数值型数据)等。数据表示也是影响模型性能和效率的重要因素，数值矩阵和张量等数据结构在模型输入中扮演着重要角色。

2) 参数

参数的关键要素有初始化、优化与超参数，如图 3-1-7 所示。

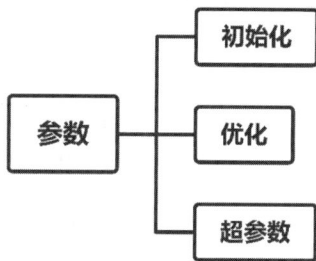

图 3-1-7　参数的关键要素

参数是模型在训练过程中需要学习的值，它们决定了模型的行为和预测能力。参数的初始化对训练过程有显著影响，而优化算法则负责在训练过程中更新和确定这些参数。

除参数外，超参数也是模型构建中不可忽视的要素。

超参数是模型训练前需要设定的值，它们控制了训练过程的一些方面(如学习率、迭代次数等)，并且对模型的性能有重要影响。超参数的调优是一个复杂的过程，通常需要借助网格搜索、随机搜索或贝叶斯优化等方法。

3) 训练过程

训练过程的关键要素包括损失函数、优化算法、过拟合与欠拟合，如图 3-1-8 所示。

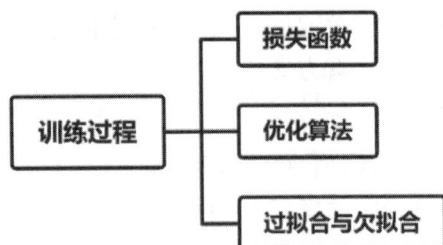

图 3-1-8　训练过程的关键要素

训练过程是模型构建的核心环节。在这个过程中，模型通过不断迭代优化损失函数来逼近真实数据分布。

损失函数是衡量模型预测结果与实际结果之间差异的函数，不同类型的任务需要选择不同类型的损失函数。

优化算法则负责在训练过程中更新模型参数以使损失函数最小化。然而，在训练过程中也需要注意过拟合和欠拟合的问题。

过拟合是指模型在训练数据上表现良好但在新数据上表现不佳的现象，而欠拟合则是指模型无法充分学习数据中的规律导致预测性能不佳。

为了防止过拟合和欠拟合的发生，可以采取正则化、dropout、早停等策略。

3.1.4　回归与分类

监督学习是机器学习的一个分支，算法从标记的训练数据中学习，并用于预测新数据的输出。

1. 回归

回归(Regression)是一种监督学习算法，用于预测一个或多个自变量(特征)与一个因变量(目标变量)之间的数值关系，目标是通过最小化预测值与实际值之间的差异来训练模型。

回归算法预测的输出是连续值，适用于需要预测数值的场景。

常用的回归算法如图 3-1-9 所示。

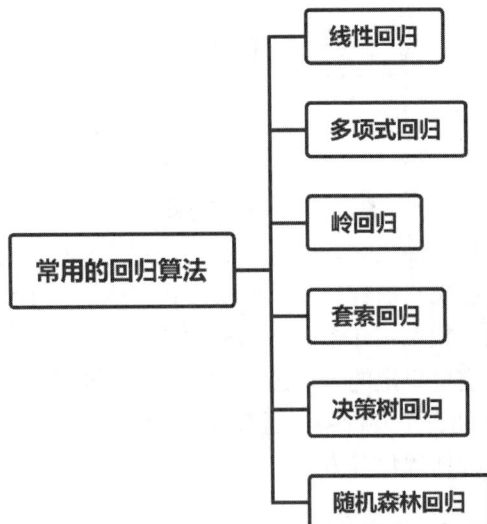

图 3-1-9　常用的回归算法

2. 分类

分类(Classification)是另一种监督学习算法，用于将数据样本分配到预定义的类别或标签中，目标是学习如何将输入特征映射到离散的输出类别。

分类算法的预测的输出是离散的类别，适用于需要分类的场景。

常用的分类算法如图 3-1-10 所示。

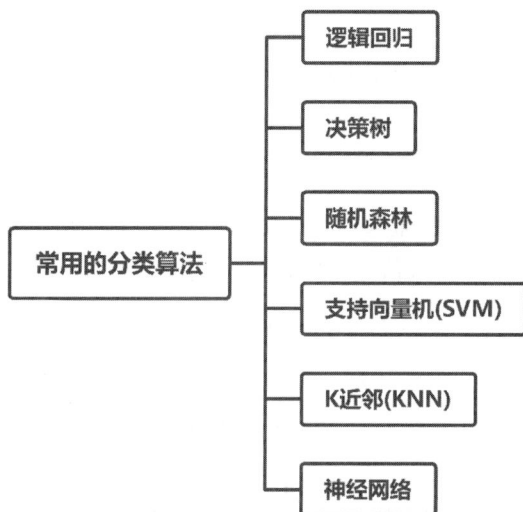

图 3-1-10 常用的分类算法

3.1.5 聚类

聚类是一种无监督学习技术，旨在将数据集中的样本自动划分为若干个组或簇，使得同一簇内的样本在某种度量下具有较高的相似度，而不同簇之间的样本相似度较低。

聚类过程不需要事先知道数据的标签或类别，因此它在探索性数据分析和发现数据中的隐藏模式方面具有重要价值。

1. 关键概念

聚类过程涉及多个关键概念，包括相似度或距离度量、簇和聚类中心，如图 3-1-11 所示。

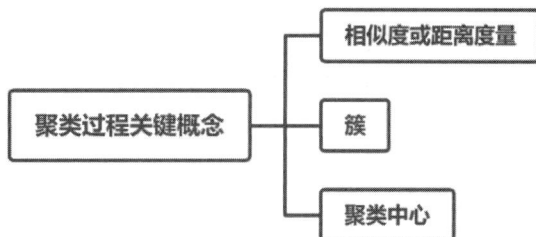

图 3-1-11 关键概念

1) 相似度或距离度量

相似度或距离度量是评估样本间相似程度的基础，常见的度量方式有欧氏距离(适用于连续数据)、曼哈顿距离(适用于高维且维度间差异大的数据)和余弦相似度(常用于文本或图像向量的比较)。

2) 簇

簇(Cluster)是聚类后形成的子集,簇内的样本具有较高的相似性或共同特征。簇的数量和形状在聚类前通常是未知的,是由聚类算法和数据本身决定的。

3) 聚类中心

在某些聚类算法(如 K-means)中,每个簇由一个中心点表示,该中心点通常是簇内所有样本的均值或中位数。

2. 聚类算法

聚类算法种类繁多,每一种都承载着独特的思考逻辑。它们或基于距离划分,或依据密度识别,又或遵循层次结构。每种算法都展现出其独到的优势,如快速处理、灵活适应或强鲁棒性。然而,每种算法也伴随着自己的局限性,需在实际应用中选择,如图 3-1-12 所示。

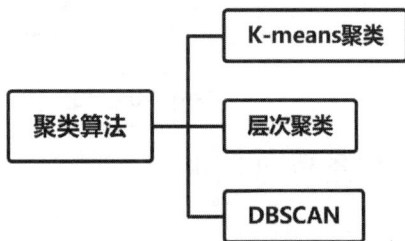

图 3-1-12　聚类算法

1) K-means 聚类

K-means 聚类是一种广泛使用的算法,它通过迭代地更新簇中心来优化簇的划分,具有简单、快速、易于实现的优点,但对初始中心点的选择和 K 值的预设较为敏感。

2) 层次聚类

层次聚类通过逐步合并最相似的簇来形成最终的聚类结果,其优点在于不需要预先指定簇的数量,并能揭示数据中的层次结构,但计算复杂度相对较高。

3) DBSCAN

DBSCAN 是一种基于密度的聚类算法,能够识别任意形状的簇,并对噪声和异常值有较好的鲁棒性,但其性能受参数选择影响较大。

3. 应用领域

聚类广泛应用于市场细分、社交网络分析、图像分割等领域。通过聚类,可以发现数据中的隐藏模式和结构,为决策提供支持,其深度和广度不断推动着各行业的发展与创新。

聚类技术应用领域如图 3-1-13 所示。

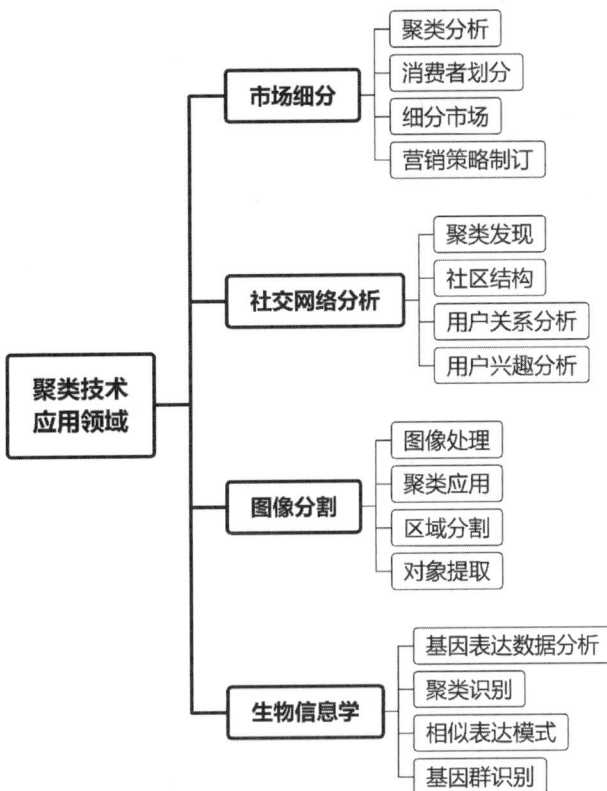

图 3-1-13 聚类技术应用领域

任务思考

(1) 为什么特征的选择和构造对模型的性能如此重要？

答：特征的选择和构造直接决定了模型能够学习到何种程度的数据内在规律。高质量的特征可以帮助模型更准确地拟合数据分布，从而提高模型的预测性能和泛化能力。不当的特征选择可能会导致噪声干扰和模型性能下降。

(2) 在回归与分类任务中，如何确定选择何种模型和算法？请结合具体场景举例说明。

答：① 选择模型和算法时，需要考虑任务类型(回归或分类)、数据的性质(线性或非线性)、训练速度和预测准确性等。② 举例：房价预测任务中，可能选择线性回归模型；图像识别任务中，可能选择卷积神经网络。

习题巩固

一、单项选择题

1. 标签在机器学习中主要扮演什么角色？(   )

A. 数据预处理   B. 模型评估   C. 特征提取   D. 模型预测

2. 在分类问题中，标签是(   )。

A. 连续的数值   B. 离散的类别   C. 模糊的概率   D. 统计的结果

3. 哪种特征类型不能直接用于数值计算？（　　）

A. 数值型特征　　B. 分类型特征　　C. 文本型特征　　D. 时间序列特征

4. K-means 聚类算法的特点是（　　）。

A. 不需要指定簇的数量　　　　　　B. 基于密度的聚类

C. 计算复杂度高　　　　　　　　　D. 通过迭代更新簇中心优化聚类

5. 在监督学习中，哪个是用于分类任务的常用算法？（　　）

A. 线性回归　　　B. 决策树　　　C. K-means　　　D. ARIMA

6. 以下哪个特征类型最适合用独热编码？（　　）

A. 数值型特征　　B. 分类型特征　　C. 文本型特征　　D. 图像型特征

二、填空题

1. 回归问题中的标签是_____值。

2. 在机器学习中，特征是指从_____数据中提取出来的、用于表示数据内在特性的信息单元。

3. 独热编码常用于对_____型特征进行编码处理。

4. K-means 聚类算法通过_____来优化簇的划分。

三、简答题

简述分类标签与回归标签的主要区别。

任务二　机器学习概述

机器学习(Machine Learning，ML)是人工智能(AI)的一个重要分支，它旨在通过计算机系统的学习和自动化推理，使计算机能够从数据中获取知识和经验，并利用这些知识和经验进行模式识别、预测和决策。

简单来说，机器学习就是训练机器去学习，而不需要明确编程来执行特定任务。机器学习算法能够自动地从大量数据中学习并改进自己的性能，从而在没有人类直接干预的情况下，对新的数据或情境做出准确的预测或判断。

机器学习概述

任务目标

- 了解并掌握机器学习的定义及基本概念。
- 详细分析机器学习的主要过程。
- 系统归纳机器学习的不同方法并进行分类。
- 深入探讨机器学习的理论基础。

任务内容

3.2.1　机器学习的定义

机器学习是一种让计算机通过对大量数据进行分析和学习，从而可以自动进行预测和决策的技术。其核心思想是利用算法和统计学的方法来让计算机在没有人类干预的情况下从数据中"学习"到模式，并使用这些模式来进行自主的决策。

1. 基本概念

机器学习的核心在于三个相互关联的要素——数据、算法和模型，如图 3-2-1 所示。

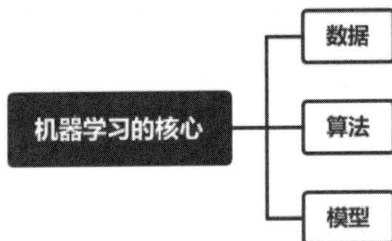

图 3-2-1 机器学习的核心

1）数据

数据是机器学习的基石。无论是结构化数据还是非结构化数据，它们都是机器学习模型学习的源泉。数据的多样性、质量和规模直接影响着机器学习模型的性能和效果。具体来说，多样化的数据可以帮助模型更好地捕捉现实世界中的复杂关系；高质量的数据能够减少噪声和偏差，提高模型的准确性；而大规模的数据则可以为模型提供足够的训练样本，使其更具泛化能力。

2）算法

算法是机器学习中的"大脑"，负责从数据中提取有用信息并构建模型。不同的算法适用于不同的学习任务和数据类型。例如，统计方法适用于处理具有明确数学关系的数据；而优化算法则用于在训练过程中调整模型参数，以最小化预测误差。此外，还有一些高级算法能够处理更复杂的数据和任务，展现出更强的学习能力和适应性。

3）模型

模型是算法和数据结合的产物，它表示了数据中的规律和模式。在机器学习中，模型通常以数学函数或计算图的形式存在，用于接收输入数据并产生输出预测。模型的好坏直接决定了机器学习任务的成败。一个优秀的模型能够准确地捕捉数据中的关键特征，并对未见过的数据做出合理的预测或决策。

2. 特性与优势

机器学习之所以受到广泛关注和应用，主要得益于其独特的特性和优势，如图 3-2-2 所示。

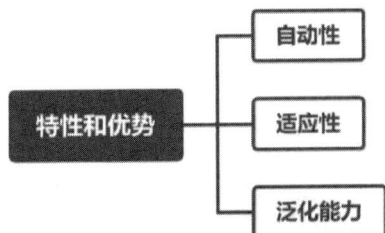

图 3-2-2 机器学习的特性和优势

1）自动性

与传统编程方法相比，机器学习能够自动从数据中学习规律并构建模型，无须人工编写复杂的规则集。这种自动性不仅减轻了程序员的负担，还提高了模型的灵活性和适应性。

2）适应性

机器学习模型具有强大的自适应性。随着新数据的不断加入和模型的不断训练，模型能够逐渐改进其性能并适应新的环境。适应性使得机器学习模型能够应对复杂多变的任务场景。

3）泛化能力

泛化能力是衡量机器学习模型好坏的重要标准之一。一个具有良好泛化能力的模型能够准确地对未见过的数据进行预测或决策，使得机器学习模型能够广泛应用于各种实际场景中，并产生巨大的价值。

3．机器学习的重要性

面对海量的数据，传统的人工处理方法显得力不从心。机器学习算法能够自动从数据中提取有价值的信息，发现隐藏的规律和模式，从而极大地提高了数据处理的效率和准确性。

基于大数据和机器学习技术，企业可以构建智能决策支持系统，实现对市场趋势、客户需求、产品性能的精准预测和评估。这有助于企业做出更加科学、合理的决策，降低经营风险，提高竞争力。

机器学习也为科研创新提供了强大的技术支持。通过模拟复杂系统、预测实验结果、优化设计方案等手段，科研人员可以更加高效地探索未知领域，推动科学技术的快速发展。

在医疗、教育、金融等社会服务领域，机器学习技术能够根据用户的个性化需求提供定制化的服务。例如，基于用户健康数据的智能医疗系统可以为用户提供精准的健康管理方案；基于学生学习行为的智能教育平台可以为学生提供个性化的学习资源和路径。

4．应用场景

机器学习已经渗透到我们生活的方方面面，其典型的应用场景如图 3-2-3 所示。

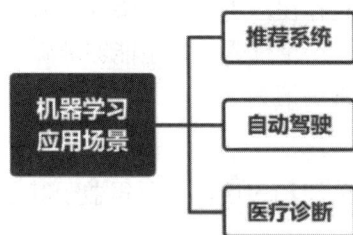

图 3-2-3　机器学习的典型应用场景

1）推荐系统

推荐系统利用机器学习算法分析用户的历史行为和偏好信息，为用户推荐个性化的商品、内容或服务。例如，电商平台可以根据用户的购买历史和浏览行为推荐相关商品；视频平台可以根据用户的观看历史和兴趣标签推荐相似视频。

2）自动驾驶

自动驾驶技术依赖于机器学习算法对车辆周围环境进行感知、理解和决策。通过训练深度学习模型来识别道路标志、行人、车辆等障碍物，并预测它们的运动轨迹和意图，自动驾驶系统能够实现安全可靠的行驶。

3) 医疗诊断

医疗诊断是机器学习应用的另一个重要领域。通过分析患者的病历、影像资料和生物标志物等数据，机器学习模型可以辅助医生进行疾病诊断、制订治疗方案和预测病情发展。这种应用不仅提高了诊断的准确性和效率，还减轻了医生的工作负担。

5. 机器学习的影响

随着机器学习技术的广泛应用，新的产业形态和商业模式不断涌现。这将对传统经济结构产生深远影响，推动产业升级和转型。同时，机器学习也将催生新的就业岗位和职业需求，为劳动者提供更多元化的职业发展路径。

机器学习技术的普及将极大地提升社会生活的智能化水平。智能家居、智慧城市、自动驾驶等应用场景将逐渐成为现实，为人们的生活带来前所未有的便利和舒适。

3.2.2 机器学习的过程

简而言之，机器学习的过程是一个从理论到实践的桥梁构建过程。它始于对问题本质的深刻理解与精准定义，随后通过一系列精心设计的步骤，将复杂的数据转化为有价值的洞察。

机器学习的过程主要可以分为以下几个关键步骤。

1. 问题定义与数据收集

在机器学习项目的初始阶段，问题定义与数据收集是两个至关重要的环节。它们不仅为后续的模型训练与部署奠定了坚实的基础，还直接影响了项目的成功与否。

1) 问题定义

问题定义主要分为两个部分，如图 3-2-4 所示。

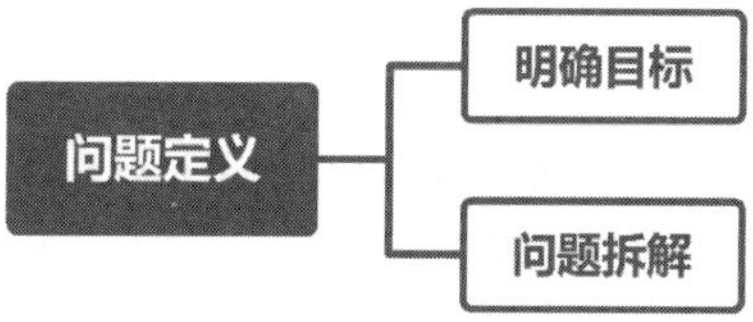

图 3-2-4　问题定义

项目团队需要清晰地定义希望机器学习模型解决的问题或达成的目标。这一过程涉及对业务需求的深入理解，包括明确问题的具体表现、影响范围以及期望的解决效果。

同时，技术可行性也是必须考虑的因素，即评估当前的技术手段和资源是否足以支持问题的解决。此外，预期成果也是问题定义中不可或缺的一部分，它可帮助团队明确项目的最终目标和价值所在。

面对复杂的问题，团队需要将其拆解成若干个小问题或子任务，以便逐一解决。问题拆解有助于降低问题的复杂度，提高解决方案的针对性和有效性。

在拆解过程中，团队需要仔细分析问题的各个组成部分，识别出关键点和难点，并制订相应的解决策略。通过逐步解决小问题，团队可以逐步逼近最终目标，最终实现问题的全面解决。

2）数据收集

数据收集部分可以拆分为三个步骤，如图 3-2-5 所示。

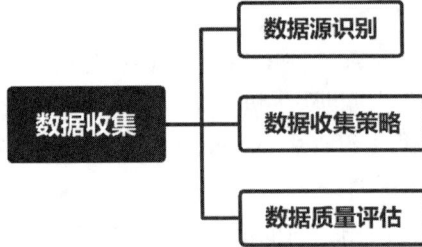

图 3-2-5　数据收集

根据问题定义，团队需要确定需要收集哪些类型的数据以及这些数据可能来自哪些渠道。

数据源的选择对于后续的数据处理和分析至关重要。团队需要综合考虑数据的可用性、准确性、时效性和隐私保护等因素，选择最适合的数据源。常见的数据源包括数据库、在线平台、传感器等，它们各自具有不同的特点和优势，团队需要根据实际情况进行选择。

制订数据收集的策略和计划是确保数据质量的关键。

团队需要明确数据收集的时间、频率和方式等要素，以确保数据的完整性和一致性。

在收集过程中，团队需要遵守相关法律法规和行业标准，确保数据的合法性和安全性。此外，为了应对数据变化的不确定性，团队还需要制订灵活的数据收集策略，以便及时调整和优化收集方案。

在数据收集过程中或收集后，团队需要对数据的完整性、准确性、一致性和时效性进行评估。

数据质量是机器学习模型性能的关键因素之一，低质量的数据可能导致模型性能下降甚至失效。因此，团队需要采用科学的方法对收集到的数据进行质量评估，包括数据清洗、去重、缺失值处理等操作。通过提高数据质量，团队可以确保机器学习模型能够基于可靠的数据进行训练和预测，从而提高模型的准确性和可靠性。

2. 数据预处理

数据预处理涉及对原始数据的清洗、标准化或归一化以及划分等步骤，旨在提升数据质量，为后续的模型训练奠定坚实的基础。

1）数据清洗

数据清洗是数据预处理的第一步，旨在纠正数据中的错误和不一致，确保数据的准确性和可靠性。数据清洗主要包括缺失值处理和异常值处理。

在数据集中，缺失值是一个常见的问题。缺失值的处理策略取决于数据的特性和问题的需求。

缺失值处理的常用方法如图 3-2-6 所示。

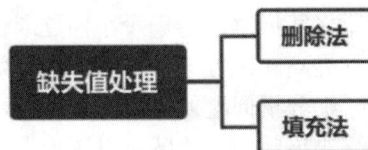

图 3-2-6　缺失值处理

删除法是指直接删除含有缺失值的记录。这种方法简单易行，但可能会丢失大量有用信息，尤其是当缺失值比例较高时。

填充法则是使用某种策略来填充缺失值，如使用均值、中位数、众数或基于模型的预测值进行填充。这种方法能够保留原始数据的完整性，但填充值的选择可能对模型性能产生影响。

异常值是指数据集中与其他观测值显著不同的值，它们可能是由测量错误、数据录入错误或数据本身的极端特性导致的。

异常值处理的常用方法如图 3-2-7 所示。

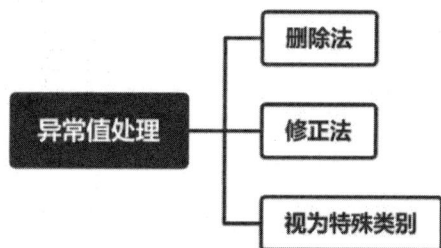

图 3-2-7　异常值处理

在异常值处理中使用删除法，会直接删除异常值。这种方法简单快捷，但可能会扭曲数据的分布特性。而修正法是将异常值修正为合理的值，如使用相邻值的平均值或中位数进行修正。

在某些情况下，异常值可能代表了一种特殊的类别或现象，可以将其视为一个新的类别进行处理。

2）数据标准化或归一化

数据标准化和归一化是数据预处理的另一个重要步骤，它们通过调整数据的量纲和分布范围，有助于提升模型的训练效率和性能。

标准化是将数据按比例缩放，使之落入一个小的特定区间(通常是 0 到 1 或 −1 到 1)。标准化的目的是消除不同量纲对模型训练的影响，使得各个特征在模型训练中具有相同的权重。常用的标准化方法包括 Z-score 标准化和 Min-Max 标准化。

归一化是将数据转换为均值为 0、方差为 1 的分布形式。归一化常用于需要计算距离或相似度的算法中，如 K 近邻算法(KNN)和聚类算法。归一化能够确保各个特征在距离计算中具有相同的尺度，从而避免某些特征在距离计算中占据主导地位。

3）数据划分

数据划分是将清洗和标准化或归一化后的数据集划分为训练集、验证集和测试集的过程，对于评估模型性能和防止过拟合至关重要。

数据划分的方法主要有两种，如图 3-2-8 所示。

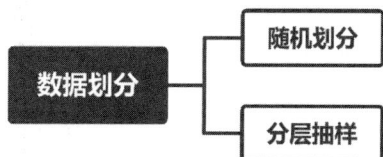

图 3-2-8　数据划分

　　随机划分是一种简单有效的数据划分方法。它将数据集随机划分为训练集、验证集和测试集，通常的比例为 70%∶15%∶15%。这种划分方法能够确保数据集的各个部分在特征分布上保持一致性，从而避免引入偏差。

　　在处理具有多个类别的分类问题时，分层抽样是一种更为合理的数据划分方法。它根据每个类别在数据集中的比例，从每个类别中抽取相应数量的样本作为训练集、验证集和测试集。这样可以确保每个类别在训练集、验证集和测试集中的比例大致相同，从而避免模型对某个类别的过度拟合或欠拟合。

3. 模型选择与训练

　　在机器学习项目的核心阶段，模型的选择与训练是至关重要的。这一过程不仅要求深入理解问题的本质，还需灵活运用各种算法与优化技术，以期达到最佳的预测或分类效果。

1) 模型选择

　　在着手解决一个机器学习问题时，首要任务是明确问题的性质，如回归、分类、聚类等，并深入了解数据的特性，如是否存在线性关系、非线性特征是否显著、数据维度高低等。

　　在初步确定了几个候选算法后，我们需要通过科学的方法对这些算法的性能进行评估和比较。交叉验证是一种常用的技术，它通过将数据集分为训练集和验证集，多次重复训练与验证过程，以评估算法在不同数据集划分下的稳定性与泛化能力。基于这些评估结果，我们可以选择出在当前问题背景下表现最优的算法进行后续训练。

2) 模型训练

模型训练可以划分为三个部分，如图 3-2-9 所示。

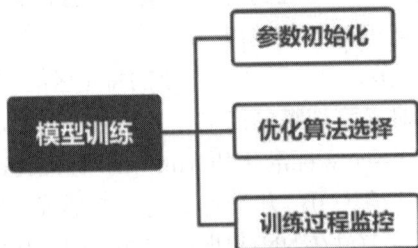

图 3-2-9　模型训练

　　在模型训练的开始阶段，通常需要为模型中的参数设置初始值。这一过程对于某些算法尤为重要，如神经网络。在神经网络中，初始权重的选择会直接影响到模型的收敛速度和最终性能。

　　为了加速收敛并避免陷入局部最优解，研究人员开发了多种参数初始化策略，如随机初始化、Xavier 初始化、He 初始化等。

　　优化算法的选择是模型训练中的另一个关键环节。优化算法负责根据损失函数的梯度信息来更新模型参数，以最小化损失函数。常见的优化算法包括梯度下降(GD)、随机梯度下降(SGD)、小批量梯度下降(Mini-batch GD)以及更为先进的自适应学习率算法，如Adam、RMSprop 等。选择合适的优化算法能够显著提高训练效率和模型性能。

在模型训练过程中，需要密切关注模型的损失值和验证集上的性能指标。损失值反映了模型在训练集上的拟合程度，而验证集上的性能指标则更能体现模型的泛化能力。

通过对比训练集和验证集上的表现，可以及时发现并处理过拟合或欠拟合问题。此外，还可以通过绘制学习曲线等可视化手段来更直观地了解模型的训练进度和性能变化。

4. 模型评估与调优

在模型训练完成后，则需要对其进行评估与调优，以验证模型在未知数据上的预测能力。

1) 模型评估

在模型训练完成后，对其性能进行全面而客观的评估是至关重要的。评估的主要目的是验证模型在未见过的数据上的泛化能力，即模型能否准确地预测或分类新的、独立的数据样本。

在评估过程中，通常会使用在训练阶段预留的测试集来检验模型的性能。评估指标的选择应根据问题的性质而定，对于分类问题，常用的评估指标包括准确率、精确率、召回率、F1 分数、ROC 曲线下的面积(AUC)等，如图 3-2-10 所示。

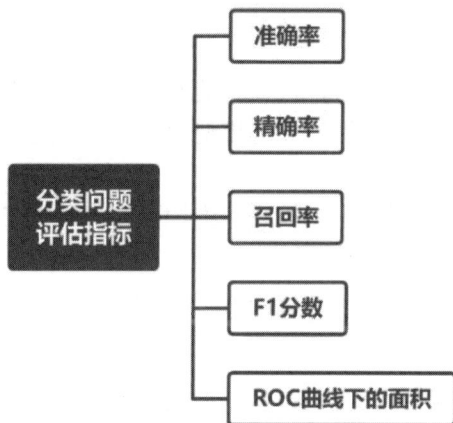

图 3-2-10　分类问题评估指标

对于回归问题，则常使用均方误差(MSE)、均方根误差(RMSE)、平均绝对误差(MAE)等指标，如图 3-2-11 所示。

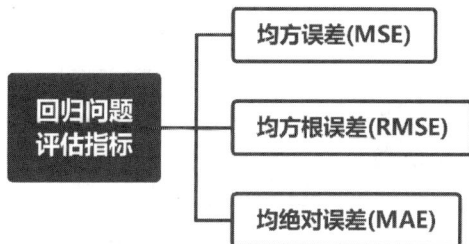

图 3-2-11　回归问题评估指标

2) 性能调优

在模型评估的基础上，如果发现模型的性能未能达到预期目标，则需要对模型进行调优。调优的策略多种多样，如图 3-2-12 所示。

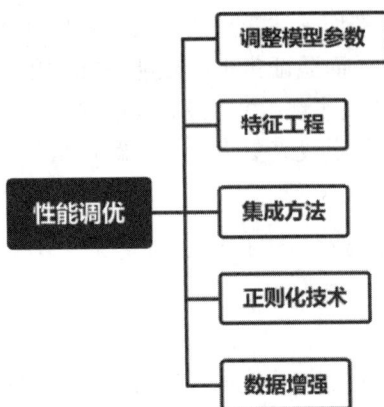

图 3-2-12　性能调优

3) 迭代优化

模型评估与调优是一个迭代的过程。在每次调优后，都需要重新评估模型的性能，并根据评估结果决定是否需要进一步调优。这个过程可能会重复多次，直到模型的性能达到或接近预期目标为止。

5. 模型部署与应用

在模型经过充分的评估与调优后，可以将其部署到实际的生产环境中进行应用。部署前，需要确保模型的稳定性和可靠性，并对模型的输入数据进行预处理，以确保其符合模型的要求。

在部署过程中，还需要考虑模型的更新和维护问题，以便在模型性能下降或数据分布发生变化时能够及时地进行调整和优化。

3.2.3　机器学习的分类

机器学习可以分为多种不同的分类方式，但最常见的分类方法是根据学习任务的不同来划分，如图 3-2-13 所示。

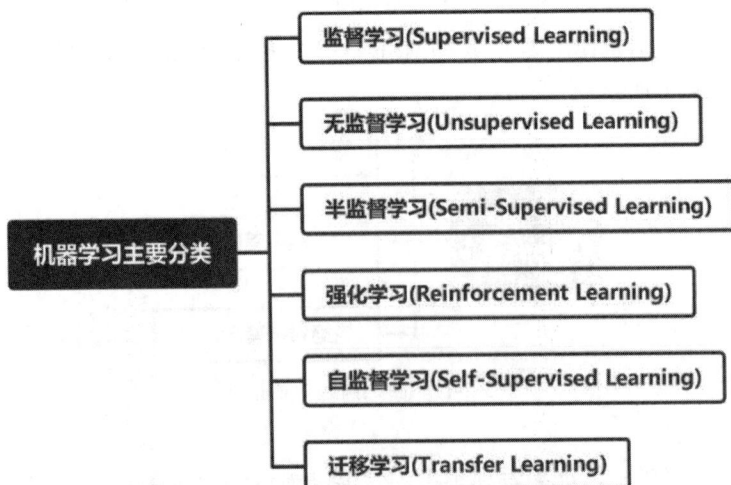

图 3-2-13　机器学习的分类

这些分类方法并不是互斥的，一个机器学习项目可能同时包含多种学习类型的元素。例如，一个项目可能首先使用无监督学习来发现数据中的结构，然后使用监督学习来训练一个分类器。

任务思考

(1) 为什么在某些情况下模型的泛化能力比在训练数据上的表现更重要？

答：模型的泛化能力决定了它在未见过的数据上的表现，这直接关系到模型在实际应用中的有效性和可靠性。过拟合的模型虽然在训练数据上表现很好，但在新数据上的表现往往较差。

(2) 在机器学习项目中，如何确定数据源的选择策略？

答：考虑数据的可用性、准确性、时效性和隐私保护等因素，选择最适合的数据源。同时，根据实际情况制订灵活的数据收集策略，确保数据的完整性和一致性。

习题巩固

一、单项选择题

1. 特征工程中，特征构造的目的是(   )。

A. 直接从数据中提取有意义的模式

B. 创建新的特征来改善模型性能

C. 将原始特征转换为新的特征

D. 从特征集中挑选最重要的特征

2. 哪种聚类算法对噪声和异常值有较好的鲁棒性？(   )

A. K-means
B. 层次聚类

C. DBSCAN
D. 密度估计

3. 机器学习的核心要素不包括以下哪一项？(   )

A. 数据
B. 算法

C. 模型
D. 硬件

4. 数据的多样性、质量和规模对机器学习模型的性能有什么影响？(   )

A. 没有影响
B. 间接影响

C. 直接影响
D. 不相关

5. 机器学习中的算法主要负责什么？(   )

A. 数据存储
B. 从数据中提取有用信息并构建模型

C. 模型评估
D. 用户交互

6. 以下哪一种特性不是机器学习的优势？(   )

A. 自动性
B. 适应性

C. 泛化能力
D. 人工干预

二、填空题

1. 特征工程包括特征提取、特征构造、特征选择和_____。
2. 模型训练中的_____是衡量模型预测结果与实际结果之间差异的函数。
3. 机器学习的核心要素是数据、_____和模型。
4. 数据的多样性、质量和规模直接影响机器学习模型的_____。

三、简答题

解释什么是机器学习中的"模型"。

任务三   交通标识识别系统项目

交通标识识别系统是智能驾驶技术中至关重要的组成部分，也是人工智能领域的一项关键应用。该系统通过摄像头采集道路交通标识的图像，并利用深度学习模型对其进行分类和识别，从而为自动驾驶系统提供实时的交通标识信息。这不仅能够提高行车的安全性，还可以为智能导航提供更精准的数据支持。

交通标识识别系统项目

本任务将使用 Python 程序设计语言及深度学习框架 TensorFlow 和 Keras 来构建并训练一个交通标识识别模型。我们将从数据准备、模型选择、模型训练与优化、模型评估等方面进行探讨并实践。通过设计和实现一个交通标识识别系统，我们可以更深入地理解如何让机器通过学习来掌握知识，并将其应用于实际问题解决中。

任务目标

- 理解交通标识识别系统的基本概念及其在智能交通中的应用。
- 掌握如何使用 Python 及深度学习框架来构建交通标识识别模型。
- 熟悉数据预处理、模型训练与优化、模型评估等关键步骤。
- 掌握如何利用卷积神经网络进行图像分类任务，并将其应用于交通标识识别。

任务内容

3.3.1   交通标识识别系统概述及分析

随着智能交通系统的发展，自动驾驶技术已经成为现代汽车工业的重要研究方向之一。在这个过程中，交通标识识别系统作为一项核心技术，受到了广泛关注。

交通标识作为道路环境中重要的视觉信息，通常分为警告标识、禁令标识、指示标识和指路标识四大类，每一类标识有其特定的形状、颜色和内容，对于确保驾驶安全和交通管理至关重要。如何让机器自动识别这些标识并做出正确的反应，是实现自动驾驶的重要前提。

本任务主要是使用公开的 GTSRB 数据集构建一个基于深度学习的交通标识识别系统。

GTSRB 数据集是德国交通标志识别数据集，这个数据集第一次出现是在 2011 年的国际神经网络联合会议(IJCNN)。该数据集是在白天交通道路上行驶时录制视频创建的，其中几乎包含了在交通道路上行驶时可能会遇到的所有情况的示意图，数据集内部的图片存储格式为可携像素图格式(Portable Pixmap，PPM)，并且图片的尺寸并不相同，在 15×15 像素到 250×250 像素范围内，包含 43 个类别，51 839 张图片。GTSRB 数据集的主要特点有三个：多样性，图像来自不同的场景，涵盖了各种光照、天气条件下的交通标识；高分辨率，图像分辨率较高，有助于提取更多的细节特征；标注齐全，数据集中每个标识的类别和位置都经过精确标注，适合监督学习。

1. 交通标识识别系统识别步骤

在本任务中，我们的主要目标是开发一个准确、高效的交通标识识别系统。具体来说，该系统将通过数据预处理、模型构建、训练、评估和测试等步骤，展示如何让机器"习得"交通标识识别的知识，其主要步骤如下。

(1) 数据集准备与预处理。首先，我们需要下载并解压数据集，并对其进行预处理。预处理步骤包括图像归一化、数据增强和划分训练集与验证集。图像归一化能够将不同图像的像素值映射到同一尺度(通常为 0 到 1 之间)，从而使得模型在训练时更易收敛。数据增强技术则通过随机旋转、平移、缩放等操作，生成更多样化的训练样本，提高模型的泛化能力。

(2) 模型构建。模型构建是交通标识识别系统开发的核心部分。我们选择使用卷积神经网络(CNN)作为主要的模型架构，因为 CNN 在图像分类任务中表现出色，尤其适用于处理具有空间结构信息的图像数据。

在本次任务中，我们使用一个简单但有效的 CNN 模型，它包含多个卷积层和池化层，用于提取图像中的特征，最终通过全连接层进行分类。

(3) 模型训练与优化。模型训练是指将预处理后的数据输入到构建好的模型中，通过迭代优化模型参数，使模型能够在给定的数据集上达到最佳的识别性能。在训练过程中，我们通常会监控模型在训练集和验证集上的表现，以防止过拟合。

(4) 模型评估与测试。模型评估与测试是指使用验证集和测试集评估模型的表现，并分析模型在不同条件下的识别精度和鲁棒性，最后再测试单张图像的预测能力。

2. Python 第三方库

在进行交通标识识别系统项目开发的过程中，我们使用了多种 Python 第三方库来构建、训练和优化我们的模型。这些库提供了丰富的功能，极大地简化了深度学习项目的开发过程。

1) TensorFlow(包含 Keras)

TensorFlow 是一个开源的端到端机器学习平台，由谷歌开发和维护。它的核心功能包括构建、训练和部署机器学习模型。TensorFlow 的特点是具有灵活的架构，能够在多种平台上运行，包括移动设备到大规模的分布式计算集群。TensorFlow 提供了高级 API(如 Keras)和低级 API，可以满足不同层次的开发者需求。

Keras 是 TensorFlow 中的一个高级神经网络 API，提供了简单易用的接口，适用于快速构建和实验深度学习模型。它能够以模块化的方式构建模型，支持多种神经网络层、激活函数、损失函数和优化器，极大地方便了深度学习项目的开发。

在交通标识识别系统中，TensorFlow 和 Keras 被用于构建卷积神经网络(CNN)模型，并对模型进行训练和优化。在代码中，我们使用了 TensorFlow 的 Keras API 来定义模型的结构、编译模型并进行训练。

2) NumPy

NumPy 是 Python 中最基础的科学计算库之一，广泛用于数组和矩阵的操作。它提供了多维数组对象 ndarray 以及各种用于操作数组的函数，如数学运算、逻辑运算、形状操作和排序等函数。NumPy 在机器学习和数据科学领域非常重要，因为它为高效的数据处理和计算提供了基础。

在交通标识识别系统中，NumPy 被用于处理图像数据和模型预测结果。图像数据通常被表示为多维数组。如 3D 数组表示一张彩色图像，其中三个维度分别表示高度、宽度和颜色通道，而模型的输出通常也是数组形式的。

在代码中，我们使用 NumPy 来处理图像数组。例如，在加载图像进行预测时，我们需要将图像转换为 NumPy 数组，并进行归一化处理，以适应模型的输入要求。

3) SciPy

SciPy 是开放源码的数学、科学和工程软件。SciPy 库依赖于 NumPy，它提供了便捷的 N 维数组操作。SciPy 库构建为与 NumPy 数组一起工作，并提供了许多用户友好和高效的数值例程，例如用于数值积分和优化的例程。它们一起运行在所有流行的操作系统上，安装快速且免费。NumPy 和 SciPy 易于使用且功能强大，受到一些世界领先的科学家和工程师的好评。

4) Pillow

Pillow 是 Python 中用于图像处理的库，是 Python Imaging Library(PIL)的一个分支。Pillow 提供了丰富的图像处理功能，如图像的加载、保存、显示、转换和几何变换等。它支持多种图像格式，如 JPEG、PNG、BMP、GIF 等。

在交通标识识别系统中，Pillow 被用于加载和处理图像数据。具体而言，我们使用 Pillow 来加载单张图像，并将其转换为 NumPy 数组，以便模型进行预测。

Pillow 通常与 NumPy 配合使用，Pillow 负责图像的基本处理，而 NumPy 则处理更复杂的数值计算和数组操作。通过这种协作，我们可以轻松实现图像数据的加载、预处理和转换，满足深度学习模型的需求。

3.3.2　交通标识识别系统的设计与实现

上述内容详细阐明了本次任务的各个方面，接下来我们将通过七大步骤来进行该系统的设计与实现，这七大步骤分别为第三方库的安装、数据集下载与解压、数据预处理、模型设计与实现、模型训练与优化、模型评估与测试、模型优化与改进。

1. 第三方库的安装

首先需要安装 TensorFlow、NumPy、SciPy、Pillow 这四个第三方库，以备后面的程序调用。这里还是使用 PyCharm 集成开发环境。打开 PyCharm 新建一个项目，如图 3-3-1 所示。

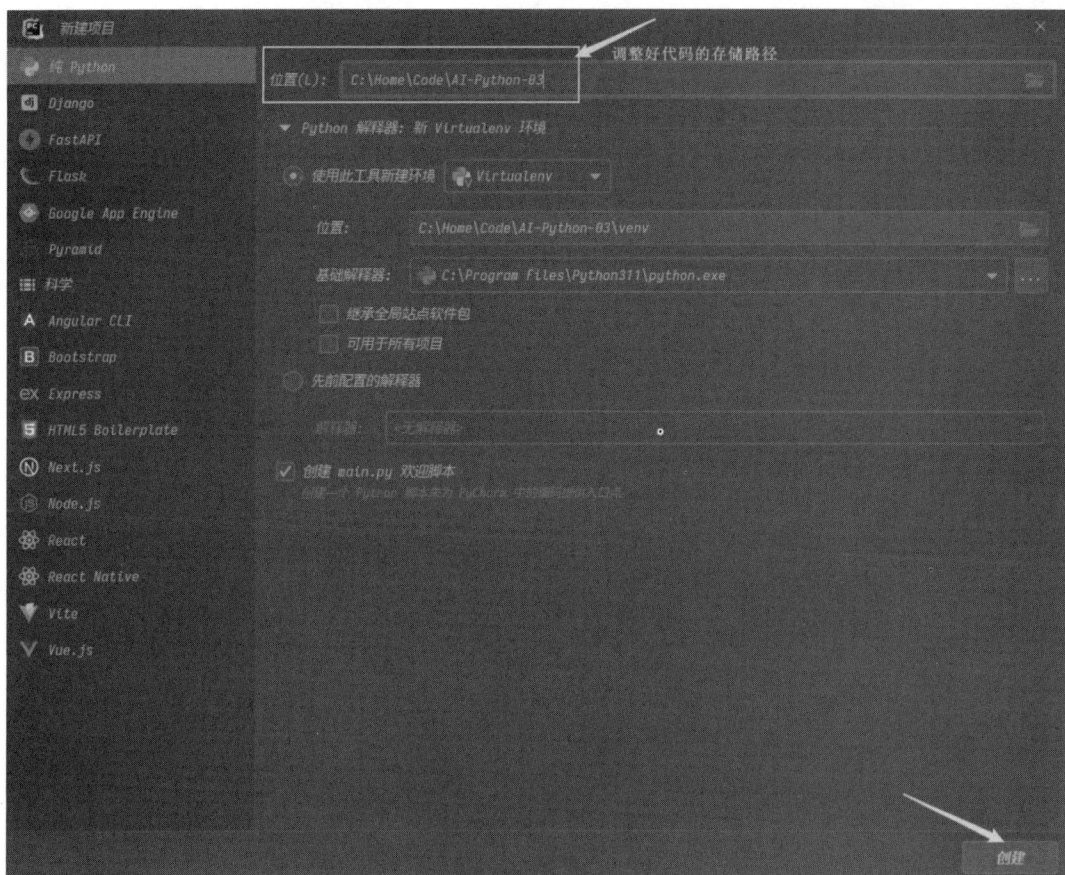

图 3-3-1 新建项目

点击创建按钮后，就来到了一个新项目的页面，在 PyCharm 界面的底部可以看到终端按钮，点击终端按钮，即可来到终端界面，如图 3-3-2 所示。

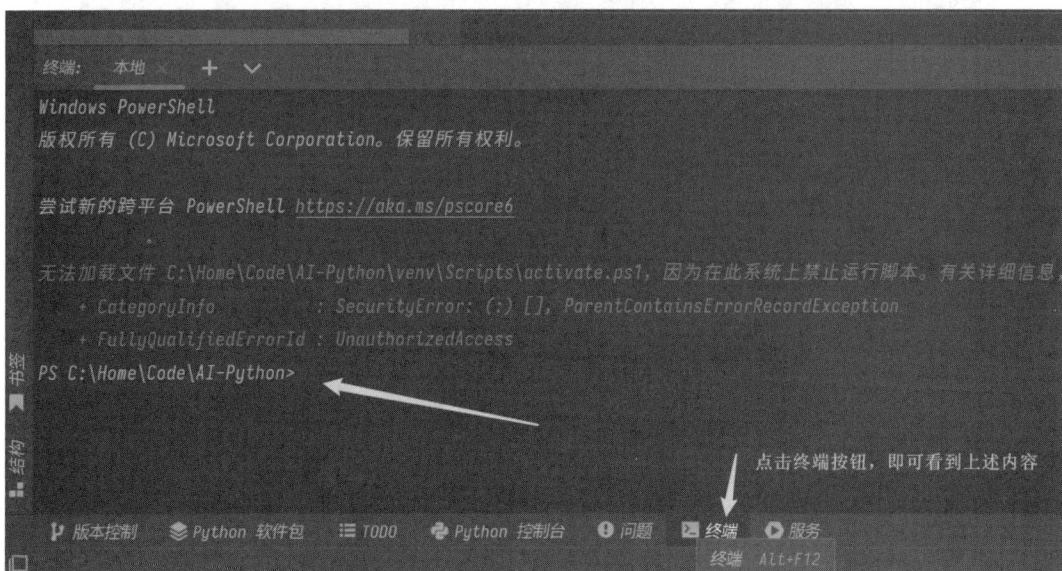

图 3-3-2 打开终端

我们可以通过 pip 来安装这些库，在终端中输入下面的代码即可。

```
pip3 install tensorflow numpy scipy pillow
```

如图 3-3-3 所示，在终端中输入 pip 命令安装库。安装完成后的界面如图 3-3-4 所示。

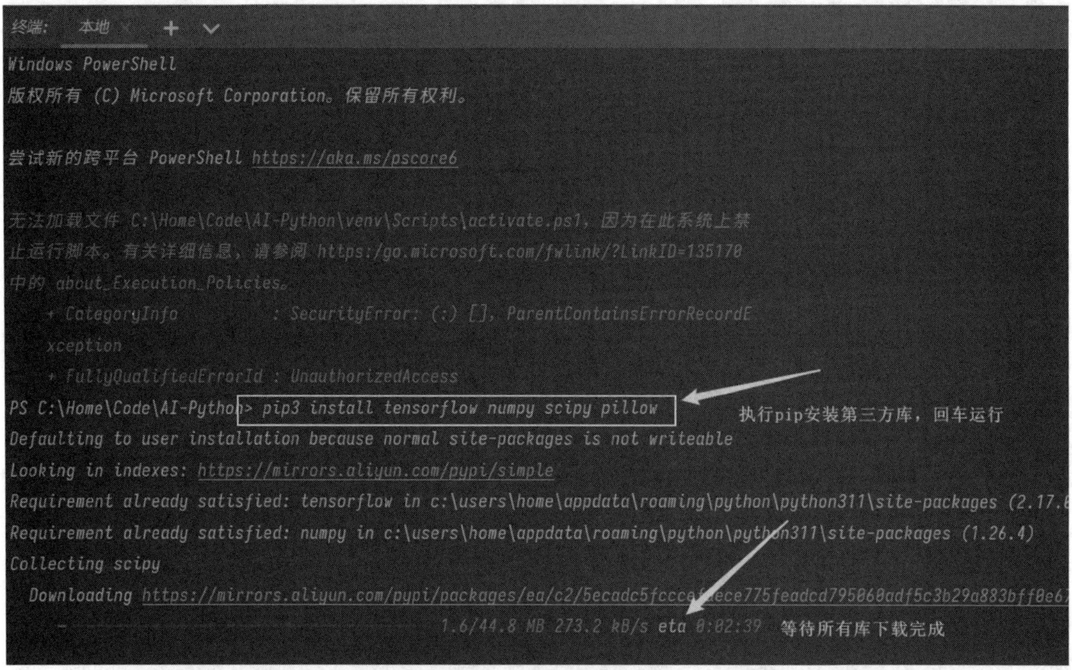

图 3-3-3　安装第三方库

图 3-3-4　安装完成

2. 数据集下载与解压

接下来需要从官方资源中下载 GTSRB 数据集，下载完成后，我们将得到一个包含多个文件夹的目录，每个文件夹代表一种特定类别的交通标识。最后需要对其进行解压和整理。部分代码如下：

```python
import os
import urllib.request
import zipfile


# 数据集的下载链接
url = 'https://sid.erda.dk/public/archives/daaeac0d7ce1152aea9b61d9f1e19370/GTSRB_Final_Training_Images.zip'
```

```
dataset_path = 'GTSRB.zip'

# 检查数据集是否已下载
if not os.path.exists(dataset_path):
    print("正在下载数据集...")
    urllib.request.urlretrieve(url, dataset_path)

# 解压数据集
if not os.path.exists('GTSRB'):
    with zipfile.ZipFile(dataset_path, 'r') as zip_ref:
        zip_ref.extractall('GTSRB')
    print("数据集解压完成。")
```

本部分代码会检查是否已经下载并解压 GTSRB 数据集。如果没有下载，代码会自动下载并解压。解压后的数据将用于后续的数据预处理和模型训练。

3. 数据预处理

数据预处理是交通标识识别系统中不可或缺的一环。由于原始图像大小不一致、光照条件多变，我们需要对数据集进行预处理，以确保其适应模型的输入要求。主要的预处理步骤包括调整图像大小、归一化处理，以及数据增强。这里使用 Kera 的 ImageDataGenerator 来实现这些操作。部分代码如下：

```
from tensorflow.keras.preprocessing.image import ImageDataGenerator

datagen = ImageDataGenerator(
    rescale=1./255,             # 数据归一化
    rotation_range=10,          # 随机旋转角度
    width_shift_range=0.1,      # 随机水平平移
    height_shift_range=0.1,     # 随机垂直平移
    zoom_range=0.2,             # 随机缩放
    horizontal_flip=False,      # 不进行水平翻转
    validation_split=0.2        # 划分 20%数据为验证集
)

train_generator = datagen.flow_from_directory(
    'GTSRB/Final_Training/Images',
    target_size=(32, 32),       # 调整图像大小
    batch_size=32,
    class_mode='categorical',   # 多类别标签
    subset='training'
)
```

```
validation_generator = datagen.flow_from_directory(
    'GTSRB/Final_Training/Images',
    target_size=(32, 32),
    batch_size=32,
    class_mode='categorical',
    subset='validation'
)
```

该代码创建了一个数据生成器，用于动态地从硬盘加载图像并应用数据增强。所有图像都被调整为 32×32 的尺寸，并进行了归一化处理。数据增强通过随机旋转、平移、缩放等操作增加了训练数据的多样性，帮助模型更好地泛化。

4. 模型设计与实现

为了实现交通标识的高效识别，我们设计了一个基于卷积神经网络(CNN)的深度学习模型。CNN 是一种非常适合图像处理的模型结构，它通过卷积层提取图像的特征，并通过池化层降低特征的维度，最终通过全连接层输出识别结果。部分代码如下：

```
from tensorflow.keras.models import Sequential
from tensorflow.keras.layers import Conv2D, MaxPooling2D, Flatten, Dense, Dropout

model = Sequential()

# 第一层卷积层和池化层
model.add(Conv2D(32, (3, 3), activation='relu', input_shape=(32, 32, 3)))
model.add(MaxPooling2D(pool_size=(2, 2)))
model.add(Dropout(0.25))

# 第二层卷积层和池化层
model.add(Conv2D(64, (3, 3), activation='relu'))
model.add(MaxPooling2D(pool_size=(2, 2)))
model.add(Dropout(0.25))

# 第三层卷积层和池化层
model.add(Conv2D(128, (3, 3), activation='relu'))
model.add(MaxPooling2D(pool_size=(2, 2)))
model.add(Dropout(0.25))

# 全连接层
model.add(Flatten())
model.add(Dense(128, activation='relu'))
model.add(Dropout(0.5))
model.add(Dense(43, activation='softmax'))   # 43 类交通标识
```

```
# 编译模型
model.compile(optimizer='adam', loss='categorical_crossentropy', metrics=['accuracy'])

# 打印模型摘要
model.summary()
```

在这个模型中，我们使用了三层卷积层，每层之后都跟随一个池化层和 Dropout 层。Dropout 是一种有效的正则化技术，通过随机丢弃神经元来防止过拟合。最终的全连接层负责将提取的特征映射到 43 个类别。

5. 模型训练与优化

模型设计完成后，我们对模型进行编译并开始训练。训练过程中，模型会根据输入数据调整权重，以最小化损失函数。我们使用 Adam 优化器和交叉熵损失函数来优化模型。以下是训练代码。

```
# 训练模型
history = model.fit(
    train_generator,
    epochs=30,   # 迭代次数，可以根据实际情况调整
    validation_data=validation_generator
)

# 保存模型
model.save('traffic_sign_recognition_model.h5')
print("模型已保存为 'traffic_sign_recognition_model.h5'。")
```

该代码段展示了如何在预处理后的数据上进行模型训练，并保存训练好的模型。我们设置了 30 个训练周期(Epoch)，可以根据数据集大小和计算资源适当调整。

6. 模型评估与测试

模型训练完成后，我们需要评估其性能，并分析模型在不同条件下的表现。首先在验证集上评估模型的准确率和损失，然后加载并测试单张图像的识别效果。部分代码如下：

```
from tensorflow.keras.preprocessing import image
import numpy as np

# 评估模型在验证集上的表现
loss, accuracy = model.evaluate(validation_generator)
print(f'验证集准确率: {accuracy:.4f}')

# 测试模型
sample_image_path = 'GTSRB/Final_Training/Images/00000/00000_00001.ppm'   # 替换为你的测试图像
                                                                          路径
```

```
img = image.load_img(sample_image_path, target_size=(32, 32))
img_array = image.img_to_array(img) / 255.0
img_array = np.expand_dims(img_array, axis=0)

prediction = model.predict(img_array)
predicted_class = np.argmax(prediction[0])
print(f'预测类别: {predicted_class}')
```

通过以上代码，我们可以评估模型在验证集上的表现，进一步调整模型参数。如果模型的表现不尽如人意，可以考虑使用更多的训练数据，调整模型结构，或采用其他优化技术。

7. 模型优化与改进

为了进一步提高交通标识识别系统的性能，我们可以尝试以下几种优化策略。

1) 数据扩充

通过更多的数据增强策略，如随机裁剪、亮度调整等，来丰富训练数据集。

2) 模型调参

通过调整模型结构,如增加卷积层的数量或优化器参数(如学习率)来提高模型的准确率。

3) 迁移学习

利用预训练模型，比如 VGG16、ResNet 等来进行迁移学习，从而利用大规模数据集上预训练的特征提高模型的泛化能力。

3.3.3　交通标识识别系统完整代码及运行结果的解析

经过上一小节对每个分支过程的阐述及部分代码的编写，我们详细掌握了该系统的实现过程，其完整代码如下：

```
import os
import urllib.request
import zipfile
from tensorflow.keras.preprocessing.image import ImageDataGenerator
from tensorflow.keras.models import Sequential
from tensorflow.keras.layers import Conv2D, MaxPooling2D, Flatten, Dense, Dropout
from tensorflow.keras.preprocessing import image
import numpy as np

# 步骤 1：下载并解压 GTSRB 数据集
url = 'https://sid.erda.dk/public/archives/daaeac0d7ce1152aea9b61d9f1e19370/GTSRB_Final_Training_Images.zip'
dataset_path = 'GTSRB.zip'
# 检查数据集是否已下载
```

```
if not os.path.exists(dataset_path):
    print("正在下载数据集...")
    urllib.request.urlretrieve(url, dataset_path)


# 解压数据集
if not os.path.exists('GTSRB'):
    with zipfile.ZipFile(dataset_path, 'r') as zip_ref:
        zip_ref.extractall('GTSRB')
    print("数据集解压完成。")


# 步骤 2：数据预处理
# 使用 Keras 的 ImageDataGenerator 进行数据增强和预处理
datagen = ImageDataGenerator(
    rescale=1./255,            # 数据归一化
    rotation_range=10,         # 随机旋转角度
    width_shift_range=0.1,     # 随机水平平移
    height_shift_range=0.1,    # 随机垂直平移
    zoom_range=0.2,            # 随机缩放
    horizontal_flip=False,     # 不进行水平翻转
    validation_split=0.2       # 划分 20%数据为验证集
)


train_generator = datagen.flow_from_directory(
    'GTSRB/Final_Training/Images',
    target_size=(32, 32),      # 调整图像大小
    batch_size=32,
    class_mode='categorical',  # 多类别标签
    subset='training'
)


validation_generator = datagen.flow_from_directory(
    'GTSRB/Final_Training/Images',
    target_size=(32, 32),
    batch_size=32,
    class_mode='categorical',
    subset='validation'
)


# 步骤 3：构建卷积神经网络模型
```

```python
model = Sequential()

# 添加卷积层和池化层
model.add(Conv2D(32, (3, 3), activation='relu', input_shape=(32, 32, 3)))
model.add(MaxPooling2D(pool_size=(2, 2)))
model.add(Dropout(0.25))

model.add(Conv2D(64, (3, 3), activation='relu'))
model.add(MaxPooling2D(pool_size=(2, 2)))
model.add(Dropout(0.25))

model.add(Conv2D(128, (3, 3), activation='relu'))
model.add(MaxPooling2D(pool_size=(2, 2)))
model.add(Dropout(0.25))

# 添加全连接层
model.add(Flatten())
model.add(Dense(128, activation='relu'))
model.add(Dropout(0.5))
model.add(Dense(43, activation='softmax'))    # 43 类交通标识

# 编译模型
model.compile(optimizer='adam', loss='categorical_crossentropy', metrics=['accuracy'])

# 步骤 4：模型训练
history = model.fit(
    train_generator,
    epochs=30,                          # 迭代次数，可以根据实际情况调整
    validation_data=validation_generator
)

# 步骤 5：保存模型
model.save('traffic_sign_recognition_model.h5')
print("模型已保存为 'traffic_sign_recognition_model.h5'。")

# 步骤 6：模型评估
# 评估模型在验证集上的表现
loss, accuracy = model.evaluate(validation_generator)
```

```
print(f'验证集准确率: {accuracy:.4f}')


# 步骤7：测试模型
# 加载并测试单张图像
sample_image_path = 'GTSRB/Final_Training/Images/00000/00000_00001.ppm'  # 替换为自己本地的
测试图像路径
img = image.load_img(sample_image_path, target_size=(32, 32))
img_array = image.img_to_array(img) / 255.0
img_array = np.expand_dims(img_array, axis=0)


prediction = model.predict(img_array)
predicted_class = np.argmax(prediction[0])
print(f'预测类别: {predicted_class}')
```

我们从数据预处理、模型构建、模型编译到模型训练，完整地实现了一个简单的交通标识识别系统。使用的数据增强技术可以帮助模型更好地泛化，卷积神经网络层则用于自动提取图像中的特征，从而实现对不同交通标识的分类。

接下来在 PyCharm 集成开发环境中打开前面新建好的 AI-Python(项目名称自拟)项目，用鼠标右键点击该项目，选择新建→Python 文件，如图 3-3-5 所示。

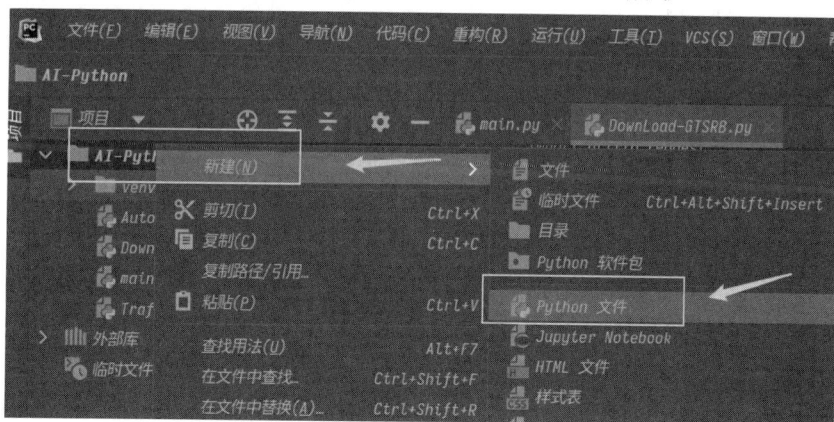

图 3-3-5　新建 Python 文件

将新建的 Python 文件命名为 Traffic-Sign-Recognition-System，如图 3-3-6 所示。

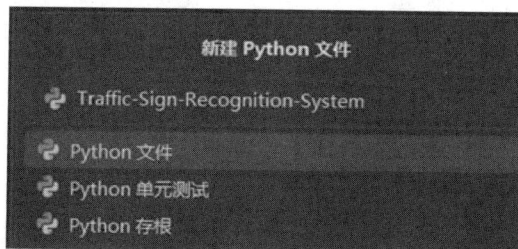

图 3-3-6　命名 Python 文件

将上述完整代码复制到该 Python 文件中，如图 3-3-7 所示。

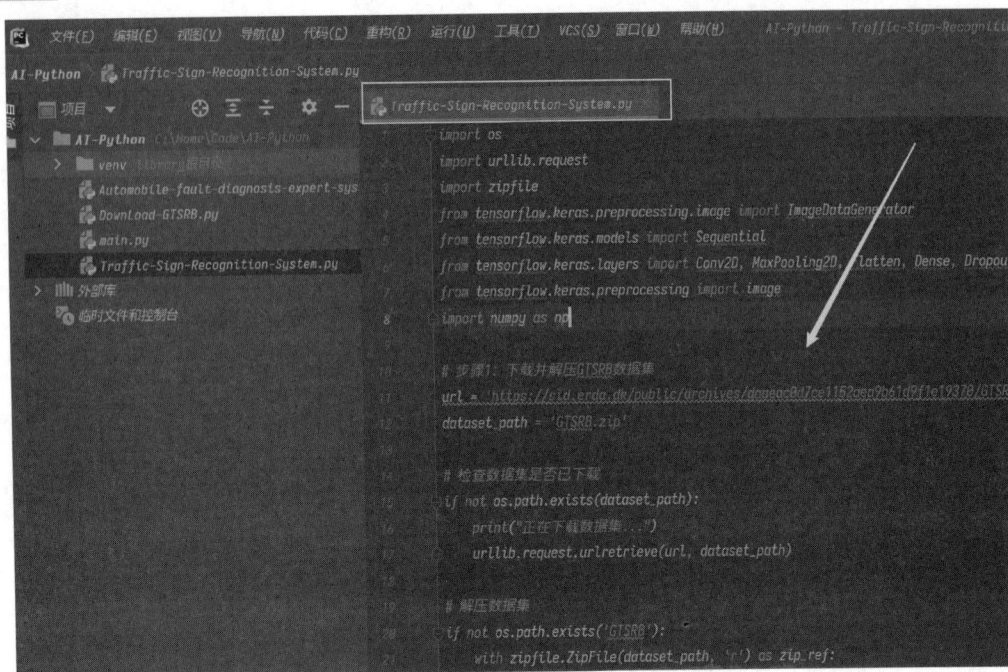

图 3-3-7　粘贴代码

然后在 PyCharm 界面的顶部点击运行按钮，运行 Traffic-Sign-Recognition-System.py 文件，如图 3-3-8 所示。

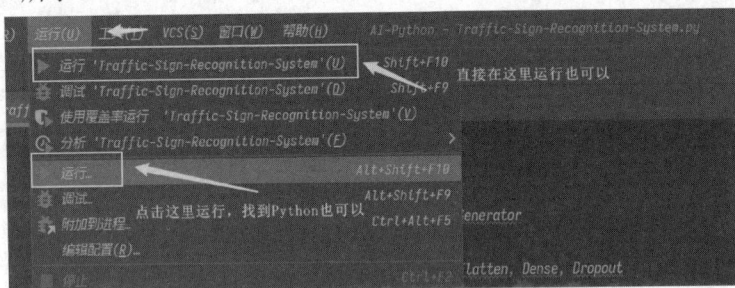

图 3-3-8　运行 Python 文件

从图 3-3-9 中可以看到程序正在运行，目前已经下载了数据集且解压完成，后续训练模型需要较长的时间。

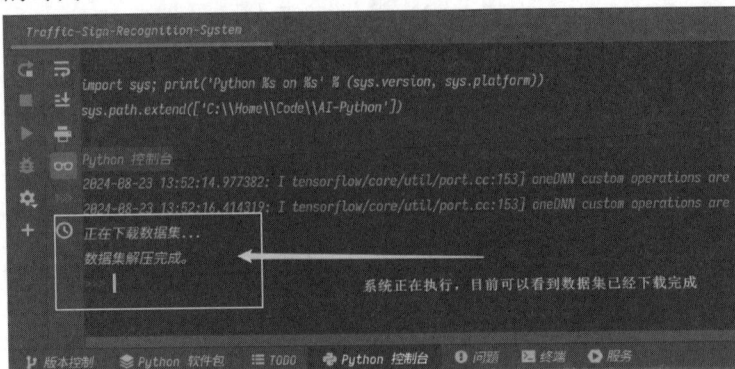

图 3-3-9　程序运行

等待了一段时间后，我们可以看到系统已经出现了结果，如图 3-3-10 所示。

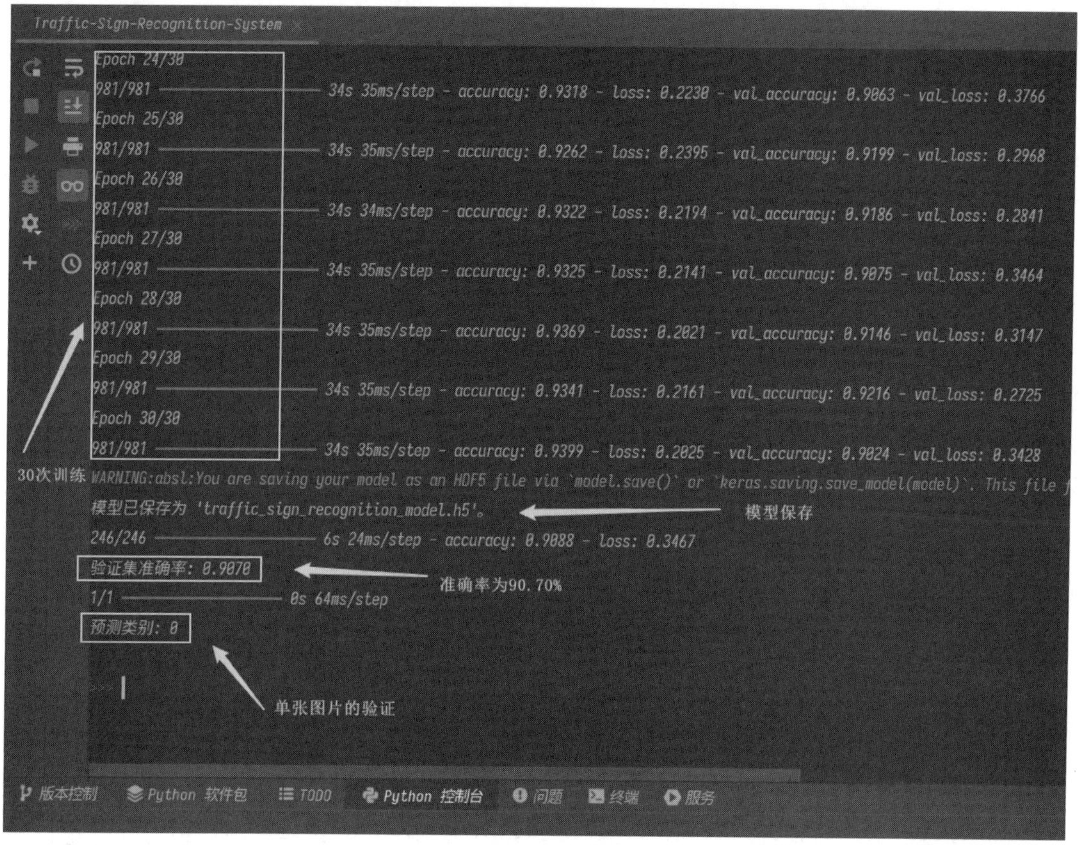

图 3-3-10　训练结束

在执行完交通标识识别系统项目的全部步骤后，代码产生了如图 3-3-10 所示的重要输出结果。在模型训练完成后，模型的权重和架构被保存到名为 traffic_sign_recognition_model.h5 的文件中。这意味着我们可以在未来的任何时候加载该模型，而无须重新训练它。这对模型的部署、迁移以及进一步的测试和改进非常有用。

在验证集上验证模型评估的结果，共有 246 个批次的验证数据被评估，整个过程耗时约 6 秒。accuracy:0.9088 表示在整个验证集上的准确率达到了 90.88%，这意味着模型在大约 90.88% 的情况下能够正确识别交通标识。loss:0.3467 表示模型在验证集上的损失值为 0.3467，表明模型预测与实际标签之间的差异程度。较低的损失值通常表示模型的预测较为准确。

最后的总结验证集准确率为 0.9070，进一步确认了模型在验证集上的准确率为 90.70%。验证集的表现是衡量模型泛化能力的关键指标，90% 以上的准确率表明该模型在识别交通标识方面具有较强的能力。

"预测类别：0"表示模型认为输入图像最有可能属于类别 0。这个输出展示了模型在实际应用中的效果。模型通过对图像的特征提取和分析，输出了预测的类别。在实际应用中，这一步骤可以用于实时交通标识识别，从而辅助驾驶员或自动驾驶系统做出决策。

整体而言，模型在验证集上表现出色，达到了 90.70% 的准确率，并且能够准确预测单张交通标识图片的类别。该系统的结果展示了卷积神经网络在图像识别任务中的强大能力，同时也证明了通过深度学习构建交通标识识别系统的可行性和实用性。

任务思考

(1) 在交通标识识别系统中，为什么图像预处理(如归一化、数据增强)对模型的性能至关重要？请结合数据集的多样性和模型的泛化能力进行分析。

答：① 图像预处理对于提升交通标识识别系统的性能至关重要，因为它有助于改善模型的泛化能力。② 归一化。图像像素值归一化可以将数据标准化，使得模型在训练过程中更容易收敛，且不同图像之间的对比度差异被平滑处理，从而减少噪声影响。③ 数据增强。通过旋转、平移、缩放等方式对图像进行增强，可以生成更多样化的训练样本，帮助模型更好地学习到交通标识在不同环境下的特征。这种多样化的数据输入有助于提高模型对真实世界中各种情况的适应能力，避免过拟合。④ 总之，图像预处理通过提升数据集的多样性和标准化，使得模型在面对新的、未见过的交通标识图像时能够保持良好的识别能力。

(2) 为什么卷积神经网络(CNN)特别适合用于交通标识识别？请结合卷积层的特征提取能力和交通标识的视觉特征进行解释。

答：① 卷积神经网络(CNN)特别适合用于交通标识识别，主要原因在于其拥有强大的特征提取能力。② 局部特征提取。交通标识通常具有鲜明的局部特征，如边缘、形状和颜色。CNN 的卷积层能够通过卷积核自动学习这些局部特征，提取图像中的边缘、纹理和形状等信息。③ 层级特征表示。CNN 通过多个卷积层和池化层，逐层提取和抽象更高级别的特征，能够有效识别交通标识的不同形态和细微变化。这种逐层学习的能力使得CNN 能够识别复杂的交通标识，即使在图像背景复杂或标识部分遮挡的情况下也能保持高准确率。④ 空间不变性。通过池化层和卷积操作，CNN 能够使图像的空间位置具有一定的不变性，即使交通标识在图像中的位置发生了变化，CNN 仍然能够正确识别出标识类别。⑤ 因此，CNN 的结构和特征提取能力非常适合处理具有明确视觉特征的交通标识识别任务。

习题巩固

一、单项选择题

1. 以下哪种模型适用于线性关系的建模？(　　)
   A. 支持向量机(SVM)　　　　　　　B. 高斯过程(GP)
   C. 线性回归　　　　　　　　　　　D. 核主成分分析(KPCA)

2. 下列哪项不属于线性回归的假设？(　　)
   A. 误差项的正态性　　　　　　　　B. 自变量之间的多重共线性
   C. 误差项的同方差性　　　　　　　D. 线性关系

3. 以下哪个模型主要用于数据的降维？（　　）

A. 逻辑回归　　　　　　　　　　B. 支持向量机

C. 核主成分分析(KPCA)　　　　　D. 随机森林

4. 支持向量机(SVM)通过什么方法来处理线性不可分的数据？（　　）

A. 损失函数　　　　　　　　　　B. 核技巧

C. 梯度下降　　　　　　　　　　D. 最大似然估计

5. 以下哪种核函数可将输入数据映射到一个无限维的特征空间？（　　）

A. 线性核　　　　　　　　　　　B. 多项式核

C. RBF 核　　　　　　　　　　　D. Sigmoid 核

6. 决策树剪枝的主要目的是(　　)。

A. 增加模型的复杂度　　　　　　B. 减少模型的训练时间

C. 防止过拟合　　　　　　　　　D. 增加模型的预测精度

二、填空题

1. 支持向量机通过解决_____问题来找到最优超平面。

2. 核模型允许算法在更高维或更复杂的_____中操作。

3. 高斯过程可以看作一个无限维的_____分布。

4. 决策树模型由节点和_____组成。

三、实操程序题

请补全以下代码，使用 ImageDataGenerator 进行图像预处理和数据增强，包括归一化、旋转、平移等操作。需要实现训练集和验证集的生成器。

```python
from tensorflow.keras.preprocessing.image import ImageDataGenerator

datagen = ImageDataGenerator(
    rescale=1./255,              # 数据归一化
    rotation_range=10,           # 随机旋转角度
    width_shift_range=0.1,       # 随机水平平移
    height_shift_range=0.1,      # 随机垂直平移
    zoom_range=0.2,              # 随机缩放
    horizontal_flip=,            # 填空 1
    validation_split=0.2         # 划分 20%数据为验证集
)

train_generator = datagen.flow_from_directory(
    'GTSRB/Final_Training/Images',
    target_size=(32, 32),        # 调整图像大小
    batch_size=32,
    class_mode='categorical',    # 多类别标签
```

```
        subset='training'
)


validation_generator = datagen.flow_from_directory(
        'GTSRB/Final_Training/Images',
        target_size=(32, 32),
        batch_size=_____,      # 填空 2
        class_mode='categorical',
        subset='validation'
)
```

项目四　人工智能前沿技术之深度学习

本项目将探讨深度学习的基础知识与应用，内容涵盖深度学习概述、优势及其广泛的应用领域，重点解析数字世界的神经元网络细胞，包括神经元与感知机、前馈神经网络、激活函数、反向传播算法。

本项目还介绍了人脸口罩识别系统，提供了系统设计、实现和代码解析，旨在帮助读者掌握深度学习的核心概念及其在现实世界中的应用。通过分析该项目，读者不仅能够理解深度学习算法如何在图像识别任务中发挥作用，还能学习如何将这些理论知识应用于实际问题中。

项目架构

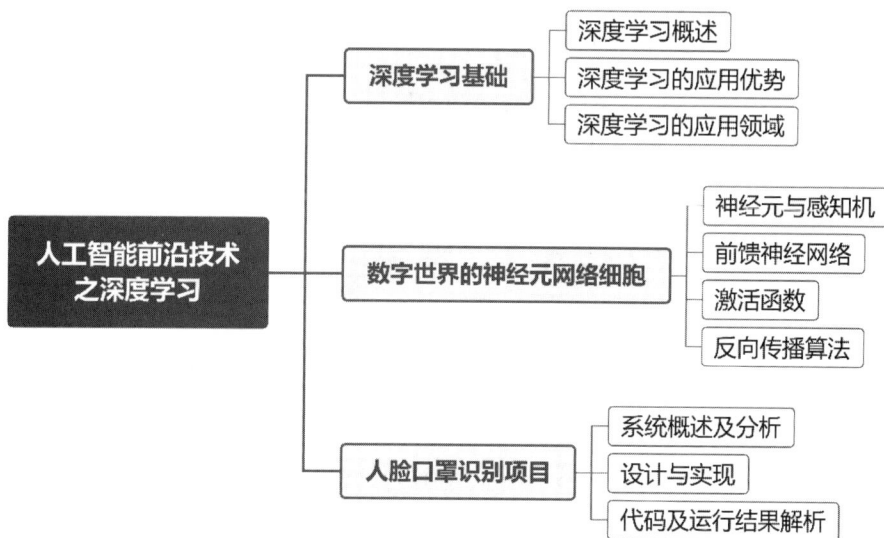

任务一　深度学习基础

作为机器学习领域的一个重要分支，深度学习不仅继承了传统机器学习的精髓，其在算法模型、数据处理、特征提取等方面也实现了质的飞跃。

深度学习模拟的是人脑神经网络的复杂结构和运作机制，通过构建多层次的人工神经网络，实现对数据的深度挖掘和精准理解。

深度学习基础

任务目标

- 深入理解深度学习的基础概念。
- 分析并学习深度学习的应用优势。
- 掌握深度学习的核心应用领域。
- 了解深度学习技术在不同领域的技术创新。

任务内容

4.1.1 深度学习概述

作为人工智能领域的一个分支，深度学习近年来在学术界和工业界引起了人们极大的关注与兴趣。它的起源可以追溯到对人工神经网络的研究初期，在过去的十几年内，随着计算能力的提升、大数据的涌现以及算法的不断优化，深度学习得到了广泛应用和快速发展。

1. 深度学习的概念

深度学习的核心是通过模拟人脑神经网络的复杂结构和运作机制来处理和分析数据。这一技术利用多层次的人工神经网络(ANN)，通过逐层抽象和特征提取，自动学习并识别出数据中的高级抽象特征，如图 4-1-1 所示。

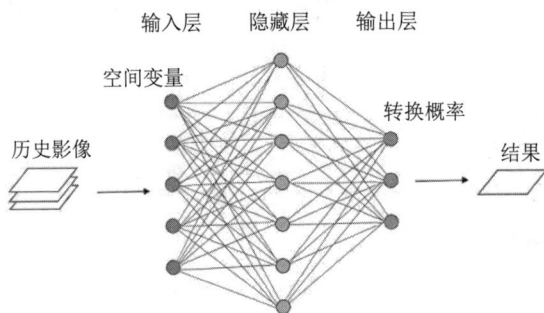

图 4-1-1   人工神经网络

在深度学习的框架中，每一层网络都扮演着特定的角色。输入层负责接收原始数据，随后的隐藏层则通过复杂的非线性变换逐步提取数据的深层特征。这些特征逐渐在更高层次上抽象化，直至输出层能够产生最终的预测或分类结果。

这种多层次的结构使得深度学习模型能够捕捉到数据中的复杂模式和潜在关系，从而实现对数据的精准理解和分析。

2. 深度学习的起源

深度学习的历史可以追溯到 20 世纪 40 年代，当时沃伦·麦卡洛克和沃尔特·皮茨提出了基于神经元的简单计算模型，这被视为人工神经网络的雏形。

真正意义上的深度学习发展始于 20 世纪 80 年代，大卫·鲁梅尔哈特、杰弗里·辛顿等人提出了反向传播算法，这一算法极大地推动了神经网络训练的进展，如图 4-1-2 所示。

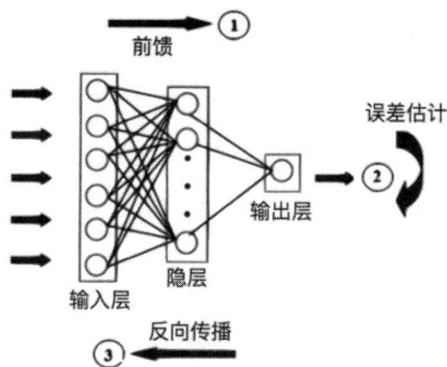

图 4-1-2　反向传播算法

尽管在随后的一段时间里，由于计算资源有限和训练数据稀缺，神经网络的研究陷入了低谷，但进入 21 世纪后，随着计算能力的提升和大数据的普及，深度学习再次焕发了生机。

3. 深度学习与传统机器学习的区别

深度学习与传统机器学习最大的区别在于自动特征提取的能力。传统机器学习方法通常需要人工设计特征，即根据问题的特定领域知识，将原始数据转换为模型能够处理的形式，如图 4-1-3 所示。

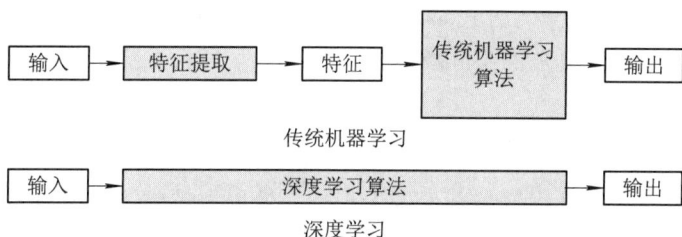

图 4-1-3　深度学习与传统机器学习的区别

这一过程既耗时又容易出错，且难以捕捉数据中的复杂模式和高级抽象。而深度学习通过构建深层次的神经网络，能够自动从原始数据中学习并提取出有效的特征表示，无须人工干预。

这使得深度学习在处理高维、非线性、复杂关系的数据时，表现出了巨大的优势。

4. 深度学习的核心特点

深度学习的核心在于通过构建复杂的神经网络模型，实现对数据的高层次抽象和自动特征提取。这种学习方式不仅突破了传统机器学习在特征工程上的瓶颈，还极大地提高了模型处理复杂问题的能力。深度学习的核心特点如图 4-1-4 所示。

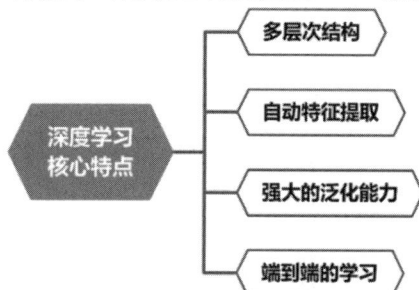

图 4-1-4　深度学习的核心特点

1) 多层次结构

深度学习模型通过堆叠多个层次来构建复杂的网络结构，包括输入层、隐藏层和输出层。

每一层都负责提取数据中的不同特征，从低级的边缘、纹理到高级的语义信息，逐层抽象，最终形成对数据的全面理解。

2) 自动特征提取

自动特征提取是深度学习最为显著的特点之一。与传统机器学习需要人工设计特征不同，深度学习能够自动从原始数据中学习并提取出有效的特征表示。这一过程不仅减少了人工干预，还大大提高了模型的适应性和泛化能力。

3) 强大的泛化能力

得益于复杂的网络结构和大量的训练数据，深度学习模型能够学习到数据的普遍规律和模式，这使得模型在面对未见过的数据时，也能够做出准确的预测和判断，表现出强大的泛化能力。

4) 端到端的学习

深度学习模型实现了从输入到输出的端到端学习，无须像传统机器学习那样将问题分解为多个子问题来解决。这种学习方式简化了问题求解的复杂度，提高了模型的整体性能，并使得模型能够更好地适应复杂的实际场景。

4.1.2 深度学习的应用优势

深度学习以其自动特征提取与减少人工干预，处理大规模、高维数据的能力以及提高模型准确性与鲁棒性等优势，在人工智能领域展现出了巨大的潜力和广阔的应用前景，如图 4-1-5 所示。

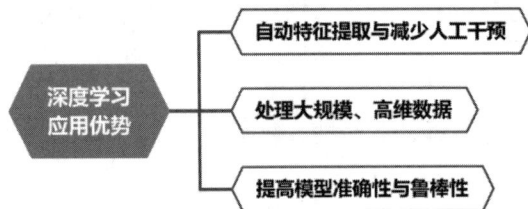

图 4-1-5　应用优势

1. 自动特征提取与减少人工干预

深度学习最引人注目的优势在于其自动特征提取与减少人工干预的能力。在传统的机器学习方法中，特征工程是一个耗时且复杂的过程，需要领域专家根据问题的特定需求，手工设计和提取数据中的有效特征，如图 4-1-6 所示。

这一过程不仅效率低下，而且容易引入人为偏差，影响模型的性能。而深度学习通过构建深层次的神经网络结构，能够自动从原始数据中学习并提取出高级别的特征表示，不需要或仅需少量的人工干预。

这种自动特征提取的能力不仅极大地简化了模型构建的过程，还提高了特征提取的准确性和效率，使得深度学习模型在多种应用场景下表现出色。

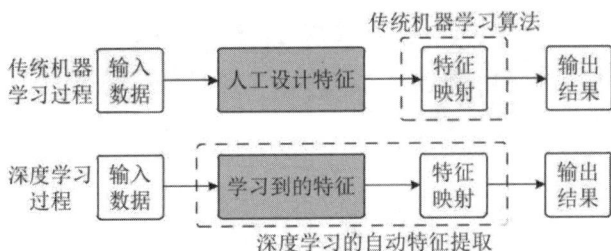

图 4-1-6　深度学习的自动特征提取

2. 处理大规模、高维数据

深度学习在处理大规模、高维数据方面展现出了强大的能力。随着信息技术的飞速发展，数据量呈爆炸式增长，如何高效地处理和分析这些数据成为了摆在人们面前的一大难题。

深度学习模型通过其复杂的网络结构和强大的计算能力，能够轻松应对大规模、高维数据的挑战。它不仅能够有效地提取数据中的有用信息，还能够通过非线性变换和特征组合，发现数据之间的复杂关系和潜在模式。

这种能力使得深度学习在图像识别、语音识别、自然语言处理等领域取得了显著成果，推动了这些领域的快速发展。

3. 提高模型准确性与鲁棒性

深度学习在提高模型准确性与鲁棒性方面也表现出了显著的优势。由于深度学习模型能够自动学习并提取数据中的高级别特征表示，因此它们能够更准确地捕捉到数据的本质规律和内在特征。

这种准确性不仅体现在模型的预测性能上，还体现在模型对噪声和异常值的鲁棒性上。深度学习模型通过其复杂的网络结构和大量的训练数据，能够有效地抑制噪声和异常值对模型性能的影响，提高模型的稳定性和可靠性。

这使得深度学习模型在实际应用中更加可靠和可信，为各种复杂问题的解决提供了有力的支持。

4.1.3　深度学习的应用领域

深度学习广泛应用于计算机视觉、自然语言处理和许多其他领域。每个深度学习应用领域都可能包含若干子应用领域。例如，图像分类、目标检测和语义分割均为计算机视觉的子应用领域。随着新深度学习方法和技术的开发，深度学习应用将继续得到扩展。

1. 图像识别与分类技术

深度学习通过深度神经网络(如卷积神经网络 CNN)自动从大量图像数据中学习特征和模式，从而实现高精度的图像识别。例如，在人脸识别领域，深度学习技术已经能够达到极高的识别准确率，被广泛应用于手机解锁、门禁系统、安防监控等场景。

国内最权威的人脸识别项目莫过于天网工程。

天网工程是指为满足城市治安防控和城市管理需要，利用图像采集、传输、控制、显示等设备和控制软件，对固定区域进行实时监控和信息记录的视频监控系统，如图 4-1-7 所示。

图 4-1-7　天网工程

1) 工程背景与目的

天网工程是由中央政法委牵头，公安部联合工信部等多个部委共同发起建设的国家工程。其主要目的是通过安装视频监控设备，利用先进的信息技术手段，提升城市治安防控和管理的水平，为预防、打击犯罪和应对突发性治安灾害事故提供可靠的影像资料。

2) 系统组成与功能

天网工程主要由前端监控设备(摄像机、球机)、传输网络(TCP/IP 网络)、监控管理中心以及相关的服务器等组成，如图 4-1-8 所示。

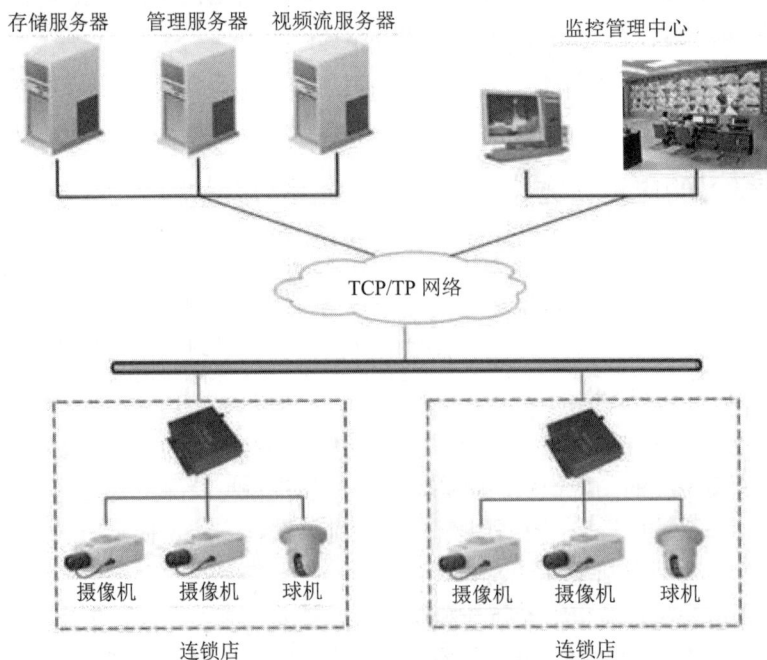

图 4-1-8　天网监控系统

前端监控设备包括各种摄像机、人脸识别系统等，用于实时采集视频和图像信息；传输网络则利用视频专网、互联网、移动网等网络将前端采集的信息传输到监控管理中心；监控管理中心和服务器则负责信息的存储、处理和分析，为公安、城管等部门提供决策支持。

天网工程的功能主要包括实时监控、信息记录、图像分类、智能分析等。通过对交通要道、治安卡口、公共聚集场所等重点区域的实时监控，可以有效预防和打击各类违法犯罪活动；同时，通过对视频图像信息的分类和智能分析，可以为公安部门提供有价值的线索和证据，提高破案效率。

3) 实施范围与成效

天网工程整体按照部级-省厅级-市县级平台架构部署实施，具有良好的拓展性与融合性。目前，许多城镇甚至农村、企业都加入了天网工程的建设行列。据相关报道，早在 2017 年，中国就已经建成世界上最大的视频监控网，视频镜头数量超过 2000 万个。这些视频监控设备遍布城市的各个角落，为城市的安全稳定提供了有力保障。

天网工程的实施成效显著。它不仅提高了城市治安防控的效率和水平，还为广大市民提供了更加安全的生活环境。通过天网工程的帮助，公安部门成功破获了大量刑事案件和治安案件，有效维护了社会的和谐稳定。

4) 挑战天网工程，潜逃 7 分钟被抓

据英国广播公司(BBC)2021 年 12 月 10 日报道，BBC 记者约翰·苏德沃斯在我国贵阳体验了这项天网工程，在被手机拍下一张面部照片后，仅仅"潜逃"七分钟，就被中国警方抓获。

在贵阳，警方向约翰·苏德沃斯展示了这项天网工程，工作人员先是用手机拍下了苏德沃斯的一张面部照片，如图 4-1-9 所示。

图 4-1-9　工作人员采集并输入照片

随后，苏德沃斯开始了他的"潜逃"，他准备前往车站。在走过一段人行天桥的时候，他发现仅在桥上就有 3 个摄像头，无处可逃。而他刚走进车站售票厅，警方就已经在监控中发现了苏德沃斯的踪迹，如图 4-1-10 所示。

图 4-1-10   车站监控中的苏德沃斯

苏德沃斯一走进车站大厅，警察就出现在了他的身后，而这一过程，只用了不到 7 分钟，创下最快"落网"纪录。

2. 文本分类与情感分析

文本分类是 NLP 中的一项基础任务，旨在将给定的文本自动分配到预定义的类别中，如图 4-1-11 所示。

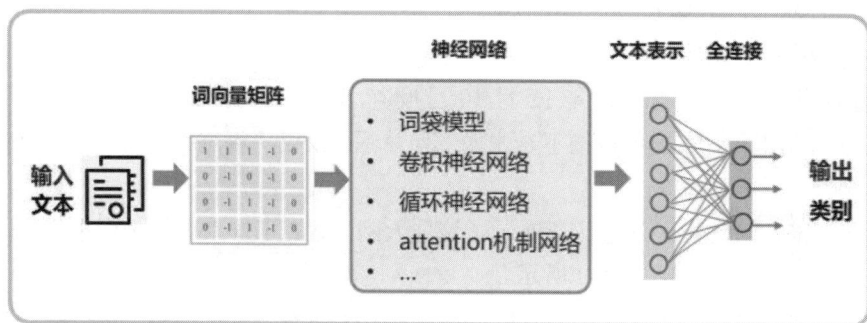

图 4-1-11   文本分类模型

深度学习模型，特别是卷积神经网络(CNN)、循环神经网络(RNN)及其变体，如长短时记忆网络 LSTM、门控循环单元 GRU 和 Transformer 模型，在文本分类任务中表现出了卓越的性能。

这些模型通过自动学习文本中的特征表示，能够捕捉到文本中的语义信息和上下文关系，从而实现对文本内容的深入理解和准确分类。

情感分析，又称为观点挖掘或情感识别，是 NLP 中另一个重要的研究方向。它旨在识别文本中表达的情感倾向，如积极、消极或中立。

深度学习技术在情感分析领域同样发挥了重要作用。通过构建复杂的神经网络结构，模型能够学习到文本中表达情感的词汇、短语以及它们之间的组合方式，如图 4-1-12 所示。

此外，一些先进的模型还能够考虑到文本中的情感转折、反讽等复杂情况，从而实现对文本情感的更加准确和细致的分析。

在电商平台上，情感分析技术被广泛应用于用户评论的分析中。通过对用户评论进行情感分析，商家可以了解用户对产品的满意度、关注点和改进建议，进而优化产品设计和提升服务质量。同时，情感分析技术还可以帮助商家及时发现并解决潜在的问题和危机，维护品牌形象和声誉。

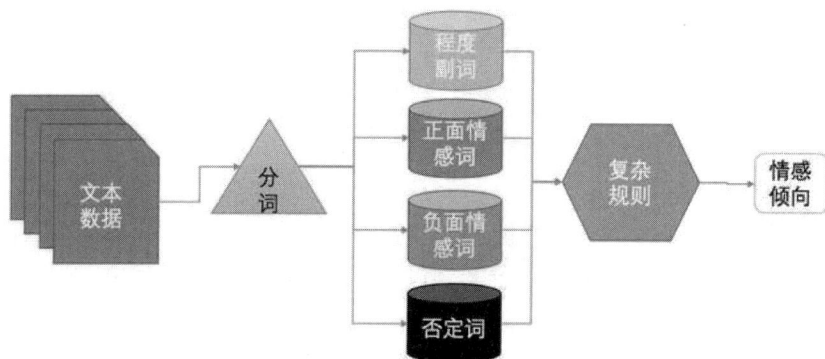

图 4-1-12 情感分析模型

淘宝作为国内领先的电商平台，同样重视产品评论的情感分析。淘宝利用先进的情感分析技术，对海量商品评论进行实时处理和分析。

淘宝 APP 上某商品的买家评论如图 4-1-13 所示。

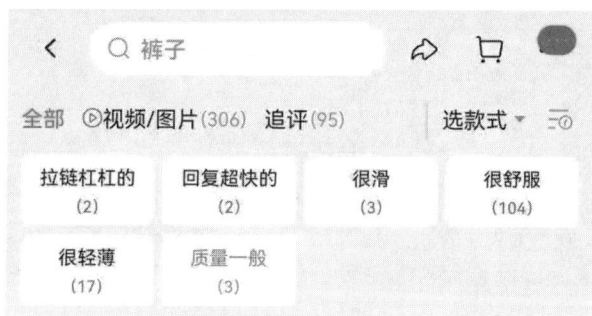

图 4-1-13 买家评论

分析结果显示，大部分用户对服装的款式和面料给予了高度评价，但也有部分用户反映质量一般。基于这些分析结果，淘宝迅速与商家协调，优化商品描述和推荐系统，确保消费者能够更准确地选择适合自己的商品。

通过情感分析技术的应用，淘宝不仅提升了用户购物满意度，还促进了商家与平台之间的紧密合作。这种合作模式有助于促进整个电商生态的健康发展。

3. 金融风控预测

在金融领域，欺诈行为对金融机构和客户的资金安全构成严重威胁。深度学习技术能够通过分析客户的交易行为、身份信息、社交网络等数据，构建高效的欺诈检测模型。

这些模型能够自动识别出异常交易模式、可疑身份信息等欺诈行为，帮助金融机构及时采取措施防范欺诈风险。

深度学习在欺诈检测中的应用，不仅提高了欺诈行为的识别率，还降低了误报率，增强了金融机构的反欺诈能力。

国内金融行业中，蚂蚁金服就是一个能够成熟运用深度学习技术完成金融风控的企业，如图 4-1-14 所示。

图 4-1-14　蚂蚁金服

1) 技术背景与优势

作为国内领先的金融科技公司，蚂蚁金服在金融风控领域具有显著的创新能力和实践经验。特别是在利用深度学习技术进行金融风控方面，蚂蚁金服展现出了强大的技术实力和应用效果。

时至今日，蚂蚁金服已进入由算法驱动的智能风控时代，深度学习、迁移学习、无监督学习等先进算法的应用，保障了其风控系统的智能性和高效性，如图 4-1-15 所示。

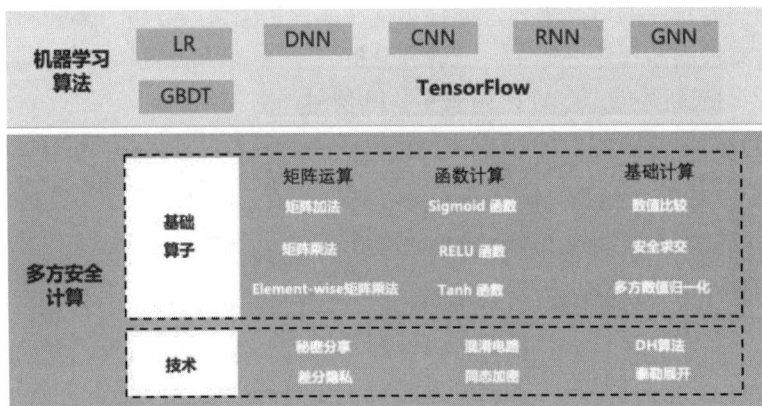

图 4-1-15　蚂蚁金服的共享学习框架

深度学习技术能够自动从大量数据中提取复杂特征，发现潜在的风险模式，从而提高风控的准确性和及时性。

2) 风控系统架构

蚁盾是蚂蚁金服基于可信 AI 及可信数据技术打造的智能风控产品，致力于实现从业务安全、身份安全、合规安全到产业风控的全链路风控需求，为产业数字化升级保驾护航，如图 4-1-16 所示。

图 4-1-16　蚁盾

蚁盾围绕企业的供应商/客户/经销商等合作的业务全流程，搭建了蚁盾-产业风控平台，该系统涵盖了从注册、登录、交易到转账等全链路、多节点的风控模型。

蚁盾为客户提供了一个集企业信息搜集、风险深度洞察、风险跟踪预警、风险量化评估于一体的产业协作风险量化平台。平台采用适度超前的技术架构，具备高性能、可扩展、高可用等特点，同时，拥有丰富的数据结构与 API 接口，可实现精细化的数据操作。

蚁盾结合实际应用场景引入大数据、人工智能、区块链等先进技术，在企业的投融资、资质审核、商业合作等场景中预警合作风险，进行智能化决策，并提供可量化、可解释的决策依据，客商分类评级和授信准确度也有了大幅提升，进一步促进产业经济生产效能的提升。

3) 智能金融犯罪风险防控模型

蚂蚁金服的"智能金融犯罪风险防控模型"是其技术创新与应用的集大成者。该模型通过深度学习算法，对海量数据进行深度挖掘与分析，能够自动识别并预测潜在的金融犯罪风险，如图 4-1-17 所示。

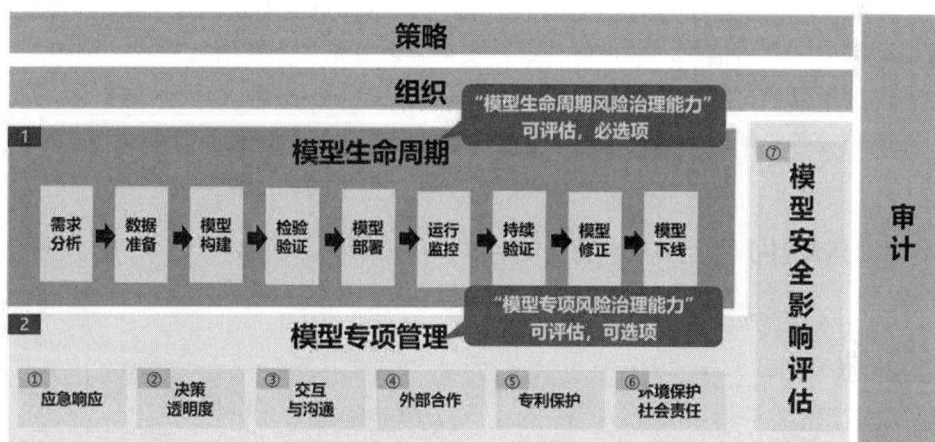

图 4-1-17 人工智能模型风险治理框架

在多次行业内外测评中，该模型均展现出非凡的性能，特别是在"AI 模型全生命周期管理""应急响应"和"决策透明"三个关键领域获得了专家与业界的高度评价。

蚂蚁金服构建了完善的 AI 模型管理体系，从模型设计、训练、部署到监控，每一个环节都实现了自动化与智能化。这不仅提高了模型迭代的效率，也确保了模型在复杂多变的金融环境中始终保持高效与准确。

面对突发的金融风险事件，蚂蚁金服的智能风控系统能够迅速响应，通过实时数据分析与智能决策，有效遏制风险扩散。其高效的应急响应机制，为金融机构筑起了一道坚实的防线。

蚂蚁金服注重风控决策的透明度与可解释性，通过可视化工具与详细报告，向用户清晰展示风控决策的依据与过程。这不仅增强了用户对风控系统的信任，也提升了金融机构的合规性与声誉。

4) 技术创新成果对行业的影响

蚂蚁金服将深度学习技术应用于金融风控方面的显著成果，不仅提升了其自身的风控能力与竞争力，也为整个金融行业树立了新的标杆与方向。越来越多的金融机构开始关注并投入到深度学习技术的研发与应用中，推动金融风控向更加智能化、精准化的方向发展。

任务思考

(1) 深度学习如何通过端到端学习简化问题求解的复杂度？请举例说明。

答：端到端学习指的是深度学习模型从输入到输出一体化处理，不需要将问题分解为多个子问题来解决。这种方式不仅提高了模型的整体性能，还适用于复杂的实际场景。例如，在语音识别中，传统方法可能需要多个步骤处理音频信号，而深度学习可以直接将原始音频输入模型，得到文字输出，简化了流程。

(2) 随着大数据的发展，深度学习在处理大规模、高维数据时表现出了哪些优势？请结合实际应用场景讨论。

答：深度学习能够通过其复杂的网络结构和强大的计算能力处理大规模、高维数据。它可以提取数据中的有用信息，并通过非线性变换发现复杂关系和潜在模式。例如，在图像识别中，深度学习通过处理大量高分辨率图片，能够准确地识别出不同的物体，实现自动驾驶、安防监控等实际应用。

习题巩固

一、单项选择题

1. 深度学习的核心特点不包括以下哪项？（　　）

A. 多层次结构　　　　　　　　B. 自动特征提取

C. 数据预处理　　　　　　　　D. 强大的泛化能力

2. 深度学习与传统机器学习最大的区别是（　　）。

A. 自动特征提取能力　　　　　B. 数据存储方式

C. 计算速度　　　　　　　　　D. 数据采集方法

3. 以下哪一项不是深度学习的应用领域？（　　）

A. 图像识别　　　B. 语音识别　　　C. 数据压缩　　　D. 文本分类

4. 反向传播算法最早由谁提出？（　　）

A. 沃伦·麦卡洛克　　　　　　B. 沃尔特·皮茨

C. 大卫·鲁梅尔哈特　　　　　D. 杰弗里·辛顿

5. 深度学习模型输入层的作用是（　　）。

A. 接收原始数据　　　　　　　B. 提取特征

C. 输出结果　　　　　　　　　D. 优化模型

6. 以下哪个选项是深度学习能够处理的内容？（　　）

A. 低维数据　　　　　　　　　B. 非线性数据

C. 固定模式数据　　　　　　　D. 已知数据

二、填空题

1. 深度学习是人工智能领域的一个重要分支，近年来在_____和工业界都引起了人们极大的关注与兴趣。

2. 深度学习利用_____来处理和分析数据。

3. 反向传播算法极大地推动了_____的进展。

4. 深度学习与传统机器学习最大的区别在于其_____的能力。

三、简答题

深度学习与传统机器学习的主要区别是什么？

任务二　数字世界的神经元网络细胞

在数字世界中，神经元网络细胞(或称神经元、处理单元)构成了人工神经网络(ANN)的基础框架，这些网络模拟了生物神经网络特别是大脑的工作方式。神经元网络细胞是处理信息的基本单元，它们通过复杂的连接和交互来执行复杂的计算任务。

任务目标

· 理解并掌握神经元与感知机的基本原理。

· 掌握前馈神经网络的结构与运作方式。

· 研究并理解不同激活函数的作用与特性。

· 深入理解反向传播算法的原理。

数字世界的神经元网络细胞

任务内容

4.2.1　神经元与感知机

神经元与感知机是人工智能与神经网络领域中两个基础且重要的概念。神经元作为生物神经系统中的基本单位，为人工神经网络提供了灵感和模型基础；而感知机则是一种基础的线性二分类模型，通过模拟神经元的信号处理机制实现数据的分类和识别。

1. 生物神经元

作为生物体内信息处理的基本单元，生物神经元具有复杂而精细的结构。它们通过树突接收来自其他神经元的电信号和化学信号，经过细胞体内的整合处理，再通过轴突将处理后的信号传递给其他神经元或效应器。

1) 神经元的组成

一般来说，神经元由细胞体、树突、轴突、髓鞘、突触组成，如图 4-2-1 所示。

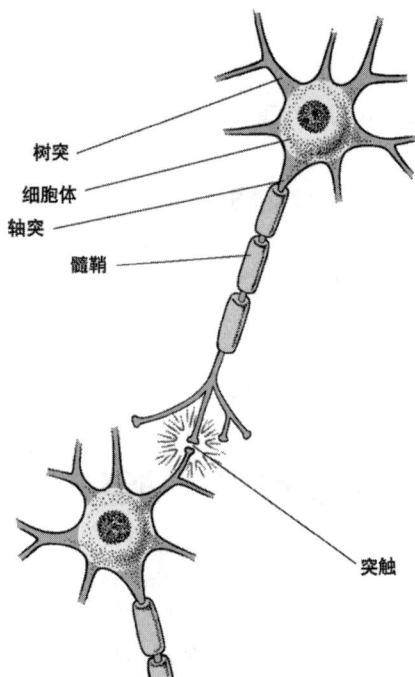

图 4-2-1　神经元

2) 神经元的功能

神经元具有多种功能，主要包括接收、整合、传导和输出信息。

树突接收来自其他神经元的信号或外界环境的刺激，在细胞体内对接收到的信号进行整合处理，根据信号的强度和类型决定是否产生动作电位。当细胞体内的信号达到一定强度时，会产生动作电位，并通过轴突快速传导到下一个神经元或效应器。轴突末端的神经末梢将处理后的信号输出给下一个神经元或效应器，从而完成信息的传递。

这种高度并行和分布式的信息处理方式为人工神经元的设计提供了宝贵的灵感。

2. 人工神经元

人工神经元，或称为处理单元、节点，是人工神经网络的基本构成元素。典型的人工神经网络如图 4-2-2 所示。

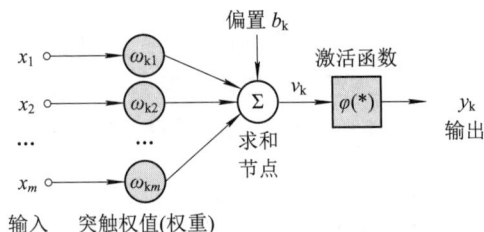

图 4-2-2　人工神经网络

1) 输入

在人工神经网络中，输入是指传递给神经元的原始数据或特征值。这些数据可以是图像像素值、声音波形数据、文本字符编码等。每个输入都通过神经网络的输入层进入网络，并与相应的权重相乘。

人工神经元能够接收来自其他神经元或外部数据源的多个输入信号。这些输入信号可以代表不同的特征或变量。

2）权重

权重是神经网络中学习的关键参数之一。它们通过训练过程进行调整，以使网络输出与实际目标之间的误差最小化。权重的调整是通过反向传播算法实现的，该算法根据误差梯度对权重进行更新。权重的初始值通常是随机选择的，并在训练过程中逐渐收敛到最优值。

每个输入信号都对应一个权重值，用于表示该输入信号对神经元输出的相对重要性或影响程度。权重可以是正值也可以是负值，分别表示兴奋性和抑制性。

3）偏置

偏置是一个固定的值，它加在输入信号的加权和之后，用于调整神经元的激活阈值。偏置的存在使得神经元能够在没有任何输入信号的情况下自行激活或保持抑制状态。与权重类似，偏置也是通过训练过程进行调整的。

4）激活函数

激活函数是神经元模型中的非线性部分，它决定了神经元的输出如何基于输入信号的加权和及偏置进行计算。常见的激活函数包括 Sigmoid 函数、ReLU 函数、Tanh 函数等，如图 4-2-3 所示。

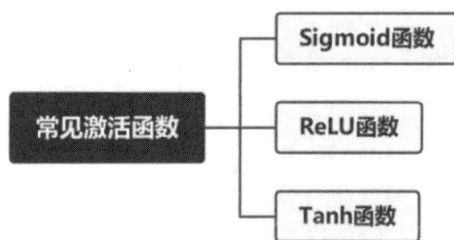

图 4-2-3　常见激活函数

激活函数的选择对神经网络的性能和学习过程有着重要影响。

3. 感知机的定义与结构

感知机是一种简单的线性二分类模型，它的结构类似于一个人工神经元。感知机通过计算输入信号的加权和并与偏置进行比较来做出分类决策，如图 4-2-4 所示。

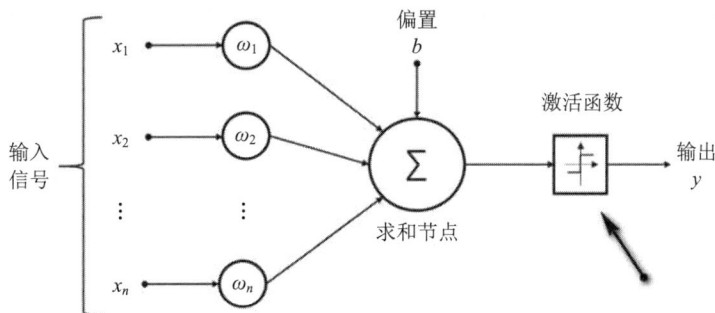

图 4-2-4　感知机基本模型

感知机接收多个输入信号，每个输入信号都通过一个可学习的权重进行加权处理，以反映不同输入对最终决策的重要性。加权后的输入信号求和，并与一个偏置项相加，形成感知机的净输入。最后，这个净输入通过一个激活函数来产生输出，输出值通常用于表示分类结果，例如，在二分类问题中，输出可以是 +1 或 −1，分别代表两个类别。

感知机的结构相对简单，但它却包含了神经网络中许多核心概念的雏形，如权重学习、激活函数、前向传播等。这种简单的结构使得感知机成为理解更复杂神经网络模型的一个很好的起点。

4. 感知机的决策边界

在二维空间中，感知机的决策边界可以被直观地理解为一条直线。这条直线将输入空间划分为两个区域，每个区域对应一个类别。决策边界的位置方向由感知机的权重和偏置共同决定，如图 4-2-5 所示。

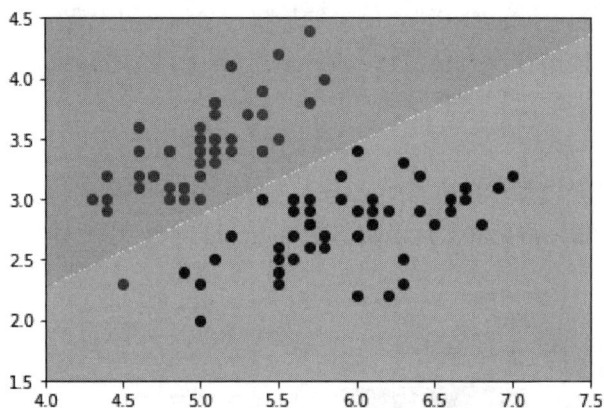

图 4-2-5　决策边界

具体来说，决策边界的斜率与输入特征的权重成比例，而决策边界的截距则与偏置有关。为了找到最优的决策边界，感知机需要通过学习算法不断调整其权重和偏置。

在学习过程中，感知机会根据当前的分类结果和真实的类别标签来计算误差，并利用误差信息来更新权重和偏置，以减少未来的分类错误。这个过程会一直持续下去，直到达到某个停止准则。

5. 感知机的学习过程

感知机的学习过程是通过调整权重和偏置来最小化分类错误的过程。简单梯度下降是感知机学习过程中常用的一种优化算法，用于指导感知机的学习过程，如图 4-2-6 所示。

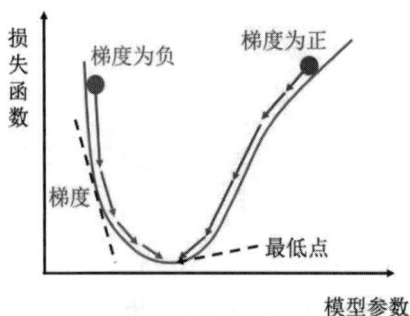

图 4-2-6　梯度与梯度下降

简单梯度下降的基本思想是通过计算误差函数关于权重和偏置的梯度，并沿着梯度的反方向更新权重和偏置，从而最小化误差函数。在感知机中，误差函数通常定义为分类错误的数量或分类错误的某种度量。

具体来说，在每次迭代中，感知机会首先根据当前的权重和偏置计算每个输入样本的预测输出，并与真实的类别标签进行比较，计算出误差。然后，感知机会计算误差函数关于权重和偏置的偏导数(即梯度)，并根据梯度的大小和方向来更新权重和偏置。

更新的步长通常由参数学习率来控制，学习率越大，权重和偏置更新的幅度就越大，但也可能导致学习过程不稳定；学习率越小，则学习过程越稳定，但收敛速度可能较慢，如图 4-2-7 所示。

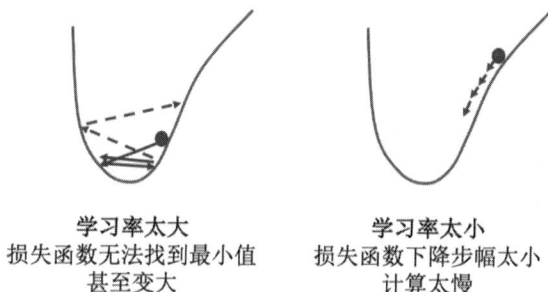

学习率太大
损失函数无法找到最小值
甚至变大

学习率太小
损失函数下降步幅太小
计算太慢

图 4-2-7　学习率大小控制

通过不断重复上述过程，感知机的权重和偏置会逐渐调整到最优值，使得决策边界能够准确地划分输入空间中的不同类别。

正常情况下，损失函数应该随着周期数持续下降，最后稳定在某个值的附近，如图 4-2-8 所示。

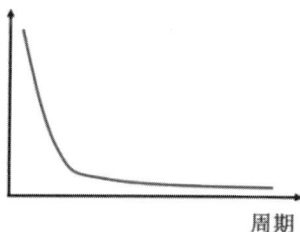

周期

图 4-2-8　正常学习率

尽管感知机只能处理线性可分的问题，并且其学习算法相对简单，但它为理解更复杂的神经网络模型和优化算法提供了重要的基础。

4.2.2　前馈神经网络

前馈神经网络是人工神经网络中最基础且应用广泛的一类网络结构。它们通过模拟人脑神经元之间的连接和信息传递过程，实现了对复杂数据的处理、学习和预测。前馈神经网络的主要特点是信息在网络中单向流动，即从输入层开始，经过一个或多个隐藏层，最终到达输出层，其间没有任何环路或反向连接。

1. 前馈网络概述

前馈网络由三个基本层次组成，分别为输入层、隐藏层、输出层，如图 4-2-9 所示。

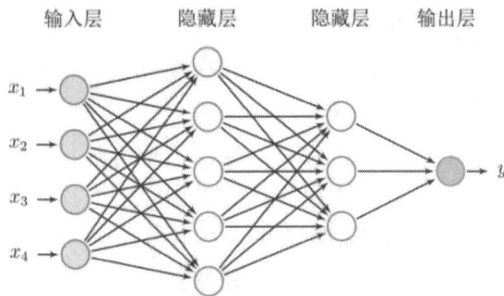

图 4-2-9 前馈神经网络

每一层包含若干个神经元，层与层之间通过带有权重的连接相互连接，但同层内的神经元之间不直接相连。

1) 输入层

输入层是前馈神经网络接收外界信息的入口。它将原始数据转化为神经网络可处理的数值形式。输入层的神经元数量通常与输入数据的特征维度相匹配，每个神经元接收一个特征值作为输入。

2) 隐藏层

隐藏层是前馈神经网络中最具"智能"的部分，它负责提取输入数据中的非线性特征，并通过学习将输入数据映射到输出空间。

隐藏层的层数和每层的神经元数量可以根据具体问题的复杂度和数据量进行调整。增加隐藏层的层数和神经元数量可以增强网络的非线性处理能力，但同时也可能增加模型的复杂度和过拟合的风险。

在隐藏层中，每个神经元接收来自前一层所有神经元的加权输入，并通过激活函数产生输出。激活函数为网络引入了非线性，使得网络能够学习和表示复杂的模式。

3) 输出层

输出层是前馈神经网络的最终输出端，它根据隐藏层传递的信息产生最终的预测或分类结果。输出层的神经元数量通常与需要预测或分类的类别数相匹配。

2. 前馈网络的信号传递

前馈神经网络作为神经网络中最基础也是最常见的一种类型，其特点在于信息在网络中单向传播，即从输入层经过隐藏层到达输出层，过程中没有反馈循环。

信号的前向传播是前馈网络工作的核心机制，如图 4-2-10 所示。

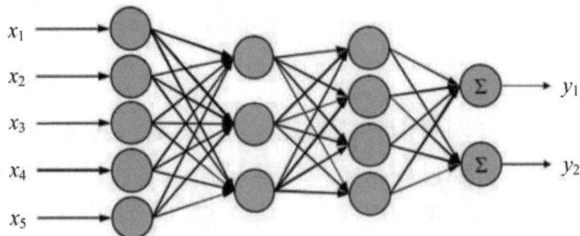

图 4-2-10 前向传播

在训练或推理阶段，输入数据首先被送入网络的输入层。随后，这些数据通过输入层与第一个隐藏层之间的连接权重进行加权求和，并加上偏置项，形成该隐藏层每个神经元的净输入。接着，这些净输入通过激活函数进行非线性变换，得到该隐藏层的输出，即激活值。

这一过程在后续的隐藏层中重复进行，直到最终到达输出层。在输出层，经过类似的处理后，得到网络的最终输出。

前向传播过程的关键在于连接权重和激活函数的共同作用。连接权重决定了输入数据在网络中的传播路径和强度，而激活函数则引入了非线性因素，使得网络能够学习和表示复杂的非线性关系。

4.2.3 激活函数

在神经网络中，激活函数扮演着至关重要的角色，它们为网络引入了非线性特性，这是构建能够学习复杂模式和进行高级抽象表示的神经网络模型的基础。没有激活函数，神经网络将仅能够表达线性关系，极大地限制了其学习和泛化能力。

1. 激活函数的作用

激活函数的作用包括引入非线性、控制输出范围、防止梯度消失/爆炸、增加稀疏性，如图 4-2-11 所示。

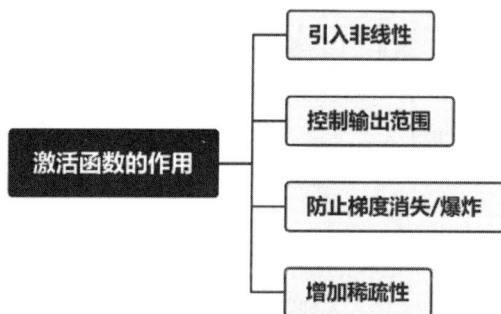

图 4-2-11 激活函数的作用

1) 引入非线性

激活函数通过非线性变换，使得神经网络能够学习和表示复杂的非线性关系。如果没有激活函数，无论网络有多少层，其输出都将是输入的线性组合，这极大地限制了网络的表达能力。

2) 控制输出范围

不同的激活函数具有不同的输出范围。

例如，ReLU 函数允许输出为任意正值，且计算简单高效，常用于隐藏层。通过选择合适的激活函数，可以控制网络的输出范围，从而更好地适应不同的应用场景。

3) 防止梯度消失/爆炸

在深度神经网络中，梯度消失或梯度爆炸是常见的问题。一些激活函数通过其特殊的形状和性质，可有效缓解这些问题，使得网络在训练过程中更加稳定。

4) 增加稀疏性

某些激活函数具有稀疏性，即它们允许部分神经元的输出为零。这种稀疏性有助于减少网络中的冗余信息，提高计算效率，并可能在一定程度上防止过拟合。

2. 常见激活函数介绍

在神经网络中，激活函数扮演着将神经元的输入转换为输出的关键角色。不同的激活函数具有不同的特性和用途，影响着神经网络的性能和训练过程。

1) Sigmoid 函数

Sigmoid 函数主要用于将任意实值压缩到(0, 1)的范围内，输出值可以解释为概率。它常用于二分类问题的输出层，将神经网络的输出转换为属于某个类别的概率。

Sigmoid 函数通过特定的计算，将输入的每个神经元值转换为一个介于 0 和 1 之间的数。当输入值趋近于负无穷时，输出趋近于 0；当输入值趋近于正无穷时，输出趋近于 1。Sigmoid 函数的特性如图 4-2-12 所示。

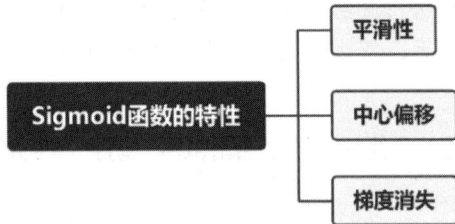

图 4-2-12　Sigmoid 函数的特性

Sigmoid 函数的输出是平滑的，适合用于需要连续输出的场景，且其输出不是以 0 为中心的，这可能会导致后续层的输入发生偏移，影响学习效率。当输入值远离 0 时，Sigmoid 函数的梯度趋近于 0，这可能导致在深度网络中训练时出现梯度消失问题，影响训练效果。

2) ReLU 函数

ReLU 函数是一种线性且非饱和的激活函数，它允许部分神经元在输入为正时保持激活状态，而在输入为负时输出为 0。这种特性有助于缓解梯度消失问题，并加速神经网络的训练过程。

ReLU 函数非常简单，它直接检查输入值。如果输入值大于 0，则输出该值；如果输入值小于或等于 0，则输出 0。

ReLU 函数的特性如图 4-2-13 所示。

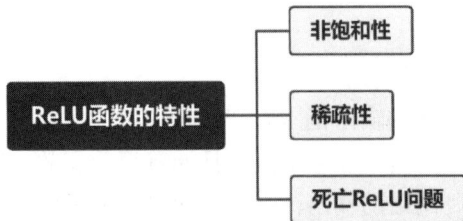

图 4-2-13　ReLU 函数的特性

ReLU 函数在输入为正时保持梯度为 1，这有助于缓解梯度消失问题，而 ReLU 函数在输入为负时输出为 0，这有助于增加网络的稀疏性，减少计算量，并可能在一定程度上防止过拟合。

即使如此，ReLU 函数也存在一个问题，即当某个神经元的输入始终为负时，该神经元将不再被激活，导致梯度始终为 0，这种现象被称为"死亡 ReLU"。

3）Tanh 函数

Tanh 函数将输入值压缩到(-1, 1)的范围内，与 Sigmoid 函数类似，但输出以 0 为中心。这种特性使得 Tanh 函数在某些情况下比 Sigmoid 函数更具优势。

Tanh 函数通过特定的计算，将输入的每个神经元值转换为一个介于 −1 和 1 之间的数。当输入值趋近于负无穷时，输出趋近于 −1；当输入值趋近于正无穷时，输出趋近于 1。

Tanh 函数的特性如图 4-2-14 所示。

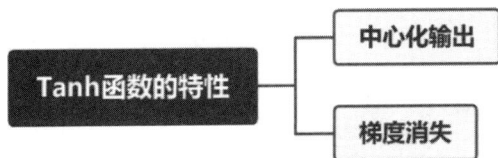

图 4-2-14　Tanh 函数的特性

Tanh 函数的输出以 0 为中心，这有助于减少后续层的输入偏移，提高学习效率。

尽管 Tanh 函数在一定程度上缓解了 Sigmoid 函数的梯度消失问题，但在输入值非常大或非常小时，其梯度仍然可能接近于 0。

4）Softmax 函数

Softmax 函数通常用于多分类问题的输出层，它将神经网络的原始输出转换为概率分布。Softmax 函数的输出是一个向量，其中每个元素的值都在(0, 1)范围内，并且所有元素的值之和为 1。

Softmax 函数通过计算输入向量中每个元素的指数，并将这些指数值归一化到(0, 1)范围内，从而得到概率分布。具体流程涉及指数运算和归一化处理。

Softmax 函数的特性如图 4-2-15 所示。

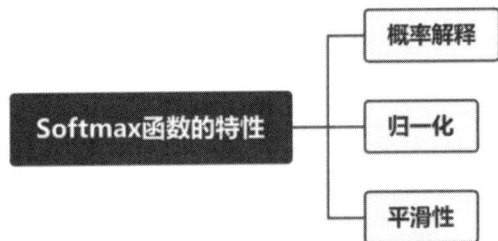

图 4-2-15　Softmax 函数的特性

Softmax 函数的输出可以直接解释为属于各个类别的概率，非常适合用于多分类问题。同时此函数能够确保输出向量的所有元素之和为 1，满足概率分布的要求。Softmax 函数的输出是平滑的，有助于减少分类结果的波动性和不确定性。

4.2.4 反向传播算法

反向传播算法是目前用来训练人工神经网络的最常用且最有效的算法。它的主要思想是通过计算网络预测与实际结果之间的误差，并将这个误差反向传播到网络的每一层，以此来调整网络中每个权重的值，从而逐步优化网络的学习过程，如图 4-2-16 所示。

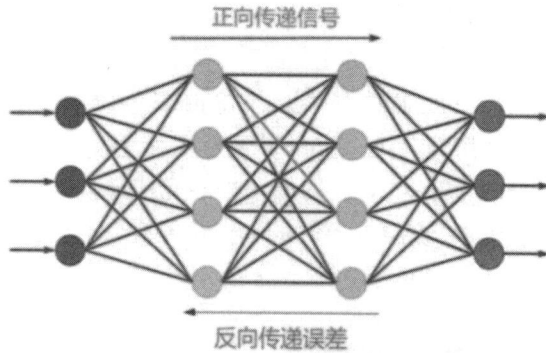

图 4-2-16 反向传播算法

1. 反向传播原理

反向传播算法是训练神经网络时使用的核心算法，特别是在多层前馈神经网络中。其基本原理是通过计算输出层与实际目标之间的误差，并将这个误差信号沿着网络的反向路径传播回去，以此来调整网络中每一层神经元的权重和偏置。

2. 工作机制

反向传播的工作机制包括三个部分，分别是前向传播、误差计算、反向传播，如图 4-2-17 所示。

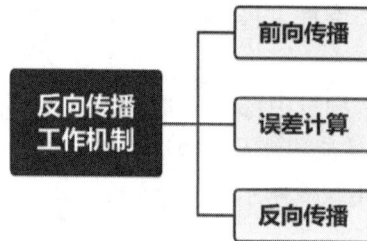

图 4-2-17 反向传播的工作机制

1) 前向传播

输入数据通过输入层进入网络，然后逐层经过隐藏层，最后到达输出层并产生输出。在这一过程中，每一层的神经元都会根据前一层的输出和自己的权重、偏置进行计算，得到自己的输出。

2) 误差计算

在输出层，网络的预测输出与真实的目标输出进行比较，可计算出误差。这个误差反映了网络预测的不准确性。

3) 反向传播

误差信号从输出层开始，反向传播到每个隐藏层，直至输入层。在每一层根据误差信号和该层的激活函数导数，可计算出该层每个神经元对总误差的贡献，并据此调整该层神经元的权重和偏置。

3. 核心思想

反向传播算法的核心思想是利用链式法则计算梯度，即误差关于每个权重和偏置的导数。通过梯度下降法，沿着梯度的反方向更新权重和偏置，以减小误差。这样，经过多次迭代后，网络的预测输出将逐渐接近真实目标输出。

4. 反向传播的实现细节

反向传播的实现主要依靠三个部分，分别为激活函数及其导数、损失函数、权重和偏置的更新，如图 4-2-18 所示。

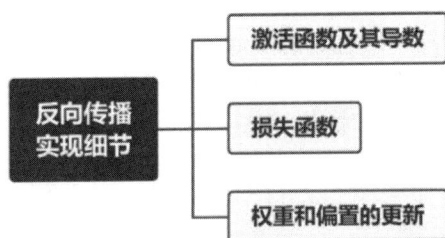

图 4-2-18　反向传播的实现细节

1) 激活函数及其导数

在神经网络中，通常使用非线性激活函数(如 Sigmoid、ReLU、Tanh 等)来增加网络的非线性能力。在反向传播过程中，需要计算这些激活函数的导数，以便在梯度计算中使用。

2) 损失函数

损失函数用于衡量网络预测输出与实际目标之间的差异。常见的损失函数包括均方误差、交叉熵损失等。在反向传播中，需要计算损失函数关于网络输出的导数，即损失梯度。

3) 权重和偏置的更新

权重和偏置的更新是反向传播算法的核心步骤。通常使用梯度下降法来更新这些参数。具体地，将学习率乘以损失梯度，然后从当前权重和偏置中减去这个乘积，得到新的权重和偏置。学习率决定了参数更新的步长大小。

5. 反向传播的具体步骤

反向传播的具体步骤如图 4-2-19 所示。

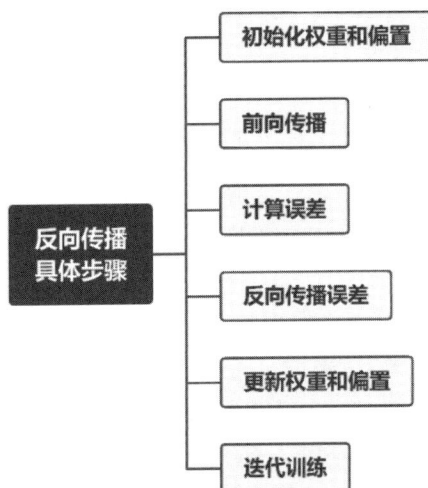

图 4-2-19　反向传播的具体步骤

任务思考

(1) 为什么在设计神经网络时，选择合适的激活函数至关重要？不同激活函数的选择对网络性能有何影响？

答：选择合适的激活函数可以影响网络的学习能力、收敛速度和稳定性。例如，ReLU函数的非饱和性质有助于缓解梯度消失问题，而 Sigmoid 函数可能导致梯度消失。

(2) 反向传播算法在神经网络的训练中起到了什么作用？其效率和收敛性如何保证？

答：反向传播算法通过计算误差的梯度并调整网络权重来使误差最小化。其效率和收敛性通常通过选择适当的学习率和优化算法(如 Adam、RMSprop)来保证。

习题巩固

一、单项选择题

1. 深度学习真正广泛应用的时期是(　　)。
A. 20 世纪 40 年代　　　　　　B. 20 世纪 80 年代
C. 21 世纪初　　　　　　　　　D. 21 世纪后期
2. 深度学习模型通过逐层抽象和特征提取，自动学习并识别出数据中的(　　)。
A. 初级特征　　B. 中级特征　　C. 数据噪声　　D. 高级抽象特征
3. 以下哪一部分不属于生物神经元的组成部分？(　　)
A. 细胞体　　B. 树突　　C. 激活函数　　D. 轴突
4. 神经元的哪个部分用于接收信号？(　　)
A. 轴突　　B. 树突　　C. 细胞体　　D. 突触
5. 以下哪个不是人工神经元的组成部分？(　　)
A. 权重　　B. 输入　　C. 偏置　　D. 树突
6. 感知机的决策边界在二维空间中表现为(　　)。
A. 曲线　　B. 平面　　C. 直线　　D. 点

二、填空题

1. 深度学习的核心在于通过构建复杂的_____模型，实现对数据的高层次抽象和自动特征提取。
2. 深度学习模型能够自动从_____中学习并提取出有效的特征表示。
3. 在人工神经元模型中，_____是指传递给神经元的原始数据或特征值。
4. 权重是通过_____算法进行调整的，以最小化网络输出与实际目标之间的误差。

三、简答题

描述感知机的基本模型及其工作原理。

任务三　人脸口罩识别项目

人脸口罩识别项目

在 2019 年末、2020 年初，随着新冠疫情的蔓延，佩戴口罩已成为日常生活中不可或缺的一部分。在涉及人脸识别技术的场景中，传统的人脸识别系统通常依赖于面部特征的完整性，而口罩的遮挡使得面部特征信息大大减少，进而影响了识别的准确性。因此，如何在复杂的环境下，尤其是在口罩遮挡的情况下准确识别个人的身份成为了一个重要的研究课题。

本任务将探讨一种基于深度学习的人脸口罩识别系统的设计与实现方法。该系统主要通过卷积神经网络(CNN)对人脸图像进行特征提取和分类，从而区分出佩戴口罩和未佩戴口罩的情况。我们将详细介绍该系统的设计思路、数据预处理、模型构建、训练过程以及最终的测试与评估。

希望通过本次任务，我们能够为公共场所的安全管理提供一些技术支持，同时推动人脸识别技术在复杂场景下的应用发展。

任务目标

- 理解人脸口罩识别系统的基本概念。
- 掌握如何构建并训练一个卷积神经网络模型。
- 熟练应用与测试模型的识别能力，评估其识别能力。
- 掌握使用 Python 设计并实现一个能够处理和识别面部口罩状态的系统。

任务内容

4.3.1　人脸口罩识别系统概述及分析

人脸识别系统的设计通常涉及多个关键步骤，包括数据收集、数据预处理、模型设计、训练与验证以及最终的测试与部署。对于口罩识别系统而言，其挑战在于如何处理因口罩遮挡所造成的面部特征缺失问题。因此，在设计本系统时，我们选择采用深度学习中的卷积神经网络(CNN)作为主要的模型架构，卷积神经网络具有强大的图像特征提取能力，能够自动学习并提取图像中的有用特征，从而实现高效的分类与识别。

1. 关键技术

本系统的设计与实现涉及多项关键技术，下面将对这些技术进行详细阐述。

1) 卷积神经网络

卷积神经网络(CNN)是深度学习中应用最广泛的神经网络结构之一，特别适用于图像处理任务。其独特的卷积层能够自动提取图像中的空间特征，而池化层则通过降维减少计算复杂度，避免模型过拟合。在本系统中，我们将使用多层卷积层和池化层的组合，通过逐步提取图像的局部特征，并最终通过全连接层进行分类。

2) 数据增强技术

数据增强是提高模型泛化能力的重要手段之一。通过对图像进行旋转、平移、缩放、翻转等操作，数据增强可以生成更多的训练样本，从而提高模型的鲁棒性。在人脸口罩识别系统中，数据增强尤为重要，因为佩戴口罩的面部图像在角度、光照、口罩颜色和样式等方面可能存在很大差异。

3) 迁移学习

在一些情况下，我们可能使用预训练的模型进行迁移学习。迁移学习是指将在一个任务上训练好的模型应用到另一个任务上，从而减少训练时间和提高模型性能。在本系统中，如果我们使用了大型数据集预训练的模型，如 VGG16、ResNet 等，则可以通过微调模型来适应口罩识别的任务，达到更好的效果。

4) 模型优化

为了提高模型的准确性和效率，我们采用了一些优化技术，如学习率调度、早停法和正则化等。学习率调度通过在训练过程中逐渐减少学习率，帮助模型更好地收敛；早停法则通过监控验证集的表现，防止模型过拟合；正则化技术如 L2 正则化、Dropout 等，可以有效避免模型的复杂性过高而导致的过拟合问题。

5) 模型评估与性能分析

模型评估是确保系统性能的重要环节。除了准确率、召回率等常用指标，我们还通过混淆矩阵分析模型在不同类别上的表现，以找出模型的潜在弱点。此外，通过绘制训练曲线，我们可以直观地观察模型的训练过程，如损失值和准确率的变化，从而及时调整训练策略。

2. Python 第三方库

在本次任务的开发过程中，我们使用了多种 Python 第三方库来构建、训练和优化我们的模型。这些库提供了丰富的功能，极大地简化了人脸口罩识别系统的开发过程。

1) TensorFlow

TensorFlow 是一个开源的深度学习框架，在这个项目中，TensorFlow 被用来构建和训练卷积神经网络(CNN)模型。通过 tensorflow.keras API，我们可以方便地定义模型的结构，包括卷积层、池化层、全连接层等。TensorFlow 还提供了优化器、损失函数等用于模型的训练。此外，TensorFlow 能够自动利用 GPU 加速计算，提高训练和推断的速度。在模型训练后，TensorFlow 还可以保存和加载训练好的模型，用于后续的推断过程。

2) OpenCV(cv2)

OpenCV 是一个强大的计算机视觉库，用于图像和视频的处理。在本项目中，OpenCV 被用于读取和预处理图像数据。具体来说，它负责从文件中加载图像，并将其调整为模型所需的尺寸。此外，OpenCV 还在最终的口罩检测阶段负责显示检测结果，例如在图像上添加文字标签并展示检测后的图片。OpenCV 提供了丰富的图像处理功能，包括但不限于图像的缩放、裁剪、颜色空间转换等，这些功能在数据预处理中非常重要。

3) NumPy

NumPy 是一个用于数值计算的基础库，它提供了强大的数组操作功能。在本项目中，NumPy 被用来存储和处理图像数据。图像在加载到内存后，被表示为 NumPy 数组，这些数组可以很方便地进行各种数学操作，如归一化处理(将像素值缩放到 0 到 1 的范围)和批量维度的添加。

4) Matplotlib

Matplotlib 是一个用于绘图和数据可视化的库。在这个项目中，Matplotlib 用于绘制模型训练过程中的准确率和损失曲线。通过这些图表，我们可以直观地观察模型的训练情况，了解模型是否出现了过拟合或欠拟合以及优化训练策略。此外，Matplotlib 还可以用于展示数据的分布情况，帮助我们理解数据特征。

　　5) Scikit-learn(sklearn)

　　Scikit-learn 是一个强大的机器学习库，在本项目中主要用于模型的评估。具体而言，它提供了分类报告和混淆矩阵的生成功能，这些功能用于评估模型在验证集上的表现。通过 classification_report，我们可以获得模型的准确率、召回率、F1 分数等指标，而 confusion_matrix 则显示了模型在不同类别上的预测情况，有助于识别模型的弱点。此外，Scikit-learn 还提供了数据集划分的功能(train_test_split)，可在模型训练前将数据集划分为训练集和验证集。

　　通过这些第三方库的协作，我们能够高效地构建一个功能完善的人脸口罩识别系统，从数据获取、模型训练到最终的实时检测，每一步都能够顺利完成。

4.3.2　人脸口罩识别系统的设计与实现

　　上述内容详细阐明了本次任务的各个方面，接下来我们将通过七大步骤来进行该系统的设计与实现，分别为第三方库的安装、数据集的解压与使用、数据预处理、模型设计与实现、模型评估与优化、系统测试与部署、模型优化与改进。

1. 第三方库的安装

　　首先需要安装 TensorFlow、NumPy、Scipy、Pillow 这四个第三方库，以备后面的程序调用。这里还是使用 PyCharm 集成开发环境。打开 PyCharm 新建一个项目，如图 4-3-1 所示。

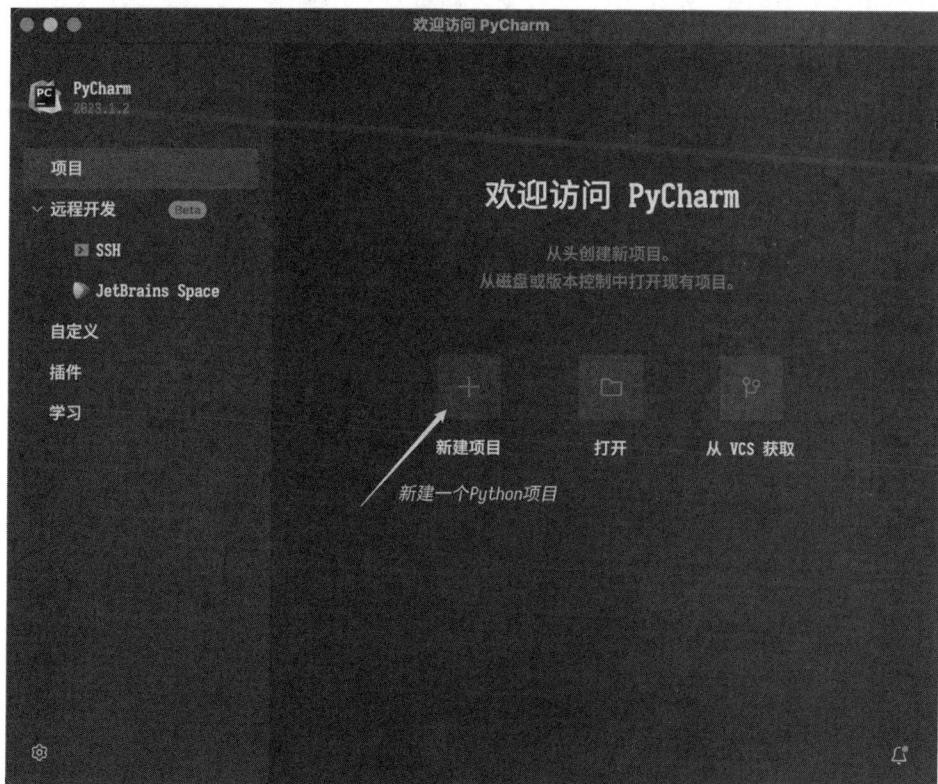

图 4-3-1　新建项目

点击新建项目按钮后，就来到了一个创建项目内容的页面，如图 4-3-2 所示，在该页面配置好相关的路径，也就是 Python 项目的位置。

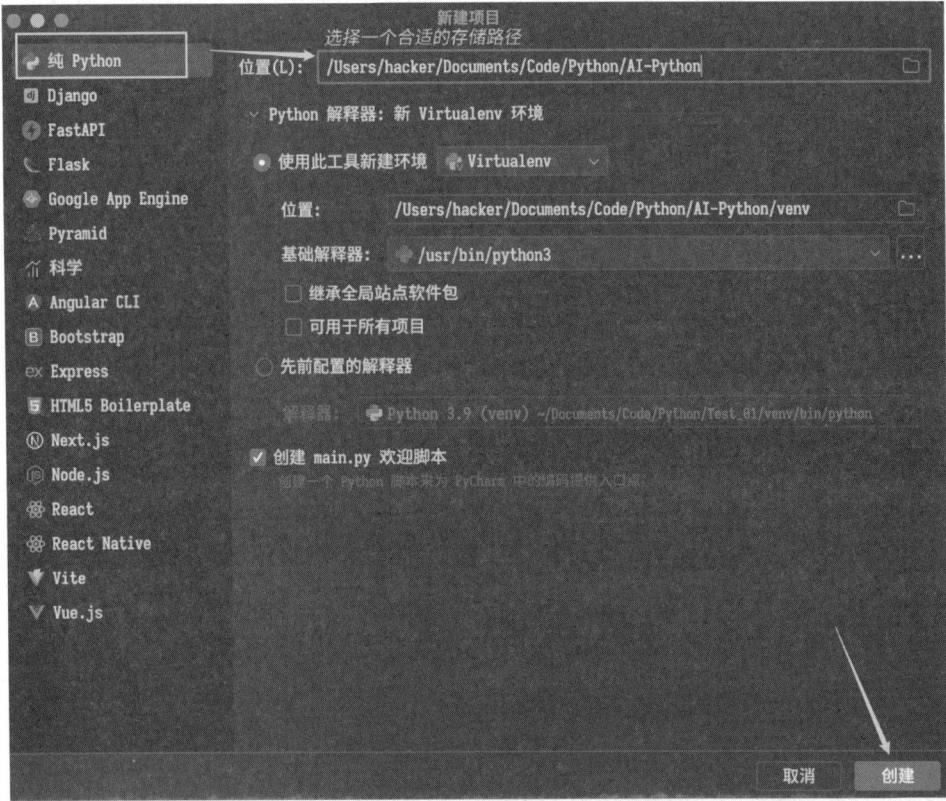

图 4-3-2　创建项目

点击创建按钮后，就进入到项目的界面了。在 PyCharm 底部的左侧可以看到终端按钮，点击终端按钮即可来到终端界面，如图 4-3-3 所示。这里使用的是 Mac 系统，Windows 系统也是一样的。

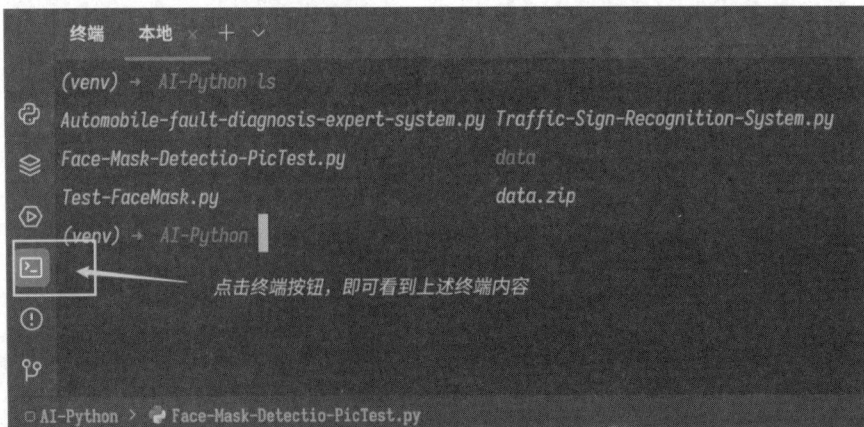

图 4-3-3　打开终端

我们可以通过 pip 来安装这些库，在终端中输入下面的代码即可。

```
pip3 install requests opencv-python numpy tensorflow scikit-learn matplotlib
```

如图 4-3-4 所示，在终端中输入 pip 命令安装库。如图 4-3-5 所示，安装完成。

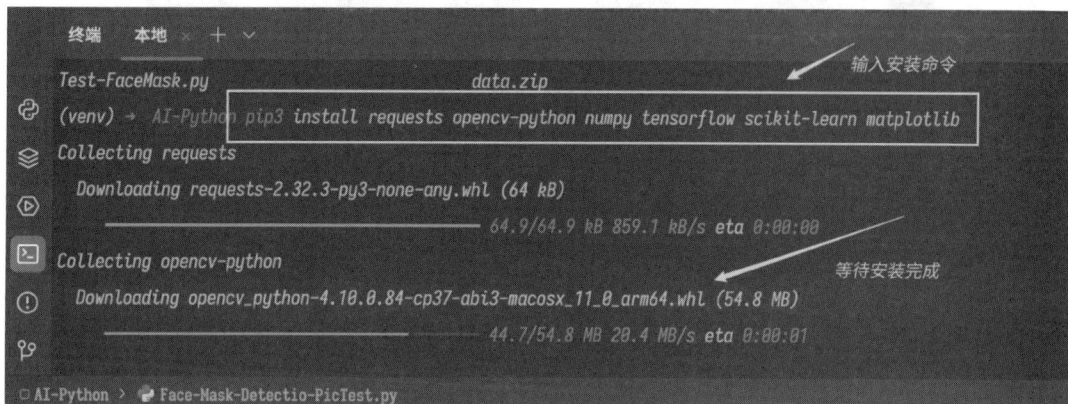

图 4-3-4　安装第三方库

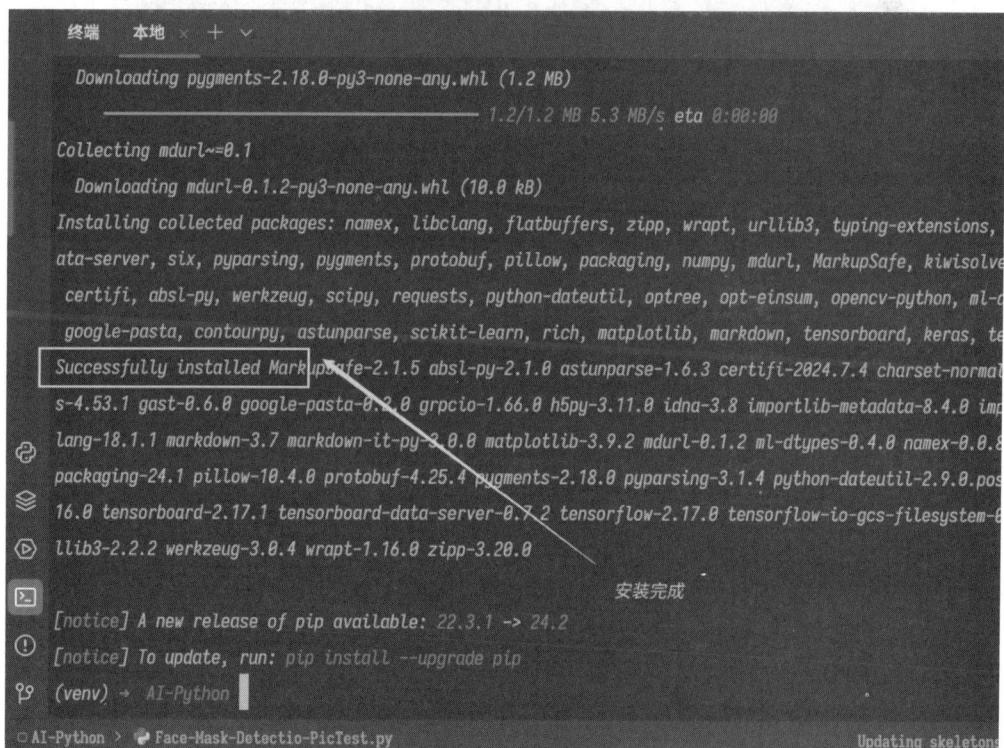

图 4-3-5　安装完成

2. 数据集的解压与使用

在本次任务中，首先需要收集一个包含佩戴口罩和未佩戴口罩的人脸图像数据集。该数据集应覆盖不同的光照条件、面部角度、性别和种族等，以确保模型的泛化能力。

这里使用一个已经预先收集好的数据集。打开 AI-Python 的项目路径，将素材中的 data.zip 放进去，并且解压，如图 4-3-6 所示。

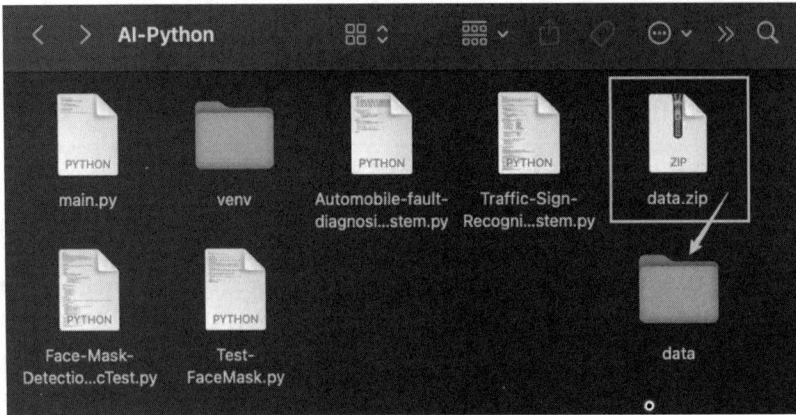

图 4-3-6　数据集解压

在 data 的文件夹中，有一个名为 face_mask_dataset 的文件夹，其中包含了 with_mask 和 without_mask 两个文件夹，其中有着许多图片，如图 4-3-7 所示。

图 4-3-7　数据集展示

上述两个文件中包含了上千张数据图片。

3. 数据预处理

数据预处理模块负责从数据集中采集图像数据，并对数据进行预处理。首先要通过设置数据集路径，读取包含口罩和不包含口罩的图像数据。然后使用 OpenCV 库读取图像，并将图像调整到统一的大小，以便输入到模型中。接着将图像的像素值归一化到 0 到 1 之间，以加快模型的训练速度并提高模型的收敛效果。最后，使用数据增强技术生成更多的训练样本，以提高模型的泛化能力。数据增强包括旋转、平移、缩放、翻转等操作。部分代码如下：

```
import os
import cv2
import numpy as np
from tensorflow.keras.preprocessing.image import ImageDataGenerator
```

```
# 设置数据集路径
data_dir = 'data/face_mask_dataset'
categories = ['with_mask', 'without_mask']

# 初始化数据列表
data = []
labels = []

# 加载数据集
for category in categories:
    path = os.path.join(data_dir, category)
    class_num = categories.index(category)
    for img in os.listdir(path):
        try:
            img_array = cv2.imread(os.path.join(path, img))
            img_resized = cv2.resize(img_array, (128, 128))
            data.append(img_resized)
            labels.append(class_num)
        except Exception as e:
            print(f"无法加载图片 {img}: {e}")

# 数据归一化
data = np.array(data) / 255.0
labels = np.array(labels)

# 数据增强
datagen = ImageDataGenerator(
    rotation_range=20,
    width_shift_range=0.2,
    height_shift_range=0.2,
    zoom_range=0.2,
    horizontal_flip=True,
    fill_mode='nearest')

# 应用数据增强
datagen.fit(data)
```

4. 模型设计与实现

模型设计与实现模块是系统的核心部分，主要包括多个卷积层、池化层、全连接层和输出层。卷积层用于提取图像的局部特征，池化层用于减少特征图的维度，防止过拟合，全连接层将提取的特征展开为一维向量，并进行分类，输出层则根据分类结果给出是否佩戴口罩的判断。部分代码如下：

```python
from tensorflow.keras.models import Sequential
from tensorflow.keras.layers import Conv2D, MaxPooling2D, Flatten, Dense, Dropout

# 构建 CNN 模型
model = Sequential([
    Conv2D(32, (3, 3), activation='relu', input_shape=(128, 128, 3)),
    MaxPooling2D(pool_size=(2, 2)),
    Conv2D(64, (3, 3), activation='relu'),
    MaxPooling2D(pool_size=(2, 2)),
    Conv2D(128, (3, 3), activation='relu'),
    MaxPooling2D(pool_size=(2, 2)),
    Flatten(),
    Dense(128, activation='relu'),
    Dropout(0.5),
    Dense(2, activation='softmax')
])

# 编译模型
model.compile(optimizer='adam', loss='sparse_categorical_crossentropy', metrics=['accuracy'])

# 模型训练
history = model.fit(datagen.flow(train_data, train_labels, batch_size=32), epochs=20, validation_data=(val_data, val_labels))
```

5. 模型评估与优化

训练完成后，我们需要评估模型的性能，并通过调整超参数、优化模型结构等方式进一步提高模型的准确性。评估指标包括准确率、损失值、混淆矩阵等。通过分析模型在验证集上的表现，我们可以了解其优劣势，并在此基础上进行优化。其代码如下：

```python
from sklearn.metrics import classification_report, confusion_matrix

# 模型性能评估
print("模型分类报告：")
print(classification_report(val_labels, np.argmax(model.predict(val_data), axis=1)))
print("混淆矩阵：")
print(confusion_matrix(val_labels, np.argmax(model.predict(val_data), axis=1)))
```

6. 系统测试与部署

在模型评估与优化后，我们可以将其应用到实际场景中进行测试与部署。在测试阶段，模型将通过图片输入进行实时预测，并输出结果。部署时，我们可以将模型集成到一个完整的系统中，实现自动化口罩检测功能。其代码如下：

```python
from tensorflow.keras.models import load_model


# 加载预训练模型
model = load_model('face_mask_detector_pic_test.h5')


# 设置要测试的图片路径
image_path = 'data/face_mask_dataset/with_mask/black2.jpg'


# 读取并预处理图片
img = cv2.imread(image_path)
img_resized = cv2.resize(img, (128, 128))
img_normalized = img_resized / 255.0
img_expanded = np.expand_dims(img_normalized, axis=0)


# 使用模型进行预测
prediction = model.predict(img_expanded)
mask_status = np.argmax(prediction)


# 显示结果
label = "with_mask" if mask_status == 0 else "without_mask"
color = (0, 255, 0) if mask_status == 0 else (0, 0, 255)
cv2.putText(img, label, (10, 30), cv2.FONT_HERSHEY_SIMPLEX, 1, color, 2)
cv2.imshow('Face Mask Detection', img)
cv2.waitKey(0)
cv2.destroyAllWindows()
```

7. 模型优化与改进

在完成初步的系统测试与部署后，模型的性能和实际应用效果往往需要进一步的优化与改进，以确保其在各种场景下的鲁棒性和适应性。模型优化与改进不仅有助于提升系统的准确率，还可以增强其泛化能力，使其能够应对更加复杂和多样化的应用环境。

4.3.3　交通标识识别系统完整代码及运行结果解析

经过上一小节对每个分支过程的阐述及部分代码的编写，我们详细掌握了该系统的实现过程，其完整代码如下：

```python
import os
import cv2
import numpy as np
from sklearn.model_selection import train_test_split
```

```
from sklearn.metrics import classification_report, confusion_matrix
from tensorflow.keras.models import Sequential, load_model
from tensorflow.keras.layers import Conv2D, MaxPooling2D, Flatten, Dense, Dropout
from tensorflow.keras.preprocessing.image import ImageDataGenerator
import matplotlib.pyplot as plt


# 第一步：数据集加载与预处理

# 设置数据集路径
data_dir = 'data/face_mask_dataset'   # 你需要将这个路径设置为你的数据集路径
categories = ['with_mask', 'without_mask']

# 初始化数据列表
data = []
labels = []

# 加载数据集
for category in categories:
    path = os.path.join(data_dir, category)
    class_num = categories.index(category)
    for img in os.listdir(path):
        try:
            img_array = cv2.imread(os.path.join(path, img))
            img_resized = cv2.resize(img_array, (128, 128))
            data.append(img_resized)
            labels.append(class_num)
        except Exception as e:
            print(f"无法加载图片  {img}: {e}")

# 数据归一化
data = np.array(data) / 255.0
labels = np.array(labels)

# 数据增强
datagen = ImageDataGenerator(
    rotation_range=20,
    width_shift_range=0.2,
    height_shift_range=0.2,
    zoom_range=0.2,
```

```
        horizontal_flip=True,
        fill_mode='nearest')

# 应用数据增强
datagen.fit(data)

# 划分训练集和验证集
train_data, val_data, train_labels, val_labels = train_test_split(data, labels, test_size=0.2, random_state=42)

# 第二步：构建与训练 CNN 模型

# 构建 CNN 模型
model = Sequential([
        Conv2D(32, (3, 3), activation='relu', input_shape=(128, 128, 3)),
        MaxPooling2D(pool_size=(2, 2)),
        Conv2D(64, (3, 3), activation='relu'),
        MaxPooling2D(pool_size=(2, 2)),
        Conv2D(128, (3, 3), activation='relu'),
        MaxPooling2D(pool_size=(2, 2)),
        Flatten(),
        Dense(128, activation='relu'),
        Dropout(0.5),
        Dense(2, activation='softmax')
])

# 编译模型
model.compile(optimizer='adam', loss='sparse_categorical_crossentropy', metrics=['accuracy'])

# 模型训练
history = model.fit(datagen.flow(train_data, train_labels, batch_size=32), epochs=20, validation_data=(val_data, val_labels))

# 保存模型
model.save('face_mask_detector_pic_test.h5')

# 绘制训练和验证准确率曲线
plt.plot(history.history['accuracy'], label='训练准确率')
plt.plot(history.history['val_accuracy'], label='验证准确率')
plt.plot(history.history['loss'], label='训练损失')
```

```
plt.plot(history.history['val_loss'], label='验证损失')
plt.legend()
plt.xlabel('训练轮次')
plt.ylabel('准确率/损失')
plt.title('模型训练过程')
plt.show()


# 模型性能评估
print("模型分类报告：")
print(classification_report(val_labels, np.argmax(model.predict(val_data), axis=1)))
print("混淆矩阵：")
print(confusion_matrix(val_labels, np.argmax(model.predict(val_data), axis=1)))


# 第三步：加载模型并进行单张图片的口罩检测


# 加载预训练模型
model = load_model('face_mask_detector_pic_test.h5')


# 设置要测试的图片路径
image_path = 'data/face_mask_dataset/with_mask/black2.jpg'    # 将此路径替换为你要测试的图片路径


# 读取并预处理图片
img = cv2.imread(image_path)
img_resized = cv2.resize(img, (128, 128))                    # 调整图像大小为模型输入尺寸
img_normalized = img_resized / 255.0                         # 数据归一化
img_expanded = np.expand_dims(img_normalized, axis=0)        # 增加批次维度


# 使用模型进行预测
prediction = model.predict(img_expanded)
mask_status = np.argmax(prediction)    # 获取预测结果(0 表示佩戴口罩，1 表示未佩戴口罩)


# 显示结果
label = "with_mask" if mask_status == 0 else "without_mask"
color = (0, 255, 0) if mask_status == 0 else (0, 0, 255)


# 在图片上标注结果
cv2.putText(img, label, (10, 30), cv2.FONT_HERSHEY_SIMPLEX, 1, color, 2)
```

```
# 显示图片
cv2.imshow('Face Mask Detection', img)
cv2.waitKey(0)
cv2.destroyAllWindows()
```

接下来，我们在 PyCharm 集成开发环境中新建一个 Face-Mask-Detectio-PicTest 的 Python 文件，以运行上述代码，如图 4-3-8 所示。

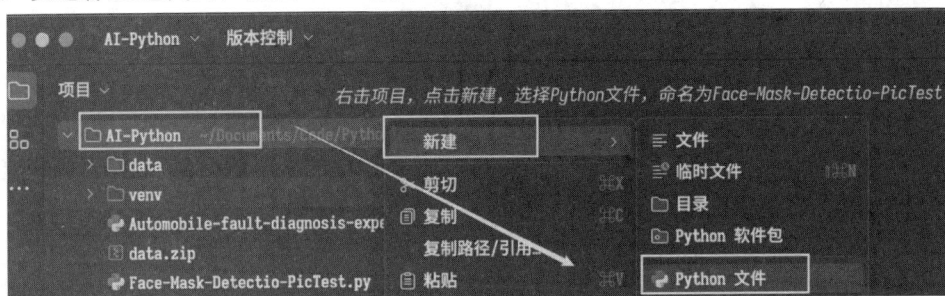

图 4-3-8　创建 Python 文件

将代码复制粘贴到 Face-Mask-Detectio-PicTest.py 文件中，点击 PyCharm 上部的运行按钮，找到该文件，如图 4-3-9 所示。

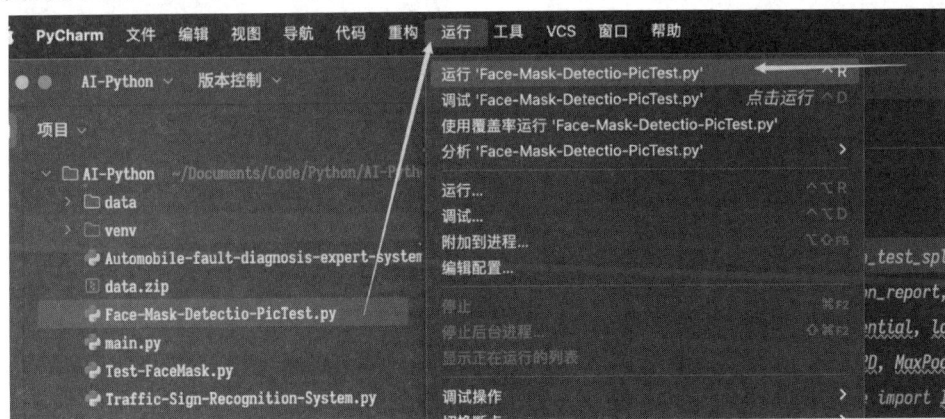

图 4-3-9　找到运行按钮

运行该文件，如图 4-3-10 所示，开始训练模型。

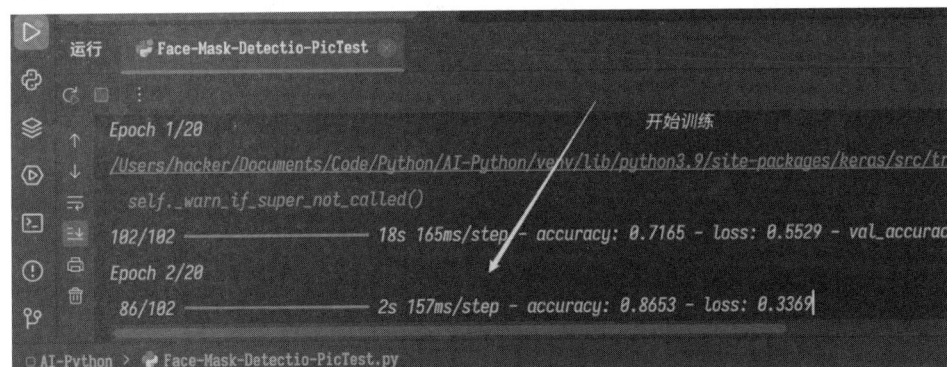

图 4-3-10　运行 Python 文件

训练完成后，我们可以看到图4-3-11的结果，判断出了图片中的人物是否佩戴了口罩，也给出了模型分析报告。

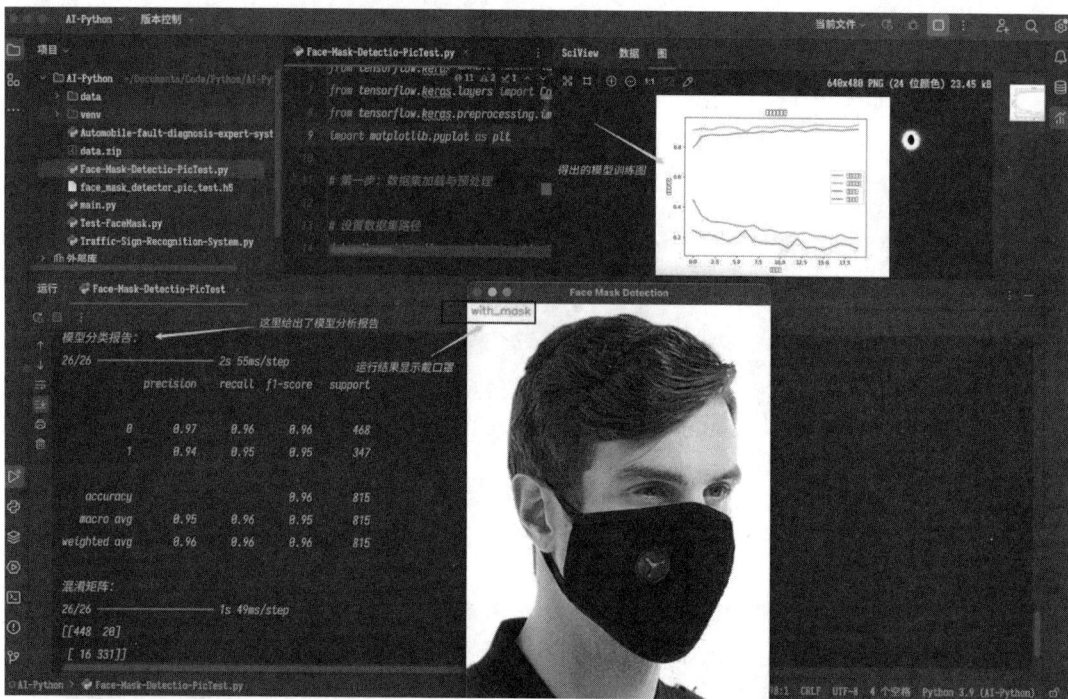

图4-3-11 运行结果

上面的结果显示，我们成功设计并实现了一个基于卷积神经网络的人脸口罩识别系统，该系统能够在佩戴口罩和未佩戴口罩的情况下准确识别个体身份。

当然，我们也可以拆分一下代码，让程序通过读取指定的图片文件，并利用预训练的模型进行推断。根据模型的输出，程序判断出图像中的人脸是否佩戴了口罩，并在图像上显示结果。用户可以通过测试不同的图像文件来验证模型的识别能力。我们可以新建一个名为Test-FaceMask的Python文件来执行本段代码，代码如下：

```python
import cv2
import numpy as np
from tensorflow.keras.models import load_model

# 加载预训练模型
model = load_model('face_mask_detector_pic_test.h5')

# 设置要测试的图片路径
image_path = 'data/face_mask_dataset/without_mask/0_0_caizhuoyan_0046.jpg'

# 读取并预处理图片
img = cv2.imread(image_path)
```

```
img_resized = cv2.resize(img, (128, 128))              # 调整图像大小为模型输入尺寸
img_normalized = img_resized / 255.0                   # 数据归一化
img_expanded = np.expand_dims(img_normalized, axis=0)  # 增加批次维度


# 使用模型进行预测
prediction = model.predict(img_expanded)
mask_status = np.argmax(prediction)  # 获取预测结果(0 表示佩戴口罩，1 表示未佩戴口罩)


# 显示结果
label = "with_mask" if mask_status == 0 else "without_mask"
color = (0, 255, 0) if mask_status == 0 else (0, 0, 255)


# 在图片上标注结果
cv2.putText(img, label, (10, 30), cv2.FONT_HERSHEY_SIMPLEX, 1, color, 2)


# 显示图片
cv2.imshow('Face Mask Detection', img)
cv2.waitKey(0)
cv2.destroyAllWindows()
```

这里我们就不再执行演示了，运行结果和图 4-3-11 的判断一致。

随着技术的不断发展，人脸口罩识别系统的应用前景广阔。未来，随着深度学习技术的进一步成熟，系统的识别精度和实时性将会继续提高。此外，随着边缘计算和 5G 技术的普及，系统的部署将更加灵活，能够在更广泛的场景中应用。

任务思考

(1) 在数据预处理中，为什么需要将图像进行归一化处理？归一化处理的作用是什么？

答：归一化处理是将图像的像素值从原始的范围(通常是 0 到 255)缩放到 0 到 1 的范围。这样做的主要作用有三点：加快模型的训练速度，通过缩小数值范围，可以使梯度下降算法更快地收敛，进而加快模型的训练速度；提高模型的稳定性和性能，归一化处理有助于减少模型训练中的数值不稳定性，避免出现数值溢出或下溢的情况；使各输入特征具有相同的尺度，有助于避免某些特征对模型产生过大的影响，从而提高模型的泛化能力。

(2) 在训练模型时，为什么需要划分训练集和验证集？验证集的作用是什么？

答：① 训练集和验证集的划分是为了评估模型的泛化性能。② 训练集用于训练模型，即模型从训练数据中学习特征和参数。③ 验证集用于在训练过程中评估模型的性能，以便选择最优的模型参数和结构。验证集可以帮助检测模型是否出现过拟合。④ 模型调优的作用是通过在验证集上的表现来调整模型的超参数，以找到最佳的模型配置。

习题巩固

一、单项选择题

1. 在 RNN 中，隐藏层接收的输入包括以下哪两个部分？（　　）

A. 当前时间步的输入和上一个时间步的隐藏层输出

B. 当前时间步的输出和上一个时间步的输入

C. 输入层和输出层的输入

D. 隐藏层的输入和输出

2. RNN 中容易出现的问题是什么？（　　）

A. 梯度消失或梯度爆炸　　　　　　B. 无法处理序列数据

C. 无法捕捉短期依赖关系　　　　　D. 无法处理非线性数据

3. 以下哪种网络结构能够同时考虑序列的前后文信息？（　　）

A. 标准 RNN　　　B. 双向 RNN　　　C. 前向 RNN　　　D. 循环神经网络

4. GRU 中的哪个门结构用来控制前一时刻隐藏状态对当前隐藏状态的影响？（　　）

A. 遗忘门　　　　B. 输入门　　　　C. 重置门　　　　D. 更新门

5. LSTM 中，哪个门结构负责决定哪些信息应被遗忘？（　　）

A. 输入门　　　　B. 遗忘门　　　　C. 输出门　　　　D. 重置门

6. LSTM 通过什么来有效地管理信息的流动和遗忘？（　　）

A. 线性结构　　　B. 门结构　　　　C. 循环结构　　　D. 非线性激活函数

二、填空题

1. RNN 的_____特性使其非常适合处理需要考虑历史信息的任务。

2. 在处理长序列时，RNN 容易遇到_____和_____的问题。

3. 双向 RNN 通过结合前向和后向 RNN 的输出，使得模型能够考虑整个序列的_____。

4. RNN 的反向传播算法称为_____，它将 RNN 在时间序列上展开成等价的前馈神经网络。

三、简答题

GRU 如何解决 RNN 中梯度消失的问题？

项目五　揭秘计算机视觉的由来

本项目旨在深入探讨计算机视觉的起源与发展，涵盖其基本概念、技术层次以及与人工智能的关系；通过对计算机视觉发展历史与应用领域的分析，研究深度学习的引入及其对技术发展的影响。

本项目还提供了使用 OpenCV 进行基础图像操作的实践指导。整体目标是为学习者提供系统的计算机视觉知识，帮助其掌握相关技术和应用。

▶▶ 项目架构

```
                                          ┌─ 基本概念
                          ┌─ 计算机视觉概述 ─┼─ 技术层次
                          │                └─ 与人工智能的关系
                          │
                          │                         ┌─ 早期发展
揭秘计算机视觉的由来 ──────┼─ 计算机视觉的发展历史与应用领域 ─┼─ 深度学习的引入
                          │                         ├─ 发展现状
                          │                         └─ 应用领域
                          │
                          │                          ┌─ OpenCV概念
                          └─ 使用OpenCV实现基础图像操作 ─┼─ 安装与使用
                                                     └─ 基础操作实现
```

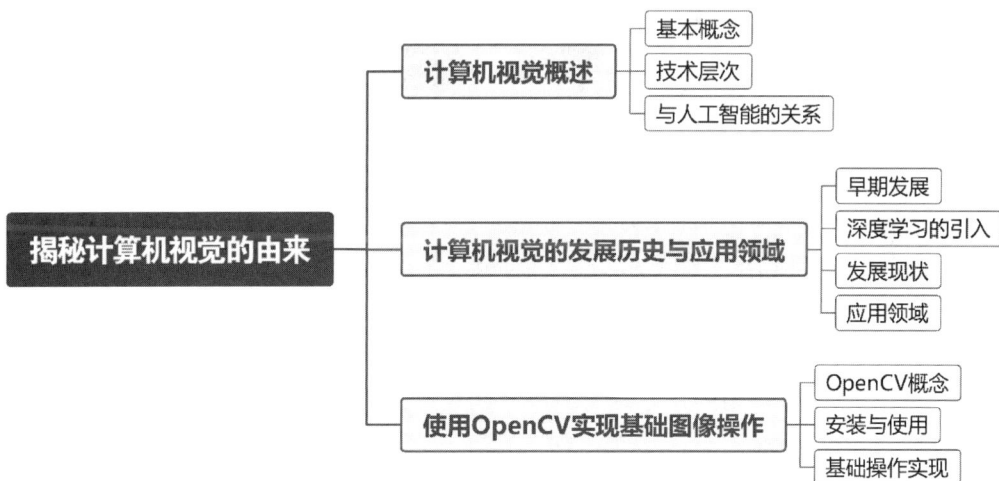

任务一　计算机视觉概述

计算机视觉(Computer Vision)是人工智能领域中的一个重要分支，旨在让计算机能够"看懂"并理解视觉数据，如图像和视频。通过模拟人类视觉系统的功能，计算机视觉能够自动从视觉输入中提取有用信息并做出相应的判断。

这项技术在自动驾驶、人脸识别、医疗影像分析等多个领域有着广泛的应用，并且随着深度学习等技术的进步，计算机视觉的能力正在不断提升，逐步实现从简单的图像处理到复杂场景理解的飞跃。

计算机视觉概述

- 理解并掌握计算机视觉的核心概念。
- 探讨并学习计算机视觉技术的层次结构。
- 分析并理解计算机视觉与人工智能的关系。
- 强化对计算机视觉技术领域的系统性认识。

任务内容

5.1.1　计算机视觉的基本概念

计算机视觉是一门研究如何使机器"看懂"图像和视频的科学与技术。其核心目标是通过计算机系统获取、处理和理解视觉数据，并以与人类类似的方式进行分析和决策，如图 5-1-1 所示。

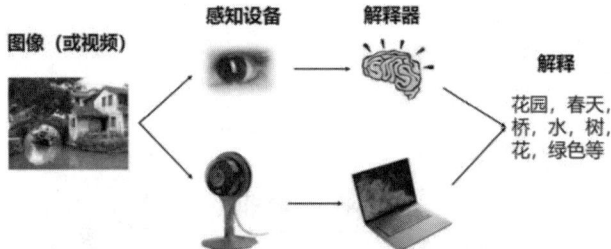

图 5-1-1　计算机视觉的实现

计算机视觉不仅仅是图像处理的延伸，通过模拟和超越人类视觉系统，还提供了从图像中提取有用信息的能力。

1. 计算机视觉的目标

计算机视觉的核心目标是跨越"语义鸿沟"，即在低层次的像素数据与高层次的语义理解之间建立有效的映射关系。

所谓"语义鸿沟"，指的是原始的图像像素数据和人类能够理解的语义信息之间存在的巨大差距，如图 5-1-2 所示。

跨越"语义鸿沟"建立像素到语义的映射

我们看到的　　　　　　　　　机器看到的

图 5-1-2　人类视觉与计算机视觉

图像本质上是由大量的像素组成的，这些像素仅仅是光线在空间中的分布，无法直接传达关于图像内容的有意义信息。

计算机视觉的任务就是要从这些原始的像素数据中提取出有意义的特征，并将其转换为对图像内容的高层次理解，如图 5-1-3 所示。

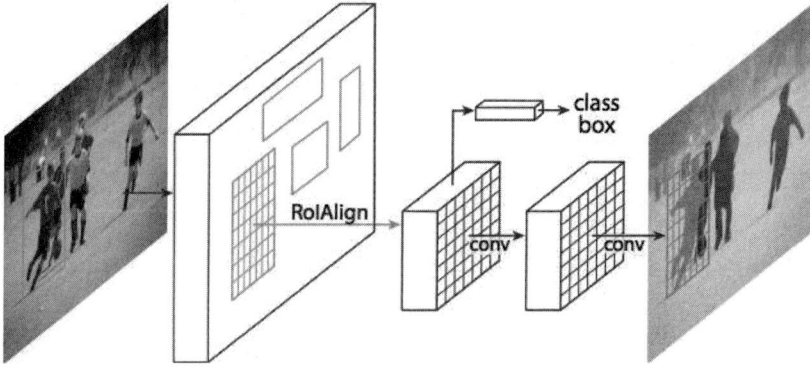

图 5-1-3 通过 R-CNN 算法进行物体识别

1）从像素到语义

在计算机视觉系统中，图像首先以原始的像素形式输入，这些像素值反映了图像中不同位置的颜色和亮度，如图 5-1-4 所示。

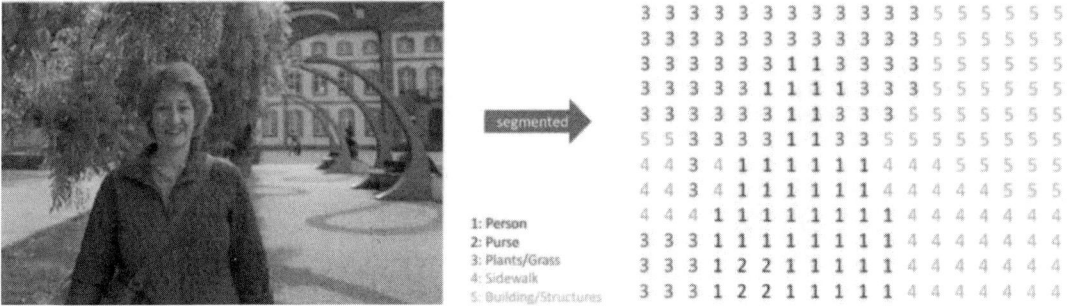

图 5-1-4 图片转换为 RGB 值

可是计算机并不能像人类一样直观地理解这些像素代表的物体、场景或事件。因此，计算机视觉的首要目标是通过复杂的算法，将这些低层次的像素数据转换为可以用于决策和行动的高层次语义信息，如图 5-1-5 所示。

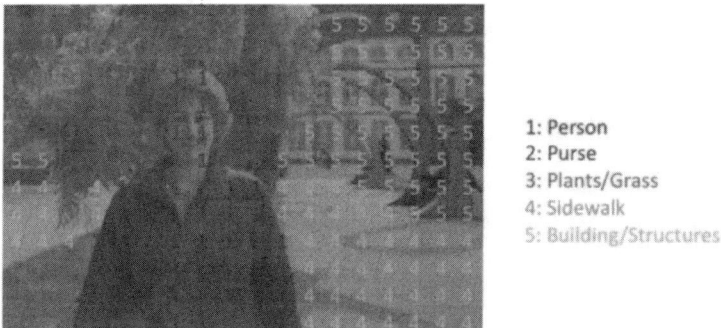

图 5-1-5 像素点位置与图片一一对应

这个转换过程通常涉及多个步骤，包括特征提取、模式识别和语义推理。特征提取是从原始图像中识别出关键的视觉特征，例如边缘、纹理和形状，这些特征构成了图像中有意义的模式，如图 5-1-6 所示。

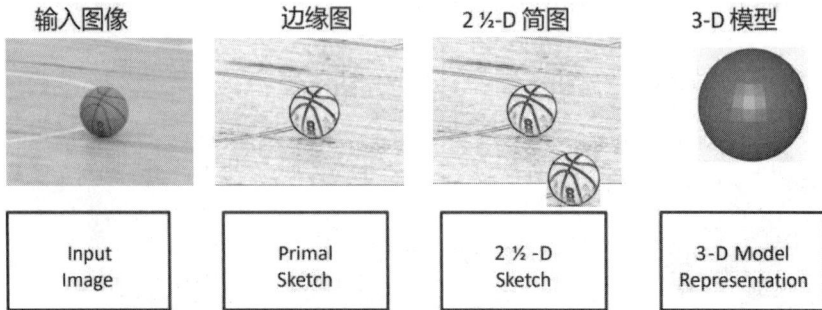

输入图像	边缘图	2 ½-D 简图	3-D 模型
Input Image	Primal Sketch	2 ½ -D Sketch	3-D Model Representation

图 5-1-6   视觉表达的几个阶段

接下来，模式识别的任务是将这些特征组合起来，以识别图像中的物体和场景。最后，语义推理则利用识别出的物体和场景信息，推断图像所表达的语义，例如图像中的事件或关系，如图 5-1-7 所示。

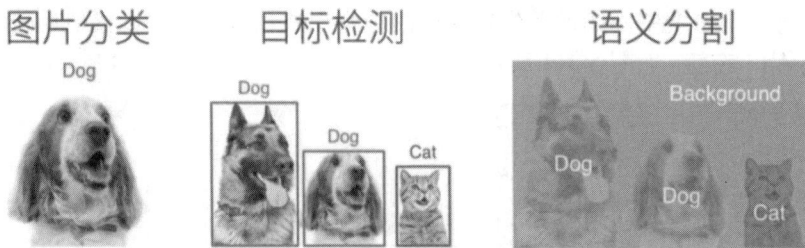

图 5-1-7   语义识别

2) 克服语义鸿沟的挑战

跨越"语义鸿沟"是计算机视觉领域中一个长期的挑战。像素数据的复杂性和多样性，使得语义映射成为一项极其困难的任务。

不同的图像可能在光照条件、视角、遮挡和噪声等方面存在显著差异，这增加了语义理解的难度。

此外，图像中的物体和场景往往是高度复杂的，可能包含多个相互关联的元素，需要计算机视觉系统具备强大的推理能力来正确理解其语义，如图 5-1-8 所示。

三维场景的结构信息   语义信息

图 5-1-8   内容复杂的图片

为了解决这些问题，研究人员开发了多种先进的算法和模型。其中，深度学习技术，尤其是卷积神经网络(CNN)的引入，为跨越"语义鸿沟"提供了强大的工具。

通过深度学习，计算机视觉系统能够自动从大量的图像数据中学习特征表示，并通过层层抽象逐步逼近图像的语义信息。

3) 语义映射的实际应用

计算机视觉的目标不仅仅是理论上的追求，还在实际应用中展现出广泛的影响。

例如，在自动驾驶中，车辆需要通过摄像头捕捉到的像素数据，实时识别道路上的行人、车辆和交通标志，并做出相应的决策。通过实现像素到语义的映射，自动驾驶系统能够理解道路环境，并保障行驶安全，如图 5-1-9 所示。

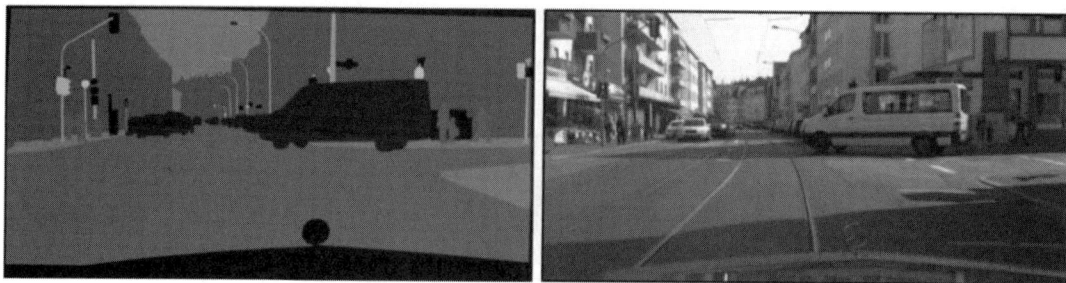

图 5-1-9　街景分割

另一个例子是人脸识别技术。计算机视觉系统通过分析人脸的像素信息，提取出独特的面部特征，最终将这些特征映射为具体的身份信息，从而实现个体识别，如图 5-1-10 所示。

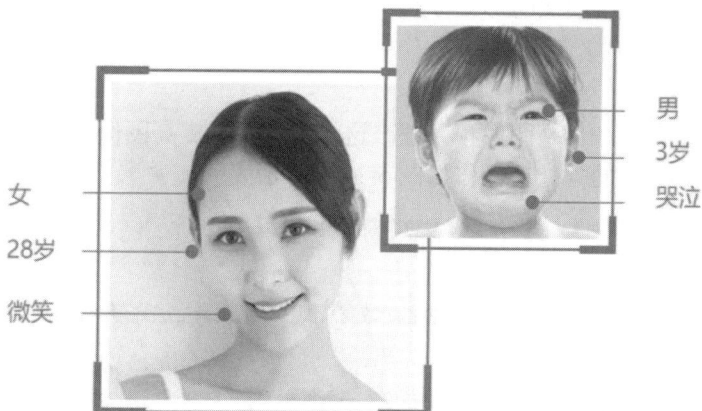

图 5-1-10　人脸识别

跨越"语义鸿沟"是计算机视觉领域的核心目标，也是使机器具备视觉理解能力的关键。通过建立像素到语义的映射，计算机视觉正在使机器逐步具备理解和解释视觉世界的能力，这一进展为众多领域的智能应用提供了基础。

2. 计算机视觉的基本工作原理

计算机视觉的基本工作原理是让机器具备模拟人类视觉系统的能力，通过处理和分析从图像或视频中获取的视觉数据，来识别、理解和解释现实世界中的物体、场景和事件。

要实现这一目标，计算机视觉系统需要经过一系列复杂的步骤和处理流程，这些流程从图像的获取开始，直到生成语义理解或决策输出，如图 5-1-11 所示。

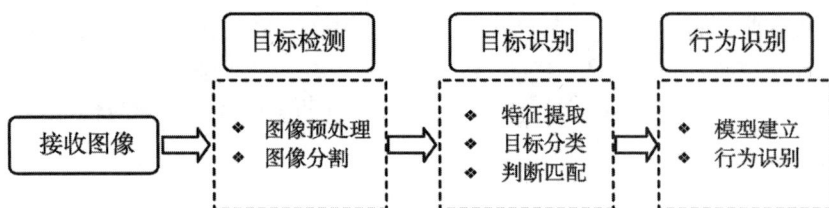

图 5-1-11   计算机视觉处理流程

1) 图像获取

计算机视觉的工作首先从图像获取开始。图像获取是整个视觉过程的起点，系统通过摄像头、传感器或其他图像采集设备，捕获物理世界中的视觉信息，如图 5-1-12 所示。

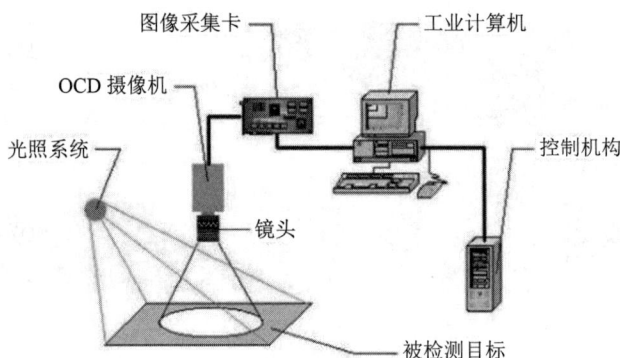

图 5-1-12   图像获取流程

这些信息通常以数字图像的形式存在，每个图像由大量像素组成，每个像素携带了颜色和亮度等信息。

2) 图像预处理

在获取图像后，下一步是图像预处理。这一步骤旨在提高图像的质量，并为后续的处理步骤做好准备。常见的预处理操作如图 5-1-13 所示。

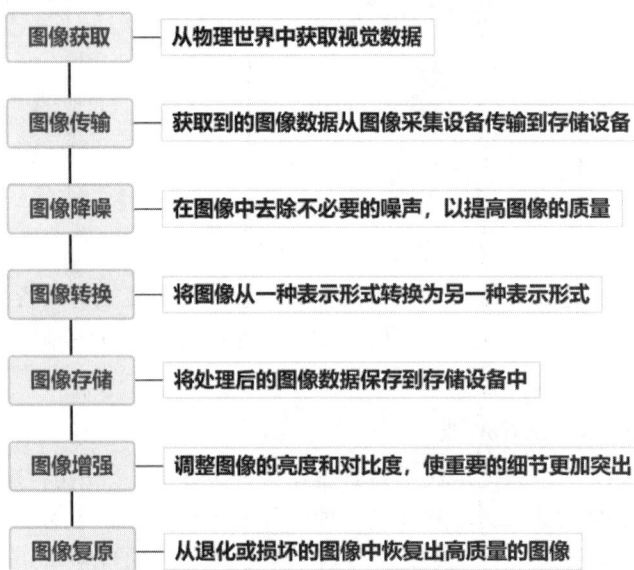

图 5-1-13   常见的预处理操作

3) 特征提取

特征提取是计算机视觉工作中的关键步骤，如图 5-1-14 所示。

在这一阶段，系统从预处理后的图像中提取出能够描述图像中物体或场景的重要特征，这些特征可能包括边缘、角点、纹理、形状、颜色等。

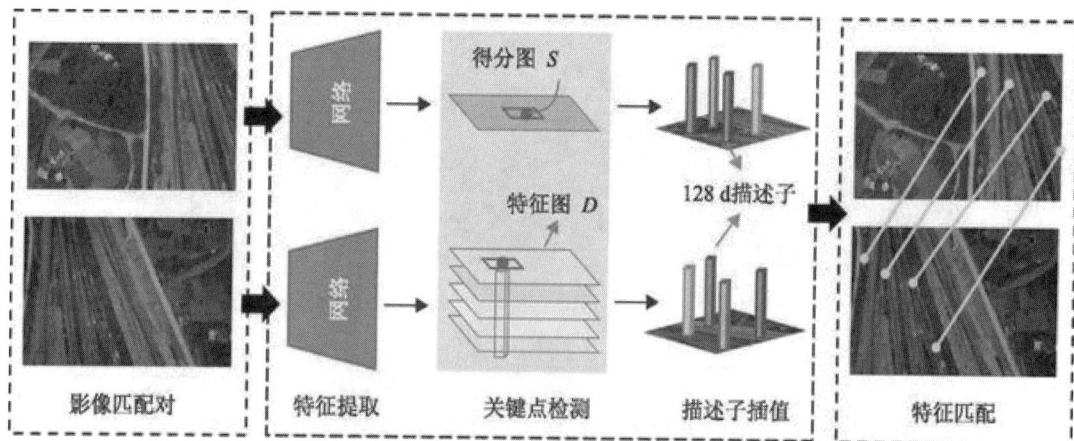

图 5-1-14　特征提取

通过特征提取，图像中的大量像素数据被转化为相对简洁的特征表示，这些特征表示可以更有效地描述图像中的内容，并为后续的分类和识别提供依据。

4) 图像理解与语义分析

提取特征之后，计算机视觉系统会对这些特征进行分析，试图理解图像的语义信息，识别图像中的目标，如图 5-1-15 所示。

图 5-1-15　识别图像中的目标

这一步骤通常涉及模式识别和分类技术。系统通过对提取到的特征与预先定义的模型或模式进行匹配,从而识别图像中的物体、场景或动作,这一过程涉及目标检测和语义分割的结合,如图 5-1-16 所示。

图 5-1-16　目标检测和语义分割的结合

语义分析的目的是让计算机不仅仅停留在低层次的图像处理上,而是能够像人类一样理解图像中的含义。

5) 决策与输出

在完成图像理解和语义分析之后,计算机视觉系统还需要根据分析结果做出决策并输出,如图 5-1-17 所示。

图 5-1-17　语义分析输出

计算机视觉的最终目标是将视觉信息转化为具体的行动或决策,使机器能够自主执行复杂的任务。

3. 计算机视觉技术的重要性

作为人工智能和机器学习的关键组成部分,计算机视觉技术正在深刻改变各个行业的运作方式。它的核心在于赋予机器分析和理解视觉数据的能力,使其能够自动执行人类视觉任务,从而提高效率、降低成本,并为创新提供无限可能。

以下从多个角度探讨计算机视觉技术的重要性。

1) 自动化与智能化

计算机视觉技术的应用能够显著推动自动化进程。

在制造业，计算机视觉被广泛用于质量检测、装配线控制和产品分类等任务中，其工作原理如图 5-1-18 所示。

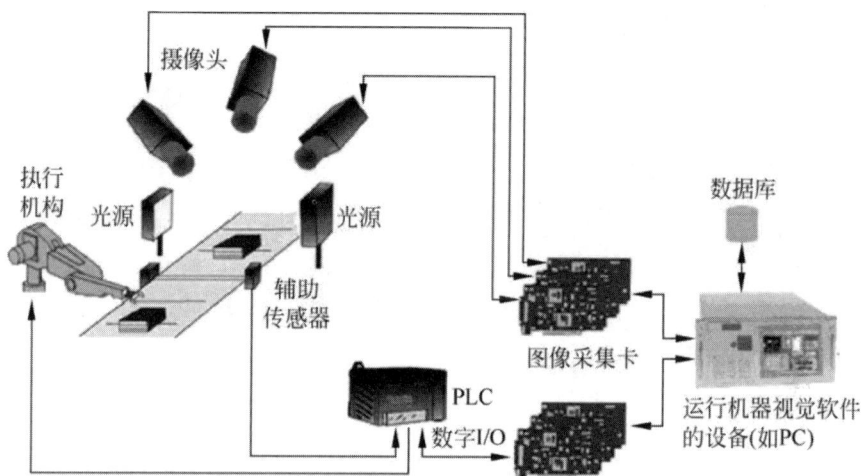

图 5-1-18　计算机视觉技术的工作原理

传统的人工检测费时费力且容易出错，而计算机视觉系统能够快速、精准地检测产品缺陷，提高生产效率和产品质量。

在农业中，计算机视觉技术被用于自动化的作物监控、害虫识别和收割等任务，使农业生产更加智能化。图 5-1-19 所示为收割机器人正在工作的场景。

图 5-1-19　收割机器人

此外，在物流和仓储领域，基于计算机视觉的系统可以自动识别和跟踪货物，优化库存管理并加速物流配送，如图 5-1-20 所示。

图 5-1-20　物流 + 计算机视觉

2) 辅助人类工作

计算机视觉技术不仅在自动化方面具有重要意义，还能够显著增强人类能力，如图 5-1-21 所示。

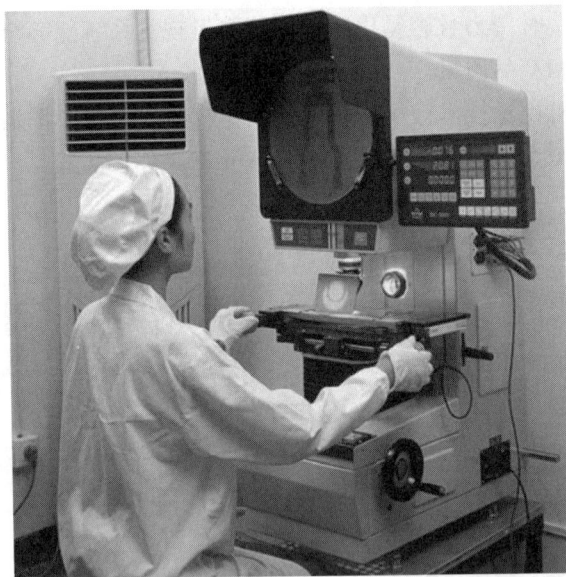

图 5-1-21　机器视觉检测在医学诊断方面的应用

在医疗领域，计算机视觉被用于医学影像分析，如 CT、MRI 和 X 光片的自动化诊断。通过分析大量的医学图像，计算机视觉系统能够帮助医生更快、更准确地诊断疾病，发现早期病变，甚至在某些情况下比人类专家的判断更准确。

3) 创新与新兴应用

计算机视觉技术的另一个重要作用是提供数据驱动的决策支持。

通过对大量图像和视频数据的分析,计算机视觉可以为企业和组织提供宝贵的数据和经验。例如,在零售业中,计算机视觉技术被用于顾客行为分析、店内布局优化和产品展示效果评估,从而可以帮助零售商更好地了解消费者需求并优化销售策略,如图 5-1-22 所示。

图 5-1-22　超市中的摄像头

在城市管理中,计算机视觉常用于智能监控系统,能够有效提高公共安全、优化交通管理、提升城市治理能力,如图 5-1-23 所示。

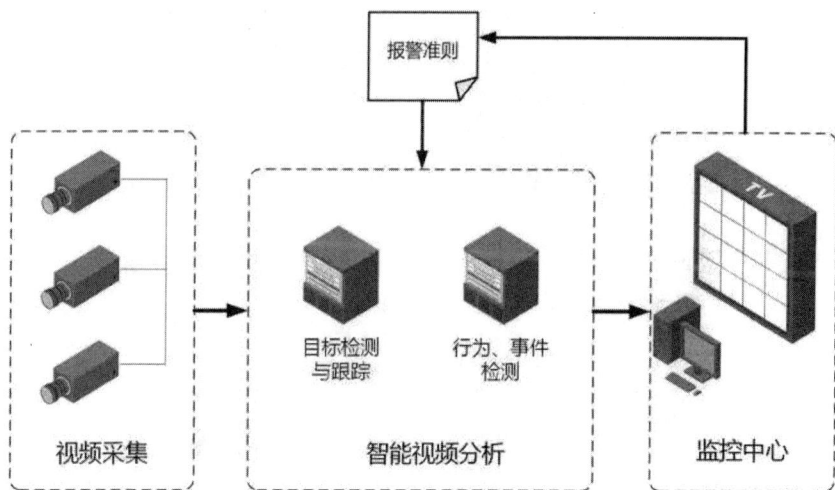

图 5-1-23　智能监控系统

5.1.2　计算机视觉的技术层次

计算机视觉是一个多层次的科学和工程领域,其核心是通过不同的层次分析和实现,从而使计算机能够"看懂"并理解图像和视频。

计算机视觉系统的工作过程通常可以分为三个主要层次,分别为图像数据处理层、图像特征提取层和图像识别分类层,如图 5-1-24 所示。

每个层次在计算机从原始图像数据到高层次语义理解的过程中发挥着关键作用。这种分层结构不仅能够帮助计算机逐步理解图像中的信息,也使得整个视觉系统能够应对从简单到复杂的多样化任务。

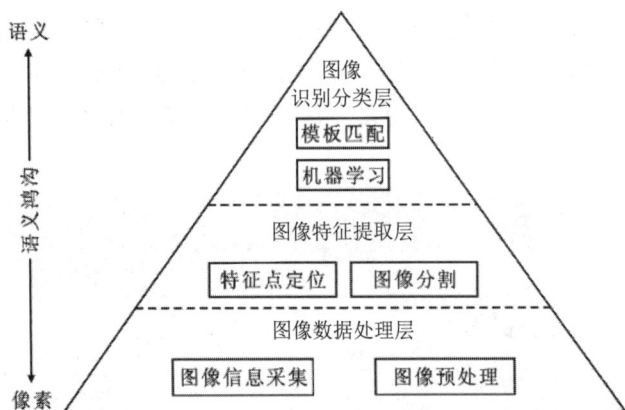

图 5-1-24　计算机视觉系统框架

1. 图像数据处理层

图像数据处理层是计算机视觉系统的基础层，它负责对原始的图像数据进行预处理，如图 5-1-25 所示。

图 5-1-25　图像预处理

输入的图像通常包含大量的噪声、不均匀的光照条件或其他影响视觉效果的因素，这些问题可能会干扰后续的分析。因此，图像数据处理层的主要任务是对图像进行预处理，以提高其质量和可用性。

在这一层，常见的处理操作包括去噪、对比度增强、图像平滑等。通过这些处理，图像数据处理层能够生成质量较高的图像，为后续的特征提取和识别提供可靠的输入。

2. 图像特征提取层

图像特征提取层是计算机视觉系统的中间层，它的主要功能是从预处理后的图像中提取有意义的特征，这些特征是图像中的关键信息，可以用来区分不同的物体和场景，如图 5-1-26 所示。

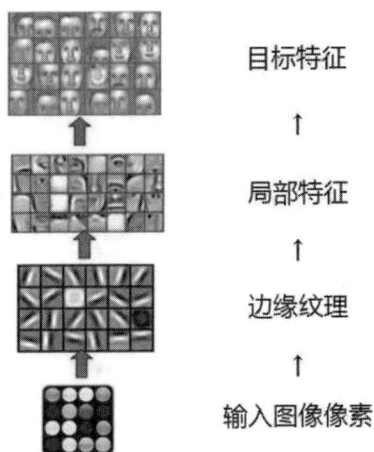

图 5-1-26 特征提取

特征提取的过程通常涉及边缘检测、纹理分析、颜色分析等。

通过特征提取，图像中的大量像素数据被转化为相对简洁的特征表示，这些特征表示可以更有效地描述图像中的内容，并为后续的分类和识别提供依据。

3. 图像识别分类层

图像识别分类层是计算机视觉系统的高级层，它负责对提取到的特征进行分析和归类，从而识别图像中的物体或场景。这一层是计算机视觉系统中最接近人类认知的部分，因为它不仅要处理图像中的物理特征，还需要理解图像的语义内容，如图 5-1-27 所示。

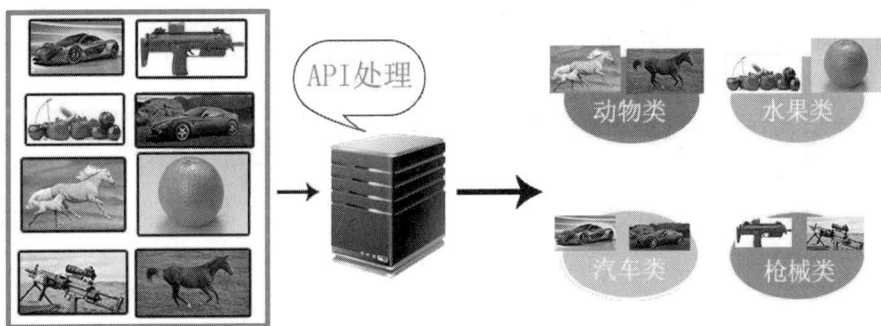

图 5-1-27 图像识别分类

在这一层，通常会涉及模式识别和分类算法，这些算法根据已经提取的特征对图像中的物体进行分类。

卷积神经网络(CNN)是当前最常用的图像识别技术，它通过多层神经网络结构，逐层对图像中的特征进行处理和组合，最终输出图像的分类结果。通过训练大量的图像数据，CNN能够自动学习到最佳的特征表示，在复杂的图像识别任务中表现出色。

5.1.3 计算机视觉与人工智能的关系

计算机视觉和人工智能(AI)密切相关，它们相互依存，共同推动技术进步，促使机器能够"看见"并"理解"世界。

计算机视觉本质上是人工智能的一个分支，它专注于使计算机能够从视觉数据中提取有意义的信息，而人工智能则为计算机视觉提供了理论和算法基础。

1. 计算机视觉是人工智能的重要分支

计算机视觉是人工智能领域中的一个关键分支，主要目标是使计算机能够像人类一样理解、解释图像和视频。

人工智能的核心目标是赋予机器智能，使其能够自主进行决策和执行任务，如智能工厂，如图 5-1-28 所示。

图 5-1-28　智能工厂

计算机视觉专注于视觉感知，这意味着通过处理和分析视觉数据，计算机能够"看见"并"理解"周围环境中的物体、场景和事件。这一过程涉及图像识别、对象检测、场景理解、动作分析等任务，这些任务的实现依赖于人工智能中的深度学习、模式识别和数据处理技术。

2. AI 为计算机视觉提供算法和技术支持

计算机视觉的发展高度依赖于人工智能技术，特别是深度学习和神经网络。深度学习通过多层神经网络结构，能从大量的图像数据中自动学习特征表示，并逐步逼近图像的语义信息，如图 5-1-29 所示。

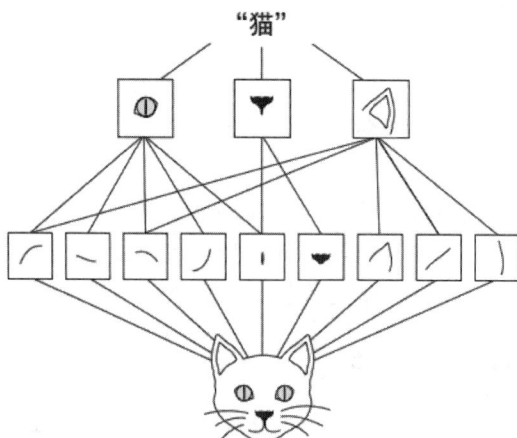

图 5-1-29　深度学习在计算机视觉中的应用

卷积神经网络(CNN)是深度学习在计算机视觉中的典型应用，它通过多个卷积层提取图像的层次特征，使得计算机视觉系统在对象识别、图像分类等任务中取得了显著的进展。

3. 计算机视觉与其他人工智能技术的融合

计算机视觉与其他人工智能技术的融合，可以使智能系统更加全面和强大。这种跨领域的融合不仅极大地丰富了智能系统的感知与理解能力，还为其在多样化应用场景下的高效运作奠定了坚实基础。

例如，计算机视觉与自然语言处理(NLP)的结合，使得机器能够同时处理视觉和文本信息，理解多模态数据的语义。在图像描述生成任务中，系统能够通过计算机视觉识别图像中的物体和场景，再通过自然语言处理生成对应的文字描述，如图 5-1-30 所示。

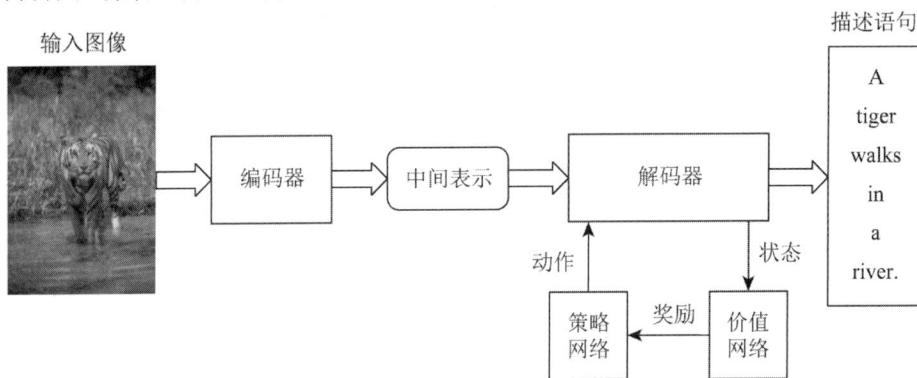

图 5-1-30　图像描述生成任务

计算机视觉与语音识别技术的结合，可以实现更加智能化的人机交互系统，用户可以通过语音命令操作，系统能够同时处理视觉和听觉信息，提供更加自然的交互体验，例如智能机器人，如图 5-1-31 所示。

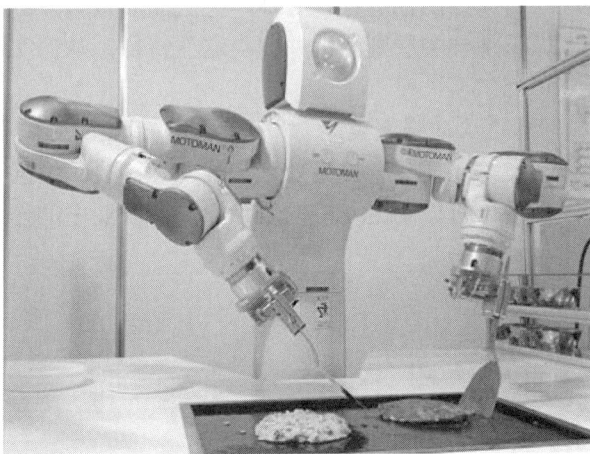

图 5-1-31　服务机器人

这种多模态技术的应用拓展了人工智能的边界，使得智能系统能够更好地适应复杂的真实世界环境。

4. 计算机视觉推动了人工智能应用的落地

计算机视觉技术的成熟和应用，极大地推动了人工智能在各个行业的落地。计算机视觉使得机器具备了视觉感知能力，这是许多人工智能应用的基础，如图 5-1-32 所示。

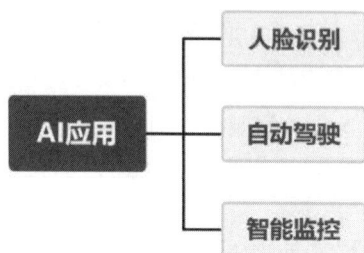

图 5-1-32　人工智能的应用场景

　　这些应用场景的实现都离不开人工智能技术的支持，因此计算机视觉不仅是人工智能的重要组成部分，也是推动人工智能应用落地的关键技术之一。

5. 未来发展趋势

　　随着人工智能技术的不断发展，计算机视觉将继续作为人工智能的重要推动力，拓展更多的应用领域。

　　未来，随着量子计算、边缘计算和 5G 技术的发展，计算机视觉将能够处理更复杂的视觉任务，并在更多实时性要求高的场景中应用。同时，随着人工智能伦理和隐私保护问题受到的日益关注，计算机视觉技术也将朝着更加透明、安全和公平的方向发展。

　　这些趋势不仅反映了计算机视觉技术的进步，也预示着人工智能技术在未来将继续以更智能、更安全的方式影响我们的生活。

任务思考

　　(1) 图像数据处理层、图像特征提取层和图像识别分类层如何协同工作以实现图像理解？

　　答：图像数据处理层对原始图像进行预处理，生成高质量输入；图像特征提取层从中提取有意义的特征；图像识别分类层则分析并归类这些特征，从而实现对图像的理解和语义分析。

　　(2) 计算机视觉如何通过"增强人类能力"来改变各行业的运作方式？

　　答：计算机视觉通过自动化任务、提高效率和准确性，显著增强了人类在各个领域的能力，如医学诊断中的影像分析、制造业中的质量检测、农业中的作物监控等。

习题巩固

一、单项选择题

1. 计算机视觉的核心目标是什么？（　　）

A. 图像预处理　　　　　　　　　　B. 提取有意义的特征

C. 跨越"语义鸿沟"　　　　　　　　D. 图像获取

2. 在计算机视觉中，图像首先以什么形式输入？（　　）

A. 特征表示　　　B. 语义信息　　　C. 像素形式　　　　D. RGB 值

3. 计算机视觉系统工作的第一步通常是什么？（　　）

A. 特征提取　　　B. 图像获取　　　C. 模式识别　　　　D. 语义分析

4. 下列哪一项不属于图像预处理的常见操作？（　　）

A. 图像降噪　　　B. 对比度增强　　　C. 灰度转换　　　D. 语义分析

5. 在计算机视觉中，特征提取的目的是什么？（　　）。

A. 提高图像质量　　　　　　　　B. 将图像中的像素数据转化为特征表示

C. 匹配模式　　　　　　　　　　D. 执行复杂的任务

6. 以下哪项技术在跨越"语义鸿沟"中起到关键作用？（　　）

A. 图像获取　　　B. 图像预处理　　　C. 深度学习　　　D. 数据采集

二、填空题

1. 图像预处理的目的是提高图像的_____和_____。

2. 在图像获取步骤中，系统捕获的是_____中的视觉信息。

3. 计算机视觉的任务是从原始的_____数据中提取有意义的特征。

4. 跨越"语义鸿沟"是计算机视觉领域中一个长期的_____。

三、简答题

简述计算机视觉的核心目标。

任务二　计算机视觉的发展历史与应用领域

作为人工智能领域的重要分支，计算机视觉经过数十年的发展，已经从理论研究逐步走向了实际应用。它通过模拟人类视觉系统的功能，使计算机能够自动获取、处理和理解视觉信息，从而实现对物体、场景的识别与分析。

计算机视觉的演进不仅依赖于硬件技术的进步，也得益于算法与数据的提升，特别是在深度学习技术的推动下，取得了突破性进展。

计算机视觉的发展
历史与应用领域

任务目标

- 探讨计算机视觉早期发展的关键理论与技术突破。
- 研究深度学习在计算机视觉中的引入与影响。
- 评估计算机视觉技术的现状及主要趋势。
- 分析计算机视觉技术的应用与未来方向。

任务内容

5.2.1　计算机视觉技术的早期发展

机器视觉的研究，起源于对"视觉"的研究。

20 世纪 50 年代，美国生物学家大卫·休伯尔与瑞典生物学家托斯登·威塞尔利用动物实验，发现并分析了从视网膜到大脑感觉和运动中心的神经脉冲传导，为视觉神经系统研究奠定了基础，开启了人类对"视觉"领域的深度探索。

计算机视觉技术的起源可以追溯到 20 世纪 60 年代，当时科学家们开始探索如何使计算机具有视觉能力，即通过图像和视频进行信息的自动化处理和理解。早期的研究主要集中在图像处理、模式识别和机器学习领域，这些都是计算机视觉技术的基础。

1957 年，世界上第一张数字图像(PDF)诞生，如图 5-2-1 所示。

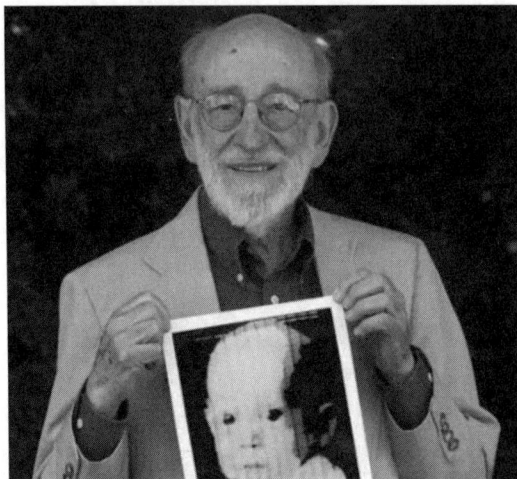

图 5-2-1　罗素·基尔希手持世界上第一张数字图像

像素的发明者罗素·基尔希将自己儿子的照片安装在一个扫描仪上，通过光电管向机器传输 1 和 0 来对图像进行数字化处理，自此处理数字图像开始成为可能，如图 5-2-2 所示。

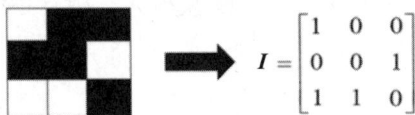

$$I = \begin{bmatrix} 1 & 0 & 0 \\ 0 & 0 & 1 \\ 1 & 1 & 0 \end{bmatrix}$$

图 5-2-2　二值图像对应的矩阵

20 世纪 60 年代，最初的研究工作侧重于基本的图像处理任务，如边缘检测、图像分割和模式匹配。这些研究奠定了图像处理的基础，使得计算机可以从复杂的视觉数据中提取有意义的特征。

1963 年，美国麻省理工学院的拉里·罗伯茨发表的博士论文首次提出了 3D 物体识别的基本框架，他被认为是计算机视觉领域的奠基人之一，如图 5-2-3 所示。

图 5-2-3　拉里·罗伯茨

罗伯茨的研究通过分析二维图像的轮廓，探索了如何从中提取三维物体的形状信息，如图 5-2-4 所示。

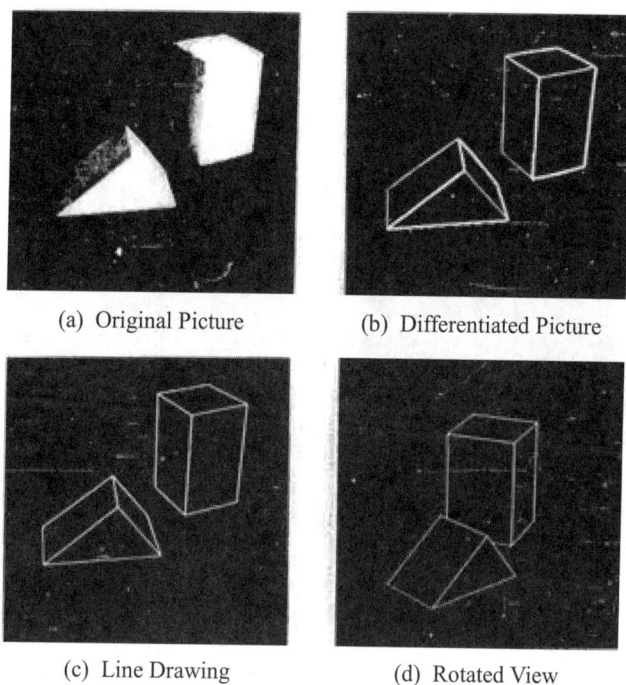

(a) Original Picture　　　　　(b) Differentiated Picture

(c) Line Drawing　　　　　(d) Rotated View

图 5-2-4　从二维图片推导三维信息的过程图

20 世纪 70 年代，随着计算能力的提升，计算机视觉技术逐渐从简单的图像处理扩展到更复杂的视觉任务，如物体识别和场景理解。

全面的场景理解的一个例子为全景分割，如图 5-2-5 所示。

原始图像　　　　　语义分割

实例分割　　　　　全景分割

图 5-2-5　全景分割

这个阶段的研究为后来的算法发展奠定了基础。尤其是大卫·马尔的工作，他在 1976 年提出了视觉计算理论，强调视觉系统应该逐层处理信息，从而分解出图像中的不同信息层次，如图 5-2-6 所示。

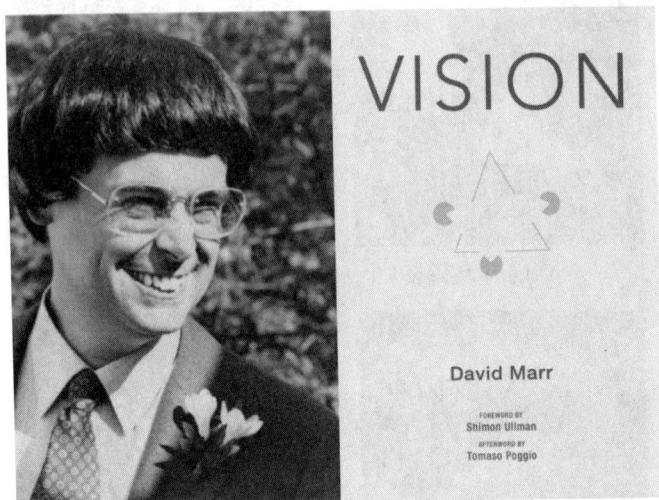

图 5-2-6　马尔与《视觉》

这一理论对后来的计算机视觉研究产生了深远影响。

20 世纪 80 年代，计算机视觉领域开始出现专门用于视觉任务的算法，如几何建模、运动分析和立体视觉，这些算法使计算机能够从多个视角理解场景，并生成三维重建模型，如图 5-2-7 所示。

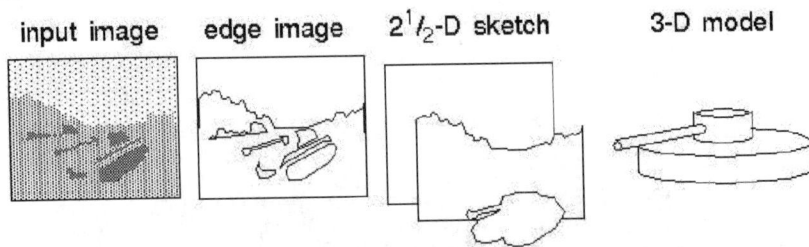

图 5-2-7　马尔的 3D 表示思想

同时，这一时期的研究也开始引入概率模型和统计方法，为计算机视觉的自动化决策提供了更为可靠的手段。

计算机视觉技术的早期发展主要依赖于人工设计的特征提取和基于规则的方法。虽然这些方法在特定条件下取得了一定的成功，但它们在面对复杂的场景时往往表现不佳。这种局限性为后续的研究指明了方向，即如何使计算机能够自主学习和提取更加复杂的视觉特征，这为后来深度学习技术的引入铺平了道路。

5.2.2　深度学习技术的引入

随着计算机视觉技术的发展，传统的手工设计特征提取方法逐渐暴露出其局限性，难以应对复杂多变的视觉任务。

20 世纪末和 21 世纪初，计算机硬件性能的大幅提升以及大规模数据集的发展，为新一代计算技术的崛起奠定了基础。

在此背景下，深度学习技术逐步进入计算机视觉领域，并引发了革命性的变化，如图 5-2-8 所示。

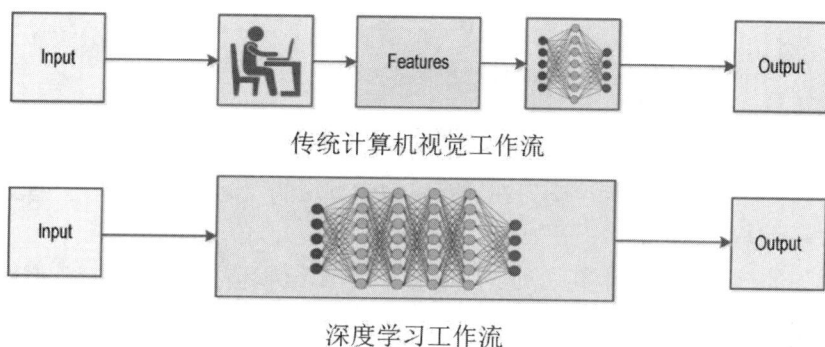

传统计算机视觉工作流

深度学习工作流

图 5-2-8　深度学习对计算机视觉技术的影响

深度学习起源于神经网络理论，该理论自 20 世纪 50 年代便开始萌芽，但由于早期计算资源的限制，发展速度缓慢。直到 2006 年，加拿大多伦多大学的杰弗里·辛顿及其团队提出了"深度信念网络(DBN)"，深度学习才真正进入公众视野，如图 5-2-9 所示。

图 5-2-9　杰弗里·辛顿

这一突破标志着多层神经网络的有效训练成为可能，使得模型能够自动学习数据的复杂表示，从而超越了传统浅层模型的表现。

2012 年是深度学习应用于计算机视觉的关键年份。在这一年，亚历克斯·克里热夫斯基、伊利亚·苏茨克维尔和杰弗里·辛顿在 ImageNet 图像识别挑战赛中推出的 AlexNet 模型以显著优于其他传统方法的准确率赢得了冠军，如图 5-2-10 所示。

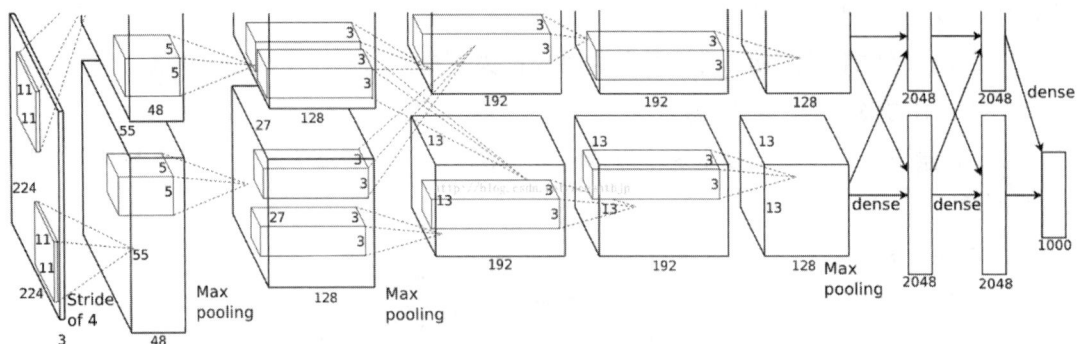

图 5-2-10　AlexNet 模型

　　这一事件被广泛认为是深度学习在计算机视觉领域的"阿尔法时刻",标志着计算机视觉进入了一个新的时代。

　　深度学习的核心优势在于其通过多层卷积神经网络(CNN)自动提取特征的能力,如图 5-2-11 所示。

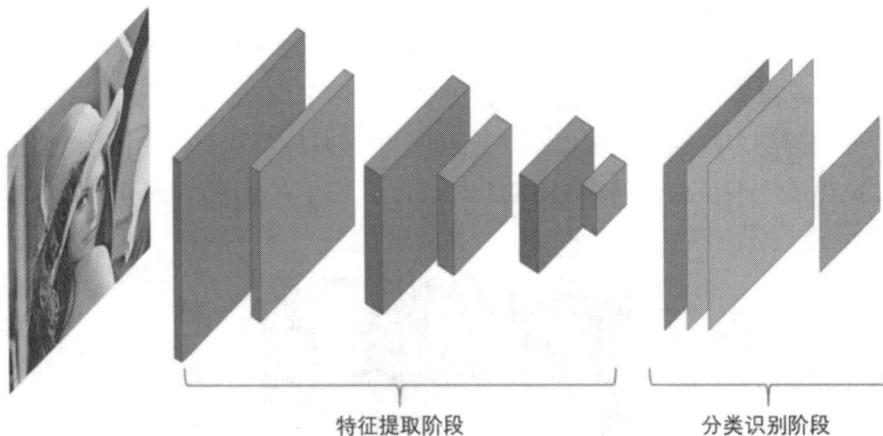

图 5-2-11　卷积神经网络特征提取

　　这种方法不同于传统的手工设计特征,能够在海量数据中捕捉到更深层次的视觉模式。通过端到端的训练,深度学习模型可以直接从原始图像数据中学习到有意义的特征表示,极大地提高了图像分类、目标检测、语义分割等任务的性能。

　　随着深度学习的引入,计算机视觉技术在多个领域实现了飞跃式发展。尤其是在医学影像分析、自动驾驶、监控系统以及人脸识别等应用场景中,深度学习驱动的视觉算法已成为行业标准。

　　如今,深度学习不仅成为了计算机视觉的核心技术之一,也推动了整个人工智能领域的快速发展。

5.2.3　计算机视觉技术的发展现状

　　进入 21 世纪,计算机视觉技术经历了迅速的发展,尤其是在深度学习的推动下,其应用范围和性能水平都有了质的飞跃。

如今，计算机视觉已成为人工智能领域最为活跃和广泛应用的技术之一，涵盖了从基础研究到工业应用的各个方面。

1. 深度学习的主导地位

深度学习依然是推动计算机视觉技术进步的核心力量。

当前，卷积神经网络仍然是视觉任务中最常用的架构之一，其在图像分类、目标检测、图像生成等领域表现出色，如图 5-2-12 所示。

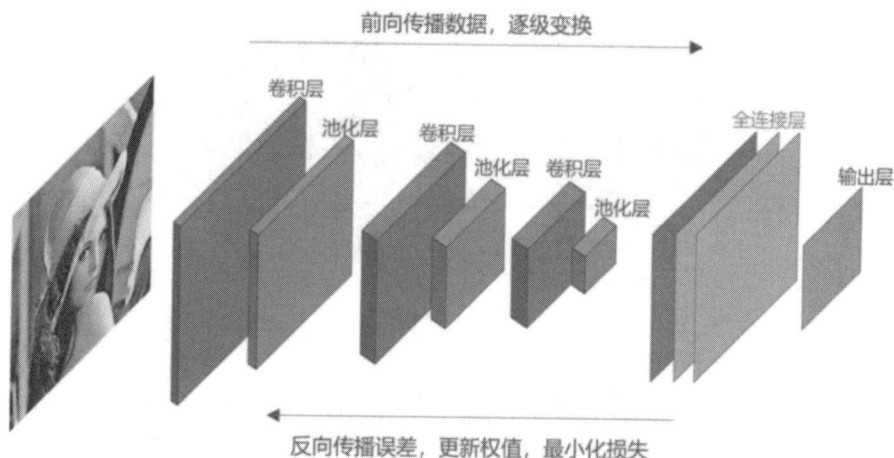

图 5-2-12 卷积神经网络的训练

近年来出现了更多创新的网络架构，如残差网络、生成对抗网络和变换器，进一步提高了模型的性能和适用性。

特别是自注意力机制和 Transformer 架构的引入，不仅在自然语言处理领域取得了突破，也逐步在计算机视觉中展现出强大的潜力，如图 5-2-13 所示。

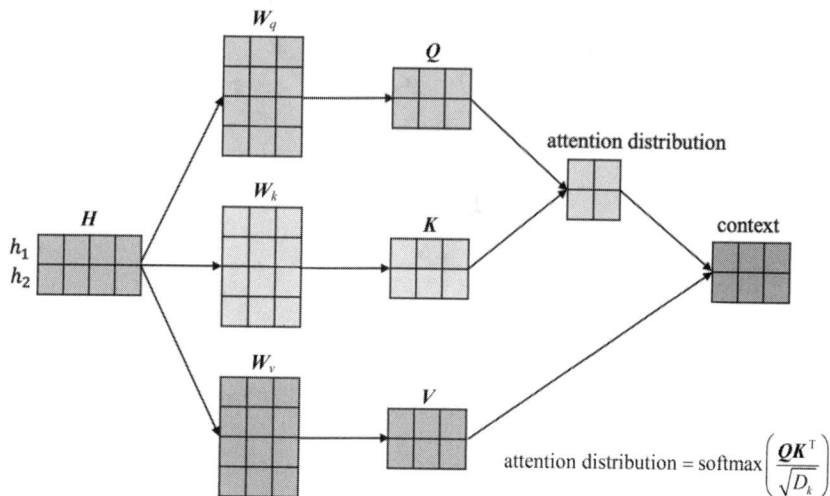

$$\text{attention distribution} = \text{softmax}\left(\frac{QK^{\mathrm{T}}}{\sqrt{D_k}}\right)$$

图 5-2-13 自注意力机制

2. 计算能力与大规模数据的支撑

现代计算机视觉技术的迅猛发展，很大程度上依赖于计算能力的提升和大规模数据集的支撑。随着硬件技术的飞速进步，特别是图形处理单元(GPU)和张量处理单元(TPU)的广泛应用，计算机视觉研究和应用的计算瓶颈得到了极大缓解。

1) 高性能计算硬件的推动作用

早期的计算机视觉研究受限于计算资源，复杂模型的训练往往需要耗费大量时间，且只能在相对小规模的数据集上进行。

GPU 的引入改变了这一局面，其在并行计算方面的优势使得训练深度学习模型成为可能，如图 5-2-14 所示。

图 5-2-14　GPU

相比传统的中央处理单元(CPU)，GPU 能够同时处理大量数据流，大幅加快了模型训练的速度。尤其是在深度卷积神经网络(CNN)的训练中，GPU 的计算效率表现得尤为突出。

近年来，TPU 作为专门为深度学习设计的硬件进一步推动了这一进程，如图 5-2-15 所示。

图 5-2-15　TPU

TPU 不仅在训练速度上超越了传统 GPU，其在能耗和性能比方面的表现也十分出色。这使得研究人员可以更快地迭代模型，探索更复杂的网络结构和算法，推动了计算机视觉领域的创新。

2) 大规模数据集的重要性

计算机视觉的成功离不开大规模数据集的贡献。

这些数据集不仅为模型训练提供了丰富的样本，还推动了算法的标准化和评价机制的建立。

ImageNet 数据集的出现标志着计算机视觉研究进入了一个新的阶段，如图 5-2-16 所示。

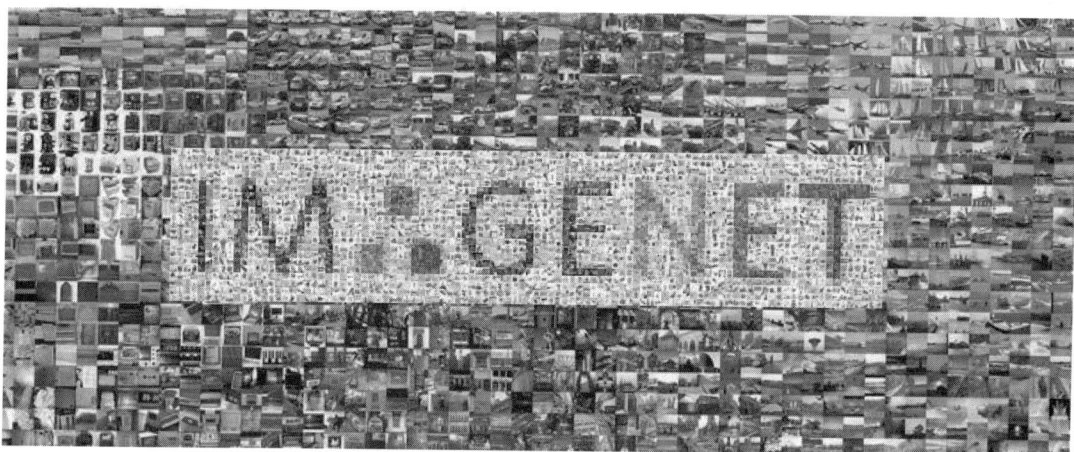

图 5-2-16　ImageNet 数据集

ImageNet 涵盖了超过一千种类别的数百万张图像，为深度学习模型的训练提供了充足的资源，并且每年举办的大规模视觉识别挑战赛(ILSVRC)成为衡量算法性能的标杆，如图 5-2-17 所示。

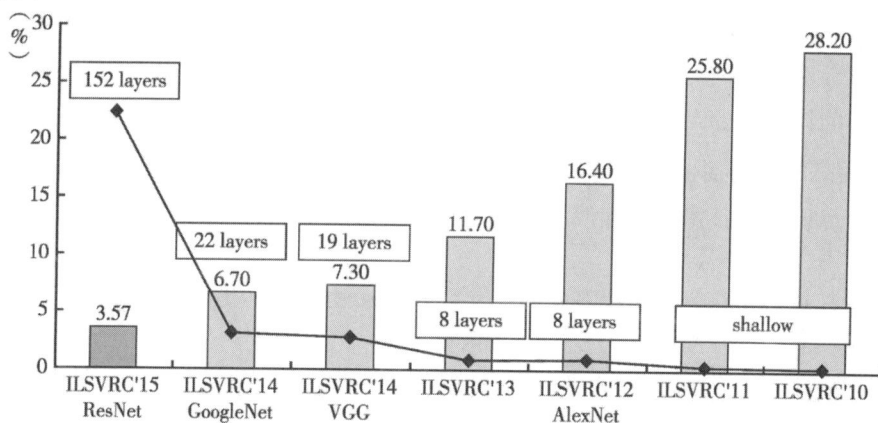

图 5-2-17　ILSVRC 历年的 Top-5 错误率

除了 ImageNet，COCO(Common Objects in Context)数据集也是推动计算机视觉发展的关键资源，如图 5-2-18 所示。

图 5-2-18　COCO 数据集

COCO 不仅提供了图像分类的标签，还包含了目标检测、语义分割等复杂任务的数据标注，如图 5-2-19 所示。

这些丰富的标注信息使得 COCO 成为研究多任务学习、跨领域迁移学习等前沿技术的重要工具。

图 5-2-19　COCO 的图片数据集

随着时间的推移，越来越多的大规模数据集被公开，用于研究各种不同的视觉任务，如人脸识别的 CelebA 数据集、姿态估计的 MPII 数据集和视频分析的 Kinetics 数据集等。

3）计算能力与数据的协同效应

计算能力与大规模数据集的结合，形成了 CV 技术的双轮驱动。

高性能计算硬件使得研究人员可以在更短的时间内处理和分析庞大的数据集，而大规模数据集则为模型训练提供了多样化的样本，提升了算法的泛化能力。这种协同效应不仅提高了模型的精度和效率，还加速了新技术的落地应用。

3. 多模态学习与自监督学习

随着计算机视觉技术的持续演进，研究重点逐渐从单一的视觉任务扩展到多模态学习和自监督学习。

这些新兴领域正在为计算机视觉带来更广泛的应用场景和更强大的模型能力，使得计算机能够更加全面地理解和处理复杂的数据。

1）多模态学习

多模态学习指的是同时处理和融合多种不同来源的数据，包括视觉、音频、语言等，如图 5-2-20 所示。

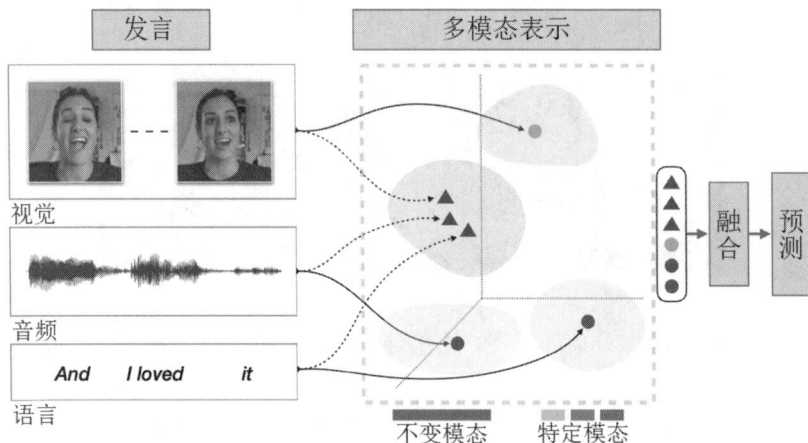

图 5-2-20　多模态学习

传统的计算机视觉技术通常仅限于处理图像或视频数据，但在实际应用中，单一模态的数据往往无法提供足够的信息。

例如，在自动驾驶中，车辆不仅仅需要理解摄像头捕捉的图像，还需要结合雷达、激光雷达等传感器提供的数据来做出精确的决策，如图 5-2-21 所示。

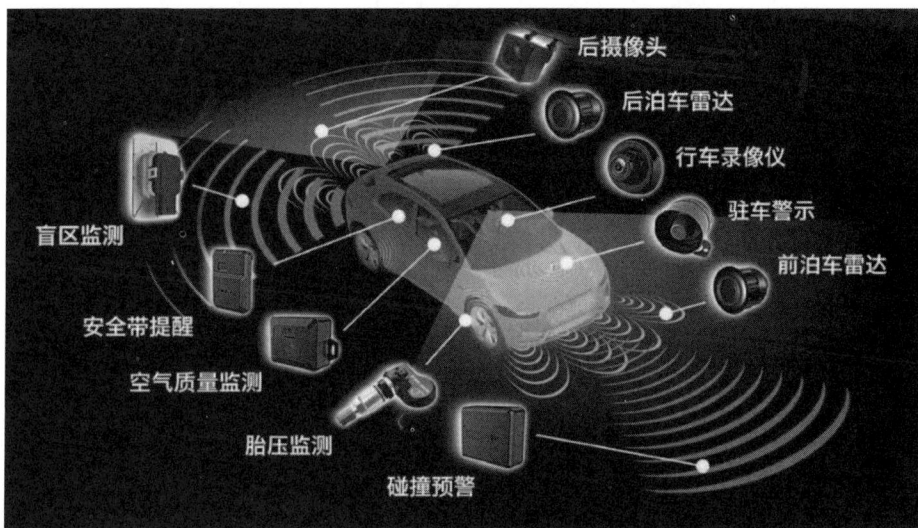

图 5-2-21 自动驾驶技术

多模态学习的目标是通过整合不同模态的数据，提升模型的理解能力和决策准确性。近年来，研究人员开发了多种多模态融合方法，其中最具代表性的方法之一是 CLIP 模型，如图 5-2-22 所示。

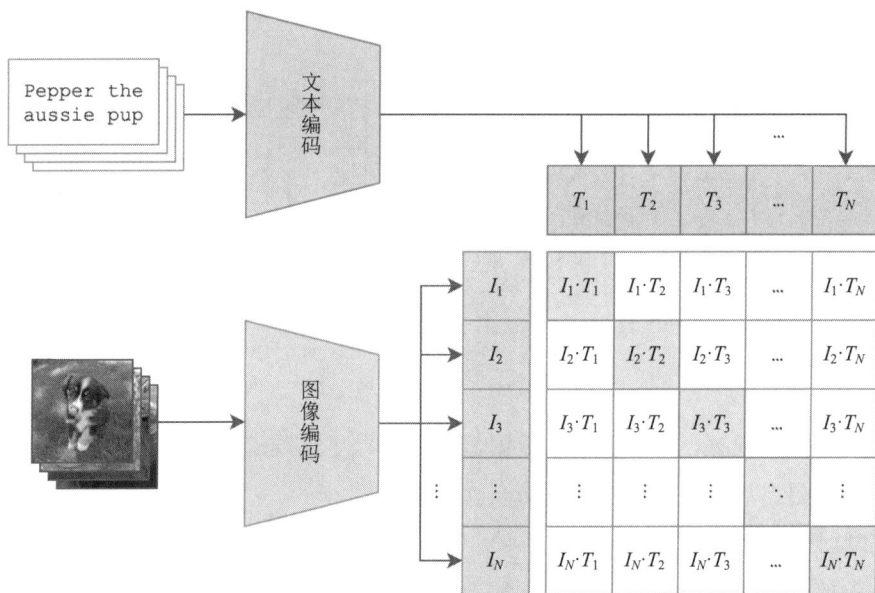

图 5-2-22 CLIP 模型-对比预训练

CLIP 由 OpenAI 提出，通过联合训练图像和文本数据，使模型能够在开放域的图像识别任务中展现出卓越的性能。

CLIP 模型能够理解和处理视觉与语言之间的对应关系，例如在没有明确标签的情况下，模型可以根据输入的自然语言描述对图像进行分类或生成描述，如图 5-2-23 所示。

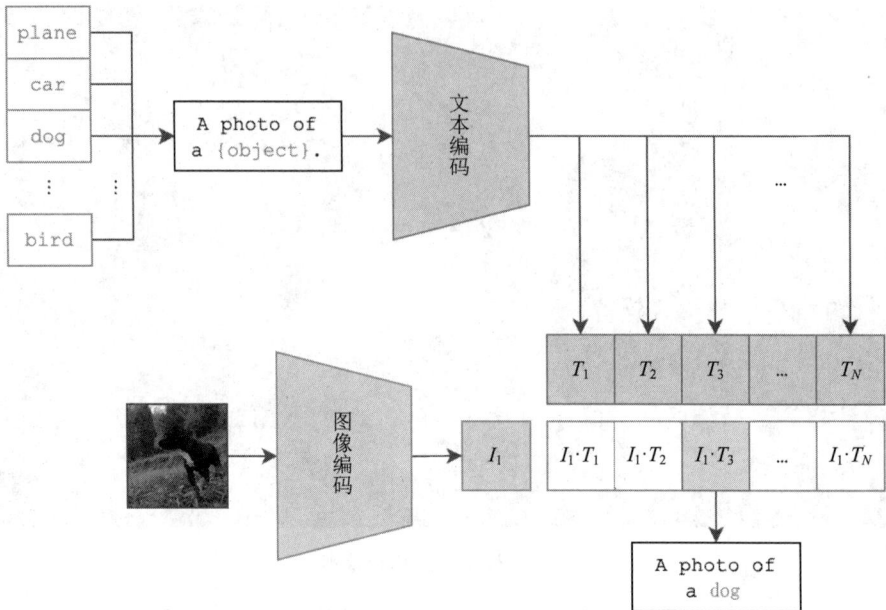

图 5-2-23　CLIP 模型-生成描述

多模态学习不仅在开放域图像识别中表现出色，还在其他领域展示了其广泛的应用前景。比如在视频理解、情感分析、人机交互等场景中，多模态学习都表现出了强大的潜力，如图 5-2-24 所示。

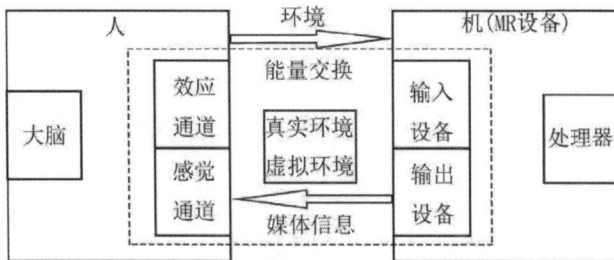

图 5-2-24　多模态人机交互

通过同时处理视频、语音和文本数据，系统可以更加准确地捕捉人类的情感状态和意图，从而实现更自然、更高效的人机交互。

2) 自监督学习

传统的监督学习方法依赖于大量标注数据进行训练，这在许多情况下是一个昂贵且耗时的过程，尤其是在图像和视频等视觉数据的标注上，如图 5-2-25 所示。

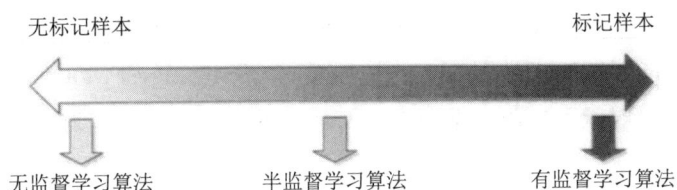

图 5-2-25　传统监督学习

为了克服这一挑战，自监督学习作为一种无须大量人工标注数据的学习方法，逐渐成为计算机视觉研究的前沿领域。

自监督学习通过从未标注的数据中提取监督信号，使模型能够自动学习数据的内在结构，如图 5-2-26 所示。

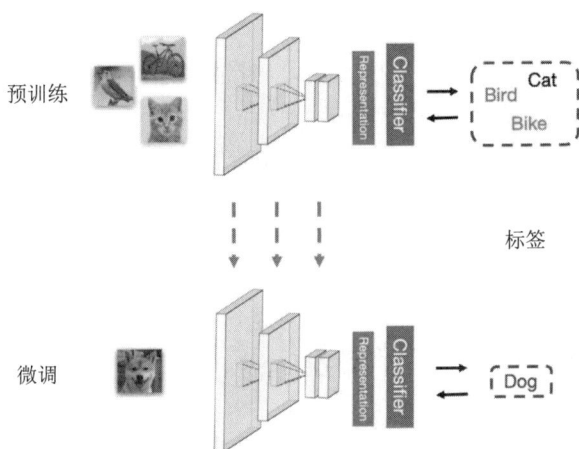

图 5-2-26　自监督学习

例如，通过设计预测任务，如图像的旋转角度预测、颜色重建或拼图重排，模型能够从这些任务中学习到有意义的特征表示。然后，这些特征可以被迁移到其他下游任务中，如图像分类、目标检测等，从而显著减少对标注数据的需求，如图 5-2-27 所示。

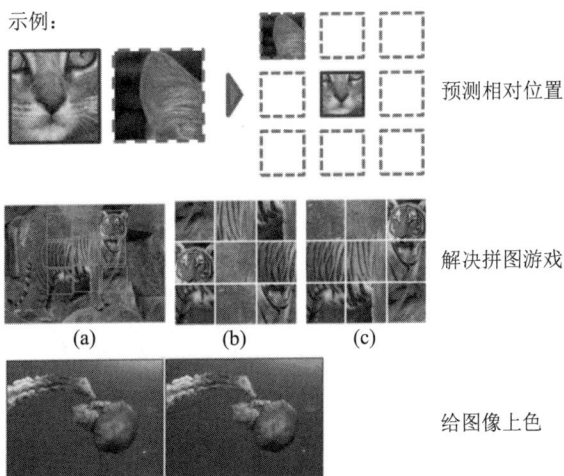

图 5-2-27　自监督学习解决任务

自监督学习的一个重要发展是对比学习，其核心思想是通过最大化相似样本的相似度和最小化不同样本的相似度来学习有效的特征表示。SimCLR 和 MoCo 等模型在这一领域取得了显著的成果，展示了自监督学习在没有标签的情况下也能获得与监督学习相媲美的性能。

自监督学习的成功为计算机视觉技术的应用范围开辟了新的可能性。它不仅能够降低模型训练的成本，还可以应用于数据标注困难或标注资源稀缺的场景，如医学影像分析、遥感图像处理等。

此外，自监督学习还具有良好的泛化能力，使得模型能够在不同的领域和任务中表现出色。

3) 多模态与自监督的结合

一个令人兴奋的研究方向是将多模态学习与自监督学习相结合，探索如何在多种数据模态上实现无监督的特征学习。

这种结合可以进一步减少对标注数据的依赖，同时提高模型在处理复杂、多样数据时的表现。

4. 实时与低资源场景中的应用

计算机视觉技术的发展不仅体现在精度的提升上，还在于其应用场景的扩展。实时应用中的计算机视觉，如自动驾驶、实时监控和增强现实，要求算法在极短的时间内处理大量视觉信息。

为此，模型压缩、量化和边缘计算等技术的引入，使得在低资源环境中实现高效视觉处理成为可能。

此外，计算机视觉技术正在向低资源场景扩展，例如在移动设备、嵌入式系统等环境中运行复杂的视觉算法。

边缘计算的兴起进一步推动了这一趋势，使得在资源受限的设备上实现高效的计算机视觉应用成为现实。

5.2.4　计算机视觉技术的应用领域

作为人工智能的重要分支，计算机视觉技术已经在各行各业中展现出了巨大的应用潜力。随着深度学习、图像处理、模式识别等技术的不断发展，计算机视觉技术的应用领域也变得更加广泛和多样化。

1. 自动驾驶

自动驾驶是计算机视觉技术的一个核心应用领域。

自动驾驶车辆依赖于多种传感器，包括摄像头、雷达、激光雷达(LiDAR)等，通过融合这些传感器数据，车辆能够实时感知周围环境并作出驾驶决策，如图 5-2-28 所示。

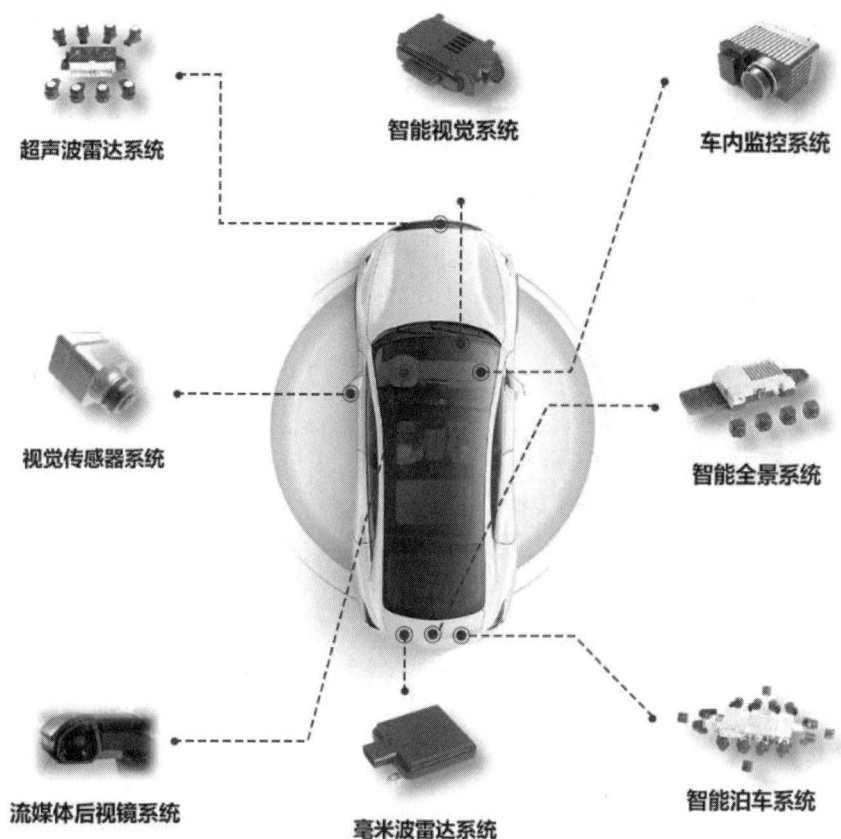

图 5-2-28　自动驾驶技术的构成

　　计算机视觉技术在自动驾驶中的任务包括车道线检测、障碍物检测、交通标志识别等，如图 5-2-29 所示。

图 5-2-29　自动驾驶任务

　　利用深度学习模型，自动驾驶系统可以准确地分析道路环境中的动态和静态元素，从而实现安全可靠的自动驾驶。

　　特斯拉的 Autopilot 系统、Waymo 的自动驾驶技术等都依赖计算机视觉技术。这些系统通过摄像头和传感器实时捕捉环境信息，并利用复杂算法分析，从而在各种复杂路况下做出安全决策。

　　尽管目前自动驾驶技术还处于发展阶段，但随着计算机视觉算法和硬件能力的不断提升，完全自主驾驶的实现指日可待。

2. 医学影像分析

医学影像分析是计算机视觉技术在医疗领域中的重要应用之一。

通过计算机视觉算法，医疗专业人员能够从 X 光片、CT 扫描等医学影像中提取有价值的信息，辅助诊断和治疗，如图 5-2-30 所示。

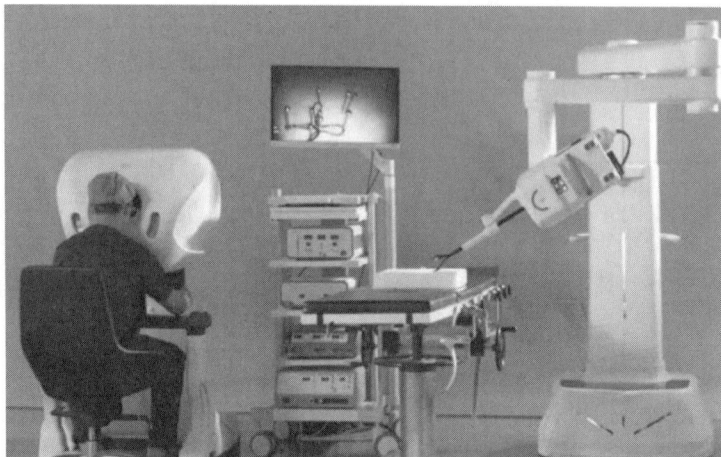

图 5-2-30　CV 医学影像分析

在癌症检测中，计算机视觉技术可以用于识别和分类肿瘤组织，从而提高早期检测的准确性。计算机视觉还能在自动分割和定量分析等任务中发挥重要作用，帮助医生更精确地评估病变区域的大小和进展情况，如图 5-2-31 所示。

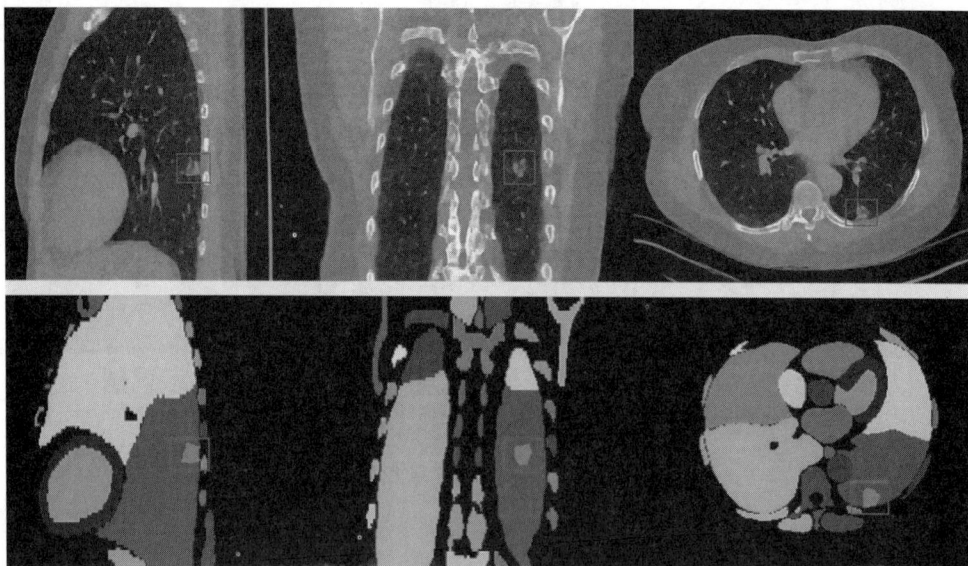

图 5-2-31　计算机视觉分析病变组织

近年来，深度学习在医学影像分析中的应用取得了显著进展。

卷积神经网络(CNN)在图像分类和检测任务中的成功应用，为开发高精度的医学图像分析系统提供了技术基础。这些技术在提高诊断准确性、缩短诊断时间以及减轻医生工作负担方面起到了积极作用。

3. 智能家居

智能家居是另一个计算机视觉技术快速发展的领域。

通过安装在家庭中的摄像头和传感器，计算机视觉技术可以实现对家庭环境的实时监控和管理，如图 5-2-32 所示。

图 5-2-32　小米智能家居

例如，智能门铃可以识别人脸并自动通知房主访客的到来；智能家居助手可以通过识别手势和表情来控制家电设备；家庭监控系统则可以检测异常活动并发送警报，保障家庭安全。

智能家居设备不仅使家庭生活更加便利，还提升了人们的生活质量。随着物联网(IoT)技术的发展，计算机视觉在智能家居中的应用将更加广泛和深入。

4. 娱乐与媒体

在娱乐和媒体领域，计算机视觉技术也发挥着重要作用。

电影特效、虚拟现实(VR)、增强现实(AR)等都离不开计算机视觉技术的支持。

例如，在电影制作中，计算机视觉技术被广泛应用于角色的动作捕捉(如图 5-2-33 所示)、背景的实时渲染以及复杂场景的生成。VR 和 AR 技术则通过计算机视觉实现了虚拟与现实的融合，为用户提供了沉浸式的体验。

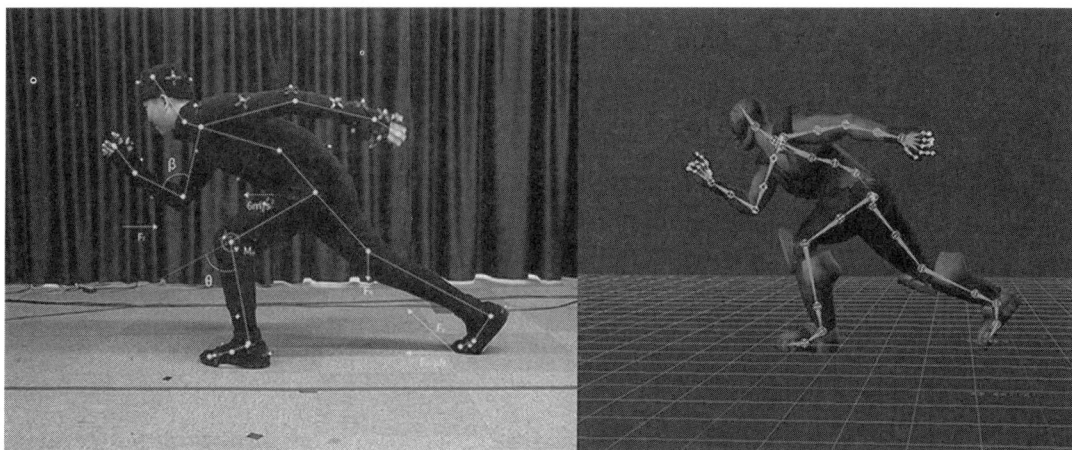

图 5-2-33　动作捕捉技术

计算机视觉还在体育赛事直播中得到应用，通过自动跟踪运动员、识别关键动作和分析比赛数据，计算机视觉技术可以为观众提供更丰富的视觉信息和更有趣的观赛体验。

任务思考

(1) 自监督学习对计算机视觉的发展有何重要性？与传统监督学习相比，其优势在哪里？

答：自监督学习通过从未标注的数据中提取监督信号，减少了对大量人工标注数据的依赖。这对于视觉数据的处理尤其重要，因为标注过程通常昂贵且耗时。相比于传统监督学习，自监督学习能更好地利用数据的内在结构，具有更广泛的应用前景。

(2) 结合深度学习技术的优势与计算机视觉技术的发展历程，思考未来的计算机视觉技术可能朝哪个方向发展？

答：未来的计算机视觉技术可能朝着更智能化、泛化能力更强的方向发展。随着多模态学习、自监督学习等前沿技术的发展，计算机视觉可能会逐步实现对复杂场景和任务的更深层次的理解，应用领域也将更加广泛。深度学习的进一步发展也可能会带来更高效、更精确的视觉系统。

习题巩固

一、单项选择题

1. 计算机视觉技术的重要性不包括以下哪一项？(   )

A. 推动自动化
B. 增强人类能力
C. 提供数据驱动的决策支持
D. 消除人类的视觉能力

2. 图像数据处理层的主要任务是什么？(   )

A. 提取有意义的特征
B. 对图像进行预处理
C. 进行模式识别
D. 生成语义理解

3. 计算机视觉中首次提出 3D 物体识别基本框架的是谁？(   )

A. 杰弗里·辛顿
B. 亚历克斯·克里热夫斯基
C. 拉里·罗伯茨
D. 大卫·马尔

4. 图像中提取二维信息以推导三维信息的过程，首次由谁提出？(   )

A. 大卫·马尔
B. 拉里·罗伯茨
C. 杰弗里·辛顿
D. 亚历克斯·克里热夫斯基

5. 哪项技术的突破使得多层神经网络的有效训练成为可能？(   )

A. 卷积神经网络
B. 深度信念网络
C. 自监督学习
D. 多模态学习

6. 亚历克斯·克里热夫斯基的 AlexNet 模型在哪一年赢得了 ImageNet 图像识别挑战赛？(   )

A. 2006 年
B. 2012 年
C. 2016 年
D. 2020 年

二、填空题

1. 卷积神经网络(CNN)是一种用于_____的技术。

2. 特征提取的过程涉及_____、_____和颜色分析。

3. 在自动驾驶中，计算机视觉可帮助车辆识别道路上的_____、_____和交通标志。

4. 图像数据处理层负责对原始的_____进行初步处理。

三、简答题

计算机视觉中常见的图像预处理操作包括哪些？

任务三　使用 OpenCV 实现基础图像操作

作为人工智能的重要分支之一，计算机视觉的核心在于让计算机能够从图像或视频中提取、分析和理解有用的信息。本次任务的目的在于通过使用 OpenCV 这一强大的计算机视觉库，掌握基础图像操作，为更高层次的图像处理和分析打下坚实的基础。

使用 OpenCV 实现基础图像操作

通过本任务，我们将探讨如何使用 OpenCV 进行图像的读取、显示、灰度化、模糊化、边缘检测等基础操作，并通过实际代码演示这些操作的实现过程及其背后的原理。

任务目标

- 理解 OpenCV 库的基本概念和使用方法。
- 掌握图像的读取、显示和保存操作。
- 学习并实现图像的基本处理技术，包括灰度化、模糊化、边缘检测等。
- 理解并分析每个操作的原理及其在计算机视觉中的应用场景。

任务内容

5.3.1　OpenCV 库的基本概念

OpenCV(Open Source Computer Vision Library)是由 Intel 创建并在 2000 年发布的开源计算机视觉库。最初的设计目的是加速计算机视觉应用的开发，并推广 AI 领域的研究。如今，OpenCV 已经成为了计算机视觉领域中最广泛使用的库之一，并且支持多种编程语言，包括 C++、Python、Java 等。OpenCV 不仅在学术研究中广受欢迎，在工业界也得到了广泛的应用，例如自动驾驶、医疗影像分析、机器人视觉等领域。

要深入理解 OpenCV 的使用方法，首先需要掌握一些核心概念。

1. 图像表示

在 OpenCV 中，图像通常表示为一个 NumPy 数组。对于彩色图像，数组的形状为(height, width, channels)，其中 height 和 width 分别表示图像的高度和宽度，channels 表示颜色通道的数量(例如 BGR 图像有 3 个通道)。对于灰度图像，数组的形状为(height, width)，没有颜色通道。

2. 颜色空间转换

OpenCV 支持多种颜色空间，如 RGB、BGR、HSV、LAB 等。BGR 是 OpenCV 默认的颜色空间，而 RGB 则是许多图像处理库如 Matplotlib 的默认颜色空间。颜色空间转换在图像处理任务中非常常见，尤其是在处理彩色图像时。例如，HSV 颜色空间可以更容易地处理色调、饱和度和亮度。

3. 卷积操作

卷积是图像处理中非常重要的操作，它通过一个核(即滤波器)对图像进行卷积运算，用于实现模糊、锐化、边缘检测等效果。卷积操作在许多计算机视觉任务中是核心步骤。

4. 多尺度处理

在图像处理中，某些操作需要在不同尺度(或分辨率)下进行。OpenCV 提供了金字塔(Pyramid)技术，可以有效地对图像进行多尺度处理，如图像缩放、金字塔式模糊等。

5. 特征检测与匹配

OpenCV 提供了多种特征检测和描述子算法，如 SIFT(Scale-Invariant Feature Transform)、SURF(Speeded Up Robust Features)、ORB(Oriented FAST and Rotated BRIEF)等。这些算法用于提取图像中的特征点，并匹配不同图像中的相似点，从而实现图像配准、拼接等高级应用。

6. 机器学习模块

除了传统的图像处理，OpenCV 还集成了许多机器学习算法，如支持向量机(SVM)、K 近邻(KNN)、决策树等，这些算法可以用于分类、回归、聚类等任务，为开发者提供从图像预处理到高层次理解的完整工具链。

5.3.2 OpenCV 的安装与使用

在开始实际操作之前，我们需要先安装 OpenCV 库。其实在前面章节的实验项目中，我们已经安装过了 OpenCV 的库并且已经有了一定的使用。

这里我们将简单演示一下如何安装 OpenCV 库。在 PyCharm 集成开发环境中，打开底部左侧的终端界面，输入下面 pip 安装命令即可。

```
#pip 安装 OpenCV
pip install opencv-python
#测试代码是否安装完成
import cv2
print(cv2.__version__)
```

安装完成后，我们可以通过代码测试一下是否正确安装，如果输出版本号，说明 OpenCV 已成功安装，如图 5-3-1 所示。

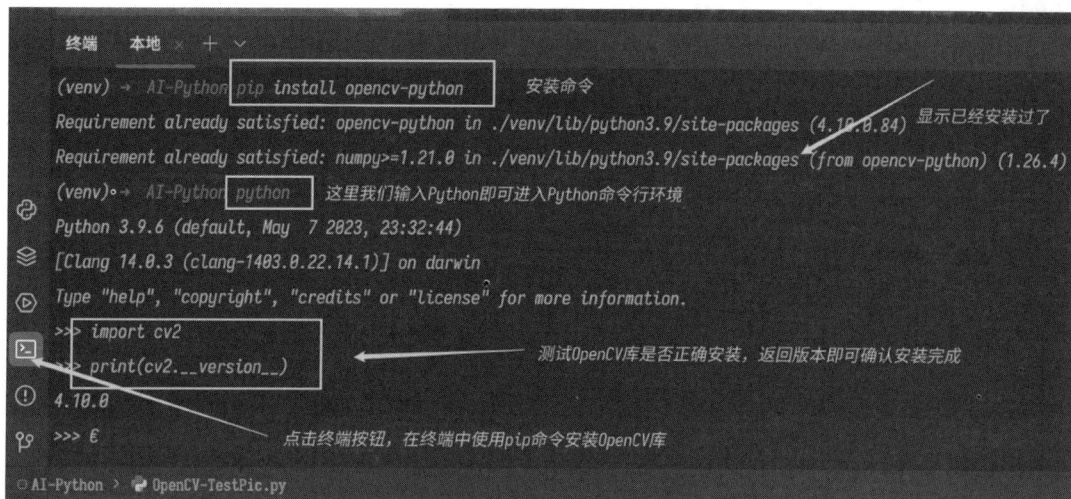

图 5-3-1 OpenCV 的安装

若想熟练使用 OpenCV 库，则需要了解其基本使用方法和常见操作。以下是一些关键的使用方法和示例。

1. 图像读取与显示

OpenCV 的基本操作之一是读取和显示图像。使用 cv2.imread()函数读取图像，并使用 cv2.imshow()函数显示图像。cv2.imwrite()函数可以将处理后的图像保存到磁盘。代码示例如下：

```
import cv2

# 读取图像
image = cv2.imread('example.jpg')

# 显示图像
cv2.imshow('Original Image', image)

# 保存图像
cv2.imwrite('output.jpg', image)
```

2. 颜色空间转换

处理图像时，可能需要在不同的颜色空间之间进行转换。使用 cv2.cvtColor()函数可以轻松实现这一点。例如，BGR 到 RGB 的转换示例代码如下：

```
# 将 BGR 图像转换为 RGB 图像
rgb_image = cv2.cvtColor(image, cv2.COLOR_BGR2RGB)
```

常见的颜色转换包括BGR 到灰度(cv2.COLOR_BGR2GRAY)、BGR 到 HSV(cv2.COLOR_BGR2HSV)等。

3. 图像平滑与滤波

图像平滑(或模糊)操作用于去除噪声，使图像更加平滑。OpenCV 提供了多种滤波器，如高斯滤波(cv2.GaussianBlur())、均值滤波(cv2.blur())、中值滤波(cv2.medianBlur())等。

4. 边缘检测

边缘检测是图像处理中常用的技术，用于检测图像中的边缘。Canny 边缘检测算法是其中最著名的一种。使用 cv2.Canny()函数可以实现边缘检测。

5. 图像变换

图像变换包括旋转、缩放、平移等几何变换。使用 cv2.getRotationMatrix2D()和 cv2.warpAffine()函数可以对图像进行旋转和缩放。

掌握这些基础知识和操作，将为更复杂的图像处理和分析任务提供有力支持。

5.3.3 使用 OpenCV 实现图像的基础操作

接下来，我们将使用 OpenCV 来实现一些图像的基础操作，这里我们提供了一个图片素材 example.jpg，我们需要把这个图片放入 AI-Python 的项目文件夹中，如图 5-3-2 所示。

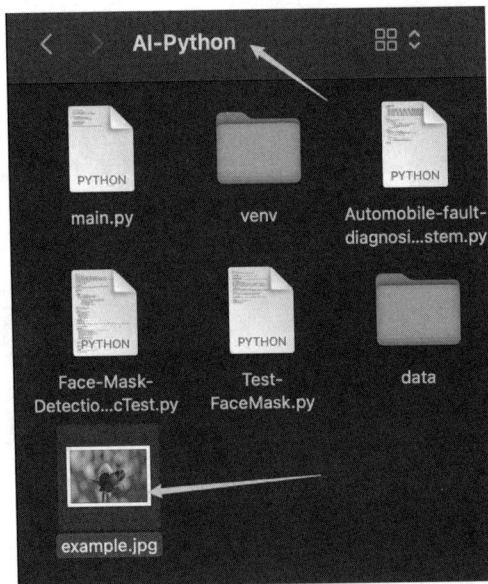

图 5-3-2　图片素材

1. 图像的读取与显示

图像的读取与显示是计算机视觉中的基础操作，也是理解图像数据的第一步。OpenCV 提供了简单而高效的接口来读取和显示图像。以下是一个读取并显示图像的代码示例。

```python
import cv2

# 读取图像
image = cv2.imread('example.jpg')

# 显示图像
cv2.imshow('Original Image', image)
```

```
# 等待用户按键后关闭窗口
cv2.waitKey(0)
cv2.destroyAllWindows()
```

通过这个简单的步骤，用户可以加载并查看任何图像。这一操作是所有图像处理的基础，无论是后续的预处理、分析还是特征提取，都离不开对图像数据的初步读取和展示。

2. 图像的灰度化处理

在许多图像处理任务中，将彩色图像转换为灰度图像是必不可少的步骤。灰度化的图像只包含亮度信息而不包含颜色信息，因此降低了图像的复杂性，使得后续处理更加高效。以下是实现灰度化处理的代码。

```
# 将图像转换为灰度图像
gray_image = cv2.cvtColor(image, cv2.COLOR_BGR2GRAY)


# 显示灰度图像
cv2.imshow('Gray Image', gray_image)
cv2.waitKey(0)
cv2.destroyAllWindows()
```

灰度化后的图像可以用于许多后续的图像处理任务，如边缘检测、轮廓检测和二值化处理。由于灰度图像减少了颜色维度，处理速度会比彩色图像更快，特别是在处理大型图像数据集时，这一点尤为重要。

3. 图像的模糊化处理

模糊化处理在图像处理中有着广泛的应用，比如去噪、图像平滑处理、预处理等。模糊化处理的本质是通过一个滤波器对图像进行卷积运算，以降低图像中噪声的影响。最常见的模糊化方法之一是高斯模糊，示例代码如下：

```
# 应用高斯模糊
blurred_image = cv2.GaussianBlur(image, (15, 15), 0)


# 显示模糊后的图像
cv2.imshow('Blurred Image', blurred_image)
cv2.waitKey(0)
cv2.destroyAllWindows()
```

高斯模糊常用于去除图像中的高频噪声，同时保留重要的低频信息。它也可以作为边缘检测前的预处理步骤，以减少检测到的伪边缘。

4. 图像的边缘检测

边缘检测是图像处理中的一个关键步骤，用于识别图像中物体的轮廓。通过检测图像中亮度的急剧变化，边缘检测能够提取出物体的形状和结构信息。Canny 边缘检测是一种常用且效果显著的边缘检测方法，代码如下：

```
# 应用 Canny 边缘检测
edges = cv2.Canny(gray_image, 100, 200)
```

```
# 显示边缘检测后的图像
cv2.imshow('Edges', edges)
cv2.waitKey(0)
cv2.destroyAllWindows()
```

通过 Canny 边缘检测，我们可以提取出图像中的关键结构，便于进一步分析和处理，比如轮廓提取、形状识别等。

5. 图像的保存

完成图像处理后，通常需要保存结果以便后续使用或分析。OpenCV 提供了简单的图像保存功能，使得我们可以轻松将处理后的图像写入磁盘，代码如下所示，将图片输出为 output.jpg。

```
# 保存处理后的图像
cv2.imwrite('output.jpg', edges)
```

保存处理后的图像有助于记录实验结果，并在后续的处理或分析中使用这些结果。特别是在处理大量图像时，保存每一步的结果可以帮助追踪处理流程并进行性能优化。

6. 在 PyCharm 中使用 OpenCV 实现上述的操作

在 AI-Python 的项目中新建一个名为 OpenCV-TestPic 的 Python 文件，如图 5-3-3 所示。

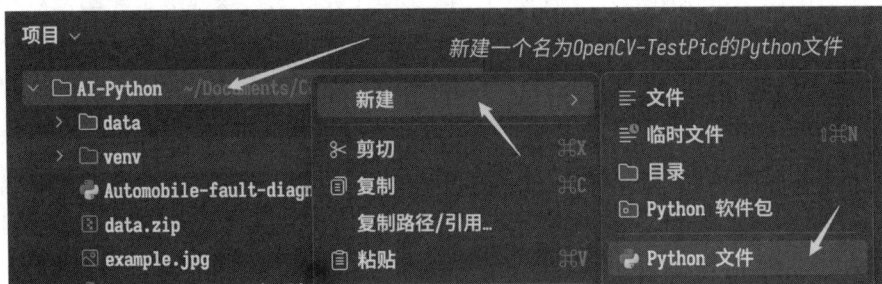

图 5-3-3　新建 Python 文件

接下来将上述五个步骤的代码合并，同时将代码复制粘贴到 OpenCV-TestPic.py 中，完整的代码如下所示：

```
import cv2

# 读取图像
image = cv2.imread('example.jpg')

# 显示原始图像
cv2.imshow('Original Image', image)
cv2.waitKey(0)
cv2.destroyAllWindows()

# 将图像转换为灰度图像
gray_image = cv2.cvtColor(image, cv2.COLOR_BGR2GRAY)
```

```
# 显示灰度图像
cv2.imshow('Gray Image', gray_image)
cv2.waitKey(0)
cv2.destroyAllWindows()

# 应用高斯模糊
blurred_image = cv2.GaussianBlur(image, (15, 15), 0)

# 显示模糊后的图像
cv2.imshow('Blurred Image', blurred_image)
cv2.waitKey(0)
cv2.destroyAllWindows()

# 应用 Canny 边缘检测
edges = cv2.Canny(gray_image, 100, 200)

# 显示边缘检测后的图像
cv2.imshow('Edges', edges)
cv2.waitKey(0)
cv2.destroyAllWindows()

# 保存处理后的图像
cv2.imwrite('output.jpg', edges)
```

点击 PyCharm 上边的运行按钮，运行该程序，如图 5-3-4 所示。

图 5-3-4　运行 OpenCV-TestPic 文件

接下来就可以看到程序的运行结果了，首先显示的是原图像，按一下空格键，即可切换到第二张灰度化图像，第三张是模糊化图像，第四张是显示边缘检测后的图片，最后进行图像保存，保存的是最后一张图像。我们可以在 AI-Python 的项目文件夹中看到最后保存的图像 output.jpg，如图 5-3-5 所示。

本任务详细介绍了如何使用 OpenCV 库进行基础的图像操作，包括图像的读取、显示、灰度化、模糊化、边缘检测及保存。这些操作是计算机视觉中不可或缺的基础步骤，为更高级的图像处理和分析打下了坚实的基础。

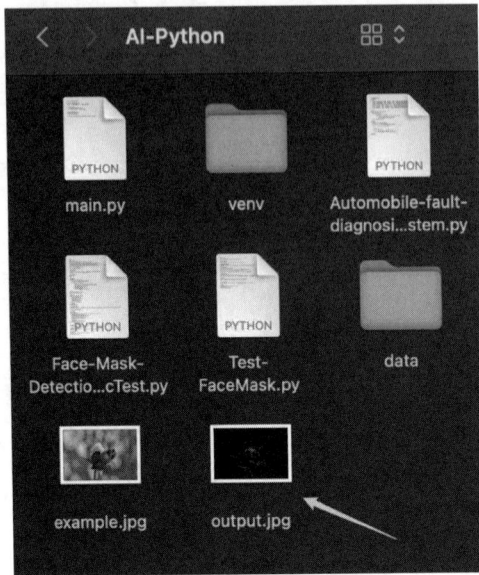

图 5-3-5　保存的图像 output.jpg

通过本次任务，我们不仅掌握了 OpenCV 的基本使用方法，还深入理解了图像处理的基本原理。这些技能将在更复杂的视觉任务中发挥重要作用，比如对象检测、图像分类、特征提取等。进一步研究这些操作的组合和优化，将为我们在计算机视觉领域的探索提供更多可能性。

任务思考

(1) 为什么要将彩色图像转换为灰度图像？灰度图像的优势是什么？

答：在灰度图像中，每个像素只有一个强度值，而彩色图像有三个通道(BGR)，将彩色图像转换为灰度图像主要是为了简化图像处理任务，使得处理速度更快，计算更简单。灰度图像常用于边缘检测、轮廓检测等任务中，因为在这些任务中颜色信息并不重要，灰度图像能够有效突出图像的亮度变化，有助于识别结构和形状。

(2) 在图像平滑处理中，高斯模糊与中值模糊的主要区别是什么？在什么情况下会优先选择中值模糊？

答：高斯模糊使用高斯核对图像进行加权平均，适用于去除图像中的高频噪声。中值模糊则通过将每个像素替换为其邻域中的中值，特别适合去除椒盐噪声(salt-and-pepper noise)。当图像中存在较多的椒盐噪声时，中值模糊通常比高斯模糊更有效，因为它能够在保留边缘细节的同时去除噪声。

习题巩固

一、单项选择题

1. 图像的基本构成单元是(　　)。

A. 比特　　　　　　B. 字节　　　　　　C. 像素　　　　　　D. 栅格

2. 图像预处理的主要目标是什么？（　　）

A. 提高图像的颜色　　　　　　　　B. 增强图像特征

C. 增加图像大小　　　　　　　　　D. 减少图像文件大小

3. 以下哪种方法可以有效去除椒盐噪声？（　　）

A. 高斯滤波　　　B. 中值滤波　　　C. 均值滤波　　　D. 边缘检测

4. 在图像预处理中，以下哪种技术可以提升图像的对比度？（　　）

A. 边缘检测　　　　　　　　　　　B. 直方图均衡化

C. 平移变换　　　　　　　　　　　D. 旋转变换

5. 以下哪种变换可以校正图像的几何失真？（　　）

A. 平移变换　　　B. 缩放变换　　　C. 旋转变换　　　D. 几何标准化

6. 图像预处理中的"形态学操作"通常包括以下哪项？（　　）

A. 旋转校正　　　B. 中值滤波　　　C. 膨胀与腐蚀　　　D. 平移变换

二、填空题

1. 在量化阶段，每个像素的光强度或颜色值被转换成计算机能够存储和处理的_____数值。

2. 中值滤波器在去除_____噪声方面表现优异。

3. 图像中的模糊通常是由_____或焦点不准引起的。

4. 在人脸识别任务中，_____可以确保所有输入图像中的人脸大小一致。

三、程序实操题

下面给出了一段代码，补全相应的代码。

```
import cv2

# 读取图像 example.jpg 为例
image = _____          # 填空 1

# 显示原始图像
cv2.imshow('Original Image', image)
cv2.waitKey(0)
cv2.destroyAllWindows()

# 将图像转换为灰度图像
gray_image = _____     # 填空 2

# 显示灰度图像
cv2.imshow('Gray Image', gray_image)
cv2.waitKey(0)
cv2.destroyAllWindows()
```

```
# 应用高斯模糊
blurred_image = _____        # 填空 3


# 显示模糊后的图像
cv2.imshow('Blurred Image', blurred_image)
cv2.waitKey(0)
cv2.destroyAllWindows()


# 应用 Canny 边缘检测
edges = _____        # 填空 4


# 显示边缘检测后的图像
cv2.imshow('Edges', edges)
cv2.waitKey(0)
cv2.destroyAllWindows()


# 保存处理后的图像
cv2.imwrite('output.jpg', edges)
```

项目六　自然语言处理技术

本项目旨在深入探讨自然语言处理的基础知识与应用，包括自然语言处理概述与发展历程、文本处理与表示技术以及相关工具的使用。

通过文本分词与词性标注的实战，参与者将掌握自然语言处理的核心技术与实践技能，为后续研究和应用奠定基础。

项目架构

```
                          ┌─ 概述
         自然语言处理基础 ─┤
                          └─ 技术发展历程

                                        ┌─ 文本预处理技术
自然语言处理技术 ─  自然语言的文本处理与表示 ─┤  词袋模型
                                        └─ 词向量表示

                                          ┌─ 基本概念
         文本分词与词性标注项目实战 ─────────┤
                                          └─ 系统设计与实现
```

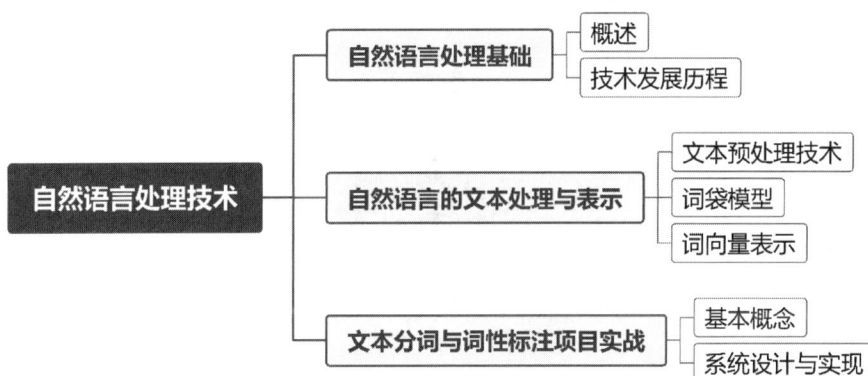

任务一　自然语言处理基础

自然语言处理(Natural Language Processing，NLP)是人工智能和计算语言学领域中的一个重要分支，旨在使计算机能够理解、解释和生成人类语言。

自然语言处理的基础包括语言学知识、统计方法和机器学习算法，这些要素共同作用，能够帮助计算机处理和理解人类语言的复杂性。

自然语言处理基础

任务目标

- 理解自然语言处理的定义与重要性。
- 掌握自然语言处理的基本概念与原理。

- 了解自然语言处理技术的发展历程。
- 识别并分析当前自然语言处理领域中的前沿技术和未来趋势。

任务内容

6.1.1　自然语言处理概述

作为人工智能的重要领域，自然语言处理专注于使计算机能够理解、生成和处理人类语言。通过对文本和语音数据的深入分析，NLP 技术赋予了计算机与人类交流的能力。

1. 自然语言处理的定义

自然语言处理是人工智能(AI)和计算语言学的一个重要分支，旨在使计算机能够理解、分析、生成和回应人类使用的自然语言。

NLP 结合了计算机科学、语言学、数学和统计学等多学科的知识，通过开发算法和模型，能够实现对文本和语音数据的自动化处理。

具体而言，NLP 涵盖了信息提取、语言生成、文本分类、智能问答、情感分析和机器翻译等多种任务，如图 6-1-1 所示。

图 6-1-1　NLP 常见任务

NLP 的核心目标是模仿人类的语言处理能力，使计算机能够在各种应用场景中有效地与人类进行交流和协作。

2. 自然语言处理的重要性

自然语言处理的重要性在当今的信息化社会中日益显现。

NLP 是实现人机交互的核心技术之一，能够使计算机理解和回应人类的需求，从而提高系统的智能化水平。

在大数据时代，信息处理能力变得尤为关键，而自然语言处理可以自动化地分析和处理大量的文本数据并对其进行分类，极大地提高了信息管理和决策的效率，这种技术在现代科技中越来越重要，为实现人与机器之间更自然的交互奠定了基础。

3. 自然语言处理与其他技术的关系

1) NLP 与机器学习技术

机器学习为 NLP 提供了从大量语言数据中自动学习模式的能力。尤其在统计学习和深度学习的帮助下，NLP 模型能够从数据中提取特征，避免了人为定义复杂规则的需要。NLP 与机器学习的关系如图 6-1-2 所示。

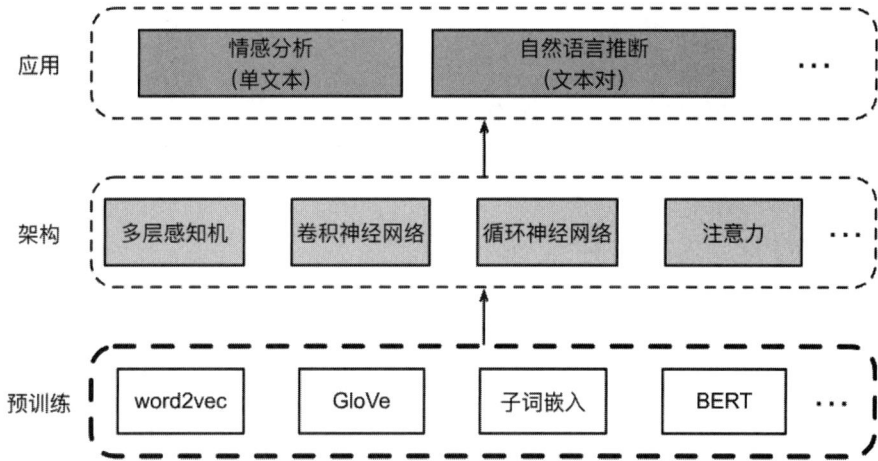

图 6-1-2　NLP 与机器学习

这种自动化学习过程极大提高了 NLP 技术的精度和应用效率。

2) NLP 与信息检索技术

信息检索专注于从庞大的文本数据或其他非结构化数据中寻找相关信息，而传统的基于关键词匹配检索的缺点如图 6-1-3 所示。

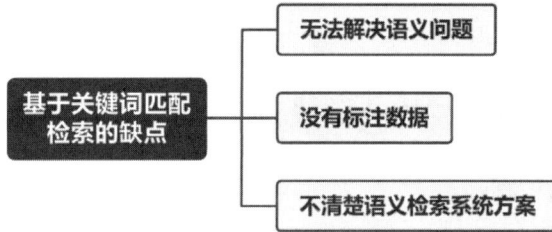

图 6-1-3　传统的基于关键词匹配检索的缺点

而 NLP 通过语义分析和语言理解，增强了信息检索的精度。传统的信息检索依赖于关键词匹配，结合 NLP 后，检索系统能够理解文本的语义内容，从而提供更加精准和相关的搜索结果，如 6-1-4 所示。

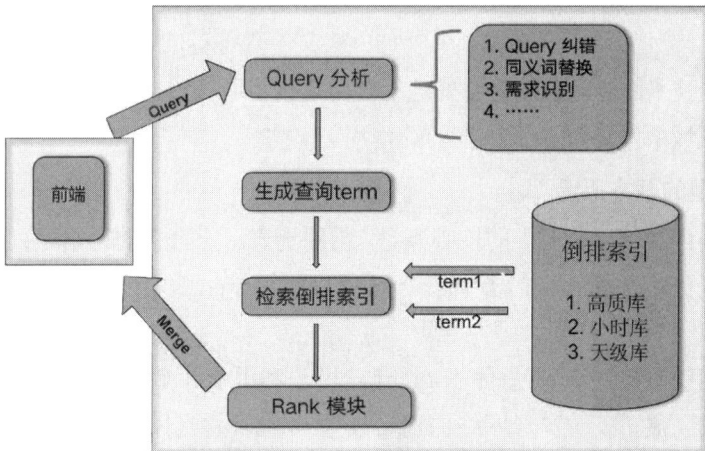

图 6-1-4　检索流程

3) NLP 与计算机视觉技术

NLP 正与计算机视觉等多模态技术逐步融合。

现代智能系统常同时处理文字、图像、视频等多种形式的数据，而结合了 NLP 和计算机视觉技术后，系统能够实现图文结合的场景理解，如生成图片的文本描述或从图片中提取文字信息，如图 6-1-5 所示。

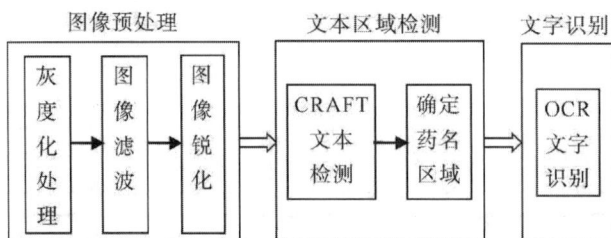

图 6-1-5　基于深度学习的药盒药名识别技术

4) NLP 与语音识别技术

应用语音识别技术可将语音转换为文本，应用 NLP 则能够进一步分析文本，理解用户意图。例如，在智能语音助手中，语音输入转化为文字后，NLP 解析用户的需求，如图 6-1-6 所示。

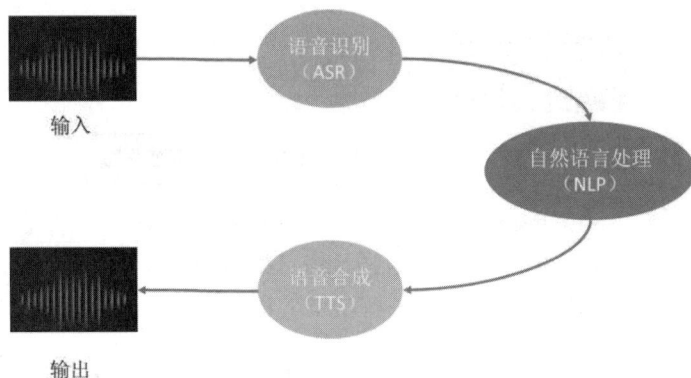

图 6-1-6　语音交互

通过与这些技术结合，自然语言处理的应用场景不断拓展，在智能搜索、智能客服、自动翻译等多个领域中发挥着越来越重要的作用。

4. 语言模型的基本概念

语言模型是自然语言处理中的核心概念，它用于表示语言中的词语序列的概率分布。语言模型的主要任务是预测一个句子中某个词或下一个词的出现概率，帮助机器"理解"并生成自然语言。

传统语言模型通过统计方法(如 N-gram)建模，利用前 n 个词预测下一个词的概率。而随着深度学习的发展，基于神经网络的语言模型(如循环神经网络(RNN)和长短期记忆网络(LSTM))大幅提升了模型对上下文的捕捉能力，如图 6-1-7 所示。

| 时间步 | 1 | 2 | 3 | 4 | 5 |

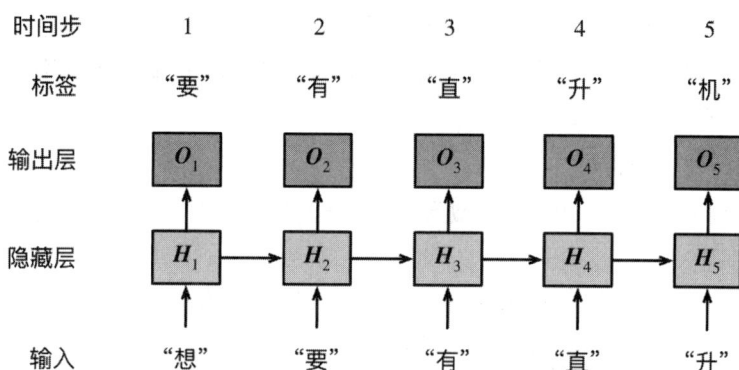

图 6-1-7　循环神经网络结合 NLP

通过处理大量数据，学习更复杂的语言结构，模型进一步发展到如今的 Transformer 架构，极大增强了模型对长距离依赖的处理能力。

5. 句法与语义分析

句法与语义分析是自然语言处理中的两个关键步骤。

句法分析的目标是确定句子的语法结构，揭示单词之间的层次关系。常见的句法分析技术包括依存句法分析和成分句法分析，它们用于确定句子中的主谓宾关系及其他句法结构，如图 6-1-8 所示。

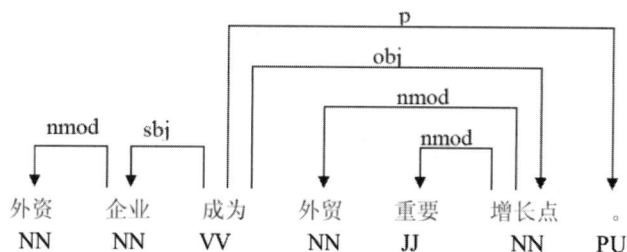

图 6-1-8　句法分析

通过句法分析，系统能够理解句子的结构层次。

语义分析则更进一步，旨在理解句子中的实际意义，而不仅仅是分析其表面结构，如图 6-1-9 所示。

图 6-1-9　一字多义

通过语义分析，系统能够从词汇、短语乃至句子的层次获取语义信息，帮助理解句子的含义和上下文关联。例如，词义消歧是语义分析中的一个重要任务，用于区分在不同上下文中具有多重意义的词汇。

6. 机器翻译与信息提取

机器翻译是将一种语言的文本自动翻译成另一种语言的技术，它是自然语言处理的重要应用之一。

早期的机器翻译系统依赖规则和词典，后来逐步演变为基于统计的翻译方法，这种方法利用双语文本库中的统计信息来生成翻译。

在深度学习的推动下，基于神经网络的翻译系统(如序列到序列(Seq2Seq)模型和Transformer)极大地提升了翻译的准确性和流畅性，尤其是大规模预训练语言模型的出现，使得翻译质量大幅提高，如图 6-1-10 所示。

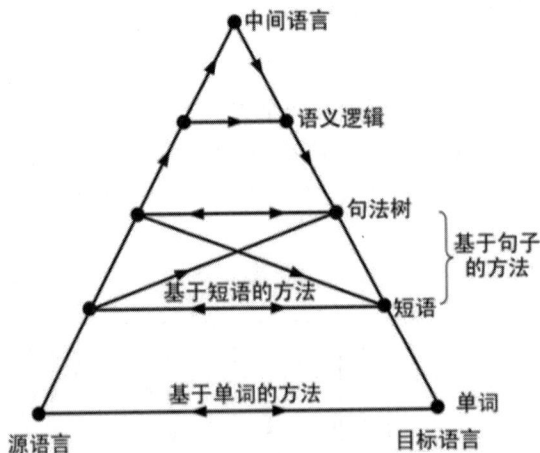

图 6-1-10   机器翻译

信息提取旨在从非结构化的文本中自动提取出有用的信息。信息提取任务包括命名实体识别(NER)、关系抽取、事件检测等。通过信息提取，系统可以从大量文档中自动挖掘出特定的结构化信息，如人物、地点、时间和事件，从而提高信息检索和数据分析的效率。

6.1.2   自然语言处理技术的发展历程

自然语言处理(NLP)技术的发展历程可以追溯到 20 世纪中期，经过规则驱动、统计模型以及深度学习的变革，逐步演变为今天的复杂系统。NLP 的发展大致可以划分为三个主要阶段：早期的规则与基于词典的方法、统计方法的兴起以及深度学习时代的革新。

在早期，自然语言处理主要依赖规则和基于词典的方法。这个阶段的核心思想是通过人为定义的语言规则和词典来解析和生成文本。这些方法虽然能够处理一些简单的语言任务，但由于语言的复杂性和多样性，规则的方法往往不够灵活，难以应对多样化的语境。

20 世纪 80 年代末至 90 年代，NLP 进入了统计方法的时代。

随着计算能力和数据量的提升，统计模型开始在语言处理任务中发挥作用。基于概率的语言模型(如 N-gram 模型)成为当时最流行的语言处理工具，如图 6-1-11 所示。

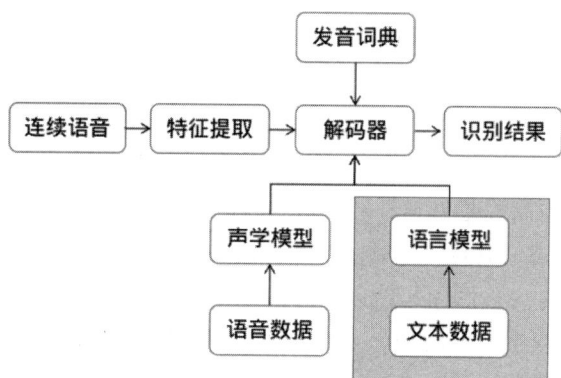

图 6-1-11　N-gram 语言模型

　　进入 21 世纪后，深度学习的引入彻底改变了 NLP 领域。神经网络，尤其是循环神经网络(RNN)和长短期记忆网络(LSTM)，大幅提高了 NLP 任务的精度和表现。

　　近年来，Transformer 模型的出现进一步推动了 NLP 的发展，特别是在语言理解和生成任务中，预训练的大规模语言模型极大地提升了性能，使机器能够生成更加流畅和自然的语言。

任务思考

　　(1) 自然语言处理技术的发展经历了哪三个主要阶段？每个阶段的特点是什么？

　　答：自然语言处理技术的发展经历了三个主要阶段：① 早期的规则与基于词典的方法阶段，依赖人为定义的规则和词典来处理语言任务，虽然可以解决简单的任务，但灵活性不足，难以处理复杂的语境；② 统计方法的兴起阶段，从 20 世纪 80 年代末到 90 年代，统计模型开始广泛应用，利用大规模数据训练语言模型，如 N-gram 模型、隐马尔可夫模型(HMM)和条件随机场(CRF)，这一阶段的核心是通过概率和统计方法解析语言，提高了翻译、信息检索等任务的表现；③ 深度学习时代的革新阶段，21 世纪后，神经网络模型和 Transformer 的引入彻底改变了 NLP 的性能，大规模预训练模型如 BERT 和 GPT 系列提高了语言理解和生成的精度和自然性。

　　(2) 深度学习如何推动了自然语言处理的革新？Transformer 模型在 NLP 中发挥了什么作用？

　　答：① 深度学习通过引入神经网络，特别是循环神经网络和长短期记忆网络，解决了语言处理中的长距离依赖问题，使机器更好地捕捉句子中的上下文信息。随着深度学习的发展，NLP 任务的表现显著提升，尤其在语言生成和翻译等复杂任务上表现出色。② Transformer 模型进一步推动了 NLP 的革新，凭借自注意力机制，它能够并行处理句子中的所有词，极大提高了计算效率，并有效解决了长距离依赖问题。基于 Transformer 的大规模预训练模型在多个自然语言处理任务上取得了显著效果，成为当前 NLP 领域的主流技术。

![笔]

习题巩固

一、单项选择题

1. 自然语言处理的简称是什么？（　　）

A. NLP　　　　　B. NLU　　　　C. NLG　　　　D. AI

2. 自然语言处理的核心目标是什么？（　　）

A. 提高计算机的数学运算能力　　B. 使计算机理解和生成自然语言

C. 增强计算机的图像处理能力　　D. 增加计算机的硬件性能

3. 下列不属于自然语言处理任务的是哪个？（　　）

A. 语法分析　　　　　　　　　B. 机器翻译

C. 语音识别　　　　　　　　　D. 视频处理

4. 语义分析的主要目标是什么？（　　）

A. 分析句子的表面结构　　　　B. 理解句子中的实际含义

C. 提取文本中的关键词　　　　D. 对句子进行语法检查

5. NLP 技术的发展历程不包括以下哪个阶段？（　　）

A. 规则与词典方法　　　　　　B. 统计模型

C. 深度学习　　　　　　　　　D. 物理模拟

6. 下列哪个模型是用于捕捉上下文信息的语言模型？（　　）

A. N-gram　　　　　　　　　B. Word2Vec

C. CBOW　　　　　　　　　D. RNN

二、填空题

1. NLP 是_____和_____的交叉领域。

2. 句法分析的目标是揭示词语之间的_____。

3. GloVe 模型依赖于全局的_____信息进行训练。

4. Transformer 模型通过_____机制来处理长距离依赖问题。

三、简答题

什么是自注意力机制？为什么它在 Transformer 模型中如此重要？

任务二　自然语言的文本处理与表示

　　自然语言的文本处理与表示是自然语言处理(NLP)中的核心环节，它涉及将原始的文本数据转换为计算机可以理解和操作的形式。这一过程对于实现有效的语言理解和生成至关重要。文本处理与表示不仅包括对文本内容的基本清洗和标准化，还涉及对文本特征的抽取和转换，以便用于进一步的分析和模型训练。

自然语言的文本处理与表示

- 掌握文本预处理技术的基本方法。
- 理解词袋模型的原理及局限性。
- 比较 Word2Vec 与 GloVe 的词向量表示差异。
- 分析文本表示方法对语义捕捉的影响。

6.2.1　文本预处理技术概述

文本预处理是自然语言处理(NLP)中的关键步骤,它涉及对原始文本数据进行清洗和转换,以便使其适合后续的分析和建模。文本预处理的目标是减少噪声,提高分析的准确性,并使模型能够更好地理解文本数据。

1. 文本清洗

文本清洗是预处理的第一步,主要包括去除不必要的字符和标点符号,例如 HTML 标签、URLs、特殊符号等。数据清洗流程如图 6-2-1 所示。

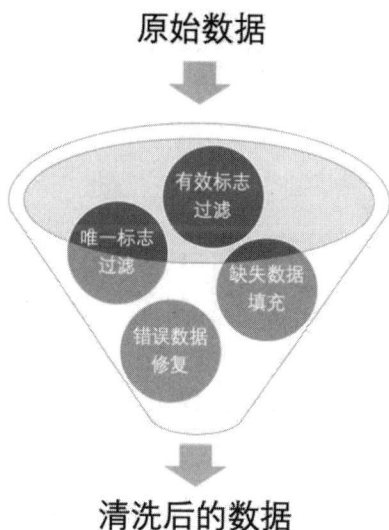

图 6-2-1　数据清洗流程

这一步骤可以显著减少数据的噪声,从而提高后续分析的准确性。

2. 分词

分词是将文本分割成更小的单位的过程,如图 6-2-2 所示。

图 6-2-2　文本分词步骤

　　分词在许多语言处理中是基础步骤。例如在中文处理中，分词尤为重要，因为中文书写时词与词之间没有明显的分隔符。常见的分词技术包括基于规则的分词和基于统计的分词。

3. 词干提取与词形还原

　　词干提取和词形还原是使词汇规范化的技术。词干提取通过削减词汇的词尾来得到词干，例如将"running"转化为"run"。

　　而词形还原则将词汇还原到其词根形式，例如将"better"还原为"good"。词形还原通常比词干提取更准确，但也更复杂。

4. 停用词去除

　　停用词是指在文本处理中不携带实际意义的常见词汇，如"the""is""and"等。去除停用词可以减少文本数据的维度，提高处理效率。但某些情况下，停用词的存在可能对文本的意义有重要影响，因此需谨慎使用。

5. 词汇表构建与编码

　　在文本预处理的最后一步，通常需要构建词汇表并将文本数据转换为适合模型输入的格式，如图 6-2-3 所示。

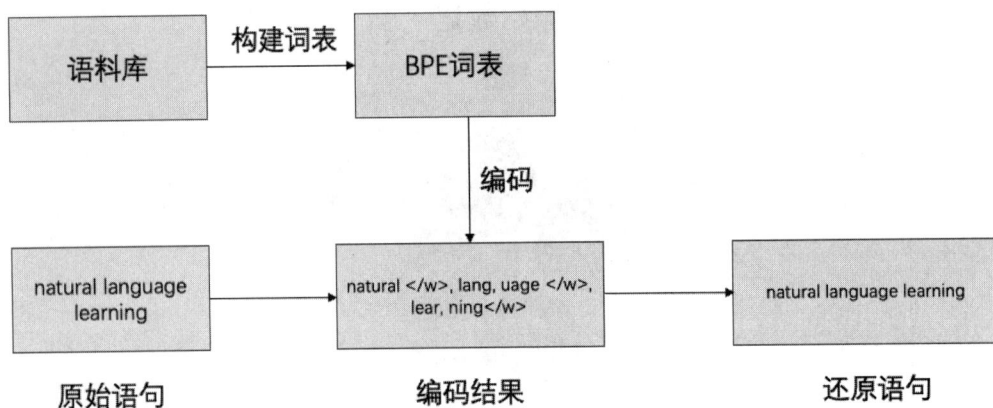

图 6-2-3　词汇表构建

　　常见的编码方法包括独热编码和词嵌入，如 Word2Vec 和 GloVe 等。词汇表的构建需要考虑词汇的频率以及文本数据的特点，以确保有效表示文本中的重要信息。

6.2.2　词袋模型

　　词袋模型是一种简单但广泛使用的文本表示方法。它将文本看作是词汇的无序集合，不考虑词汇之间的顺序和语法结构。

　　词袋模型的主要思想是通过统计词汇的出现频率来表示文本。

1. 构建词汇表

词袋模型的第一步是构建词汇表，即文本数据中出现的所有词汇的集合。词汇表可以是整个数据集中的所有词汇，也可以是根据某种筛选标准得到的子集。

2. 文本表示

在词袋模型中，每个文本被表示为一个词频向量。这个向量的维度等于词汇表的大小，每个维度对应词汇表中的一个词语，值为该词汇在文本中出现的次数或频率，如图6-2-4所示。

词语＼词典	人工	智能	数据	挖掘	商业	词语向量表达
人工	1	0	0	0	0	[1,0,0,0,0]
智能	0	1	0	0	0	[0,1,0,0,0]
数据	0	0	1	0	0	[0,0,1,0,0]
挖掘	0	0	0	1	0	[0,0,0,1,0]
商业	0	0	0	0	1	[0,0,0,0,1]

图6-2-4 词频向量表示

例如，如果词汇表包含"apple""banana"和"orange"，则文本"apple apple banana"可以表示为[2,1,0]。

3. 优缺点分析

词袋模型的优点是简单易用且计算效率高，适用于许多文本分类和情感分析任务，缺点是忽略了词汇的顺序和上下文信息，使得它在捕捉语义关系方面有所不足。

此外，词袋模型通常会生成高维稀疏向量，这可能导致计算资源的浪费和模型性能的下降。

6.2.3 两种词向量表示

随着自然语言处理技术的发展，词向量表示(word embeddings)逐渐成为一种重要的文本表示方法。词向量可以捕捉词汇之间的语义关系，并将文本数据转换为密集的低维向量。下面介绍两种常用的词向量表示方法。

1. Word2Vec

Word2Vec是一种常用于自然语言处理的词向量表示方法，由Mikolov等人提出。它通过训练大量的文本数据，将每个词映射到一个低维向量空间中。

Word2Vec的核心思想是基于词汇的上下文关系，试图捕捉词汇之间的语义相似性。该方法可以通过两种不同的机制进行训练：连续词袋模型(CBOW)和跳字模型(Skip-gram)。

1) CBOW

CBOW模型利用词汇的上下文来预测目标词，如图6-2-5所示。

给定一个句子中的其他词汇，模型会尝试推测出当前的中心词。这个方法侧重于对上下文的平均表示，用于推测最有可能出现在特定位置的词。

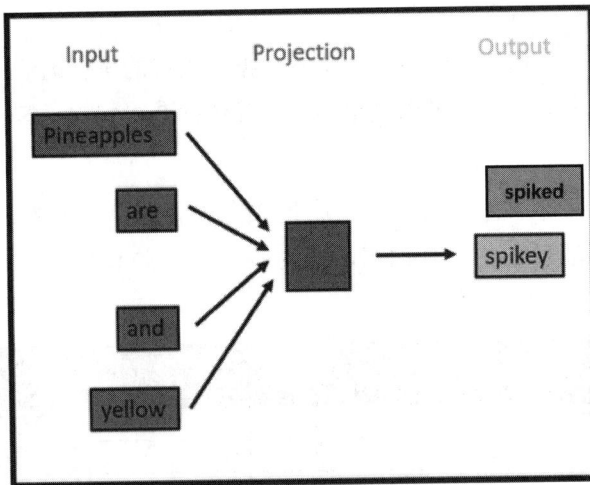

图 6-2-5   CBOW 模型

2) Skip-gram

Skip-gram(跳字模型)与 CBOW 相反，它给定一个目标词，试图预测该词周围的上下文，如图 6-2-6 所示。

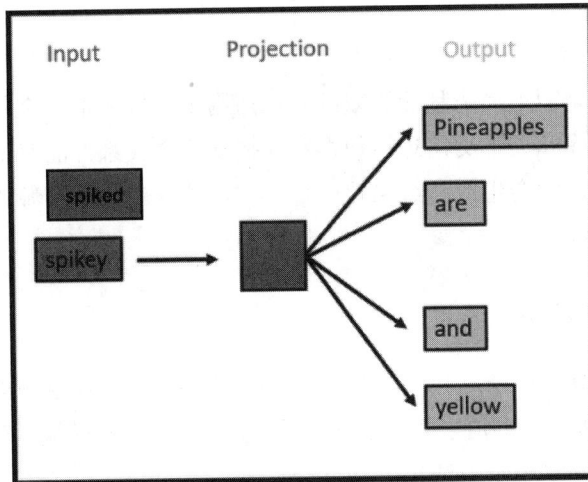

图 6-2-6   Skip-gram 模型

Skip-gram 模型更擅长在稀疏数据和大规模语料库中工作，能够更好地捕捉远距离的词汇关系和细微的语义差异。

Word2Vec 的主要优点在于它能够生成语义上相近的词汇向量，这意味着相似的词在向量空间中彼此接近。

由于该模型的效率较高，它在大型数据集上的表现尤为出色。不过，Word2Vec 对数据量有一定的依赖性，较小的数据集可能无法充分捕捉到复杂的语义关系。

此外，Word2Vec 不直接处理词汇顺序或长距离的依赖关系，这使得其在处理长文本时存在一定局限性。

2. GloVe

GloVe 是另一种广泛使用的词向量表示方法，由 Pennington 等人提出。与 Word2Vec 不同，GloVe 通过分析词汇在整个语料库中的共现信息来生成词向量。

具体来说，GloVe 会统计词汇在不同上下文中的共现次数，然后通过数学分解的方法生成每个词汇的向量表示。

GloVe 模型的核心思想是，词汇在某些上下文中共同出现的频率可以揭示它们之间的语义关系。例如，语义相似的词汇在类似的上下文中会有更高的共现概率。通过这种方式，GloVe 可以在词汇的全局统计信息中发现隐藏的语义模式。

与 Word2Vec 相比，GloVe 的优势在于它可以更好地捕捉全局语义信息，因为它是基于整个语料库的共现矩阵进行训练的。

这使得 GloVe 在处理大规模文本数据时，能够捕捉到更加丰富的词汇关系。然而，GloVe 在训练过程中对数据稀疏性较为敏感，尤其是当共现信息不足时，模型可能无法有效生成高质量的词向量。

任务思考

(1) 为什么词袋模型(BoW)在文本表示中虽然简单易用,但仍存在不足？有哪些方法可以改善词袋模型的缺点？

答：① 词袋模型通过统计词汇的出现频率来表示文本，但忽略了词汇的顺序和上下文信息，导致其在捕捉文本的语义关系时存在局限性。② BoW 将文本表示为高维稀疏向量，这可能增加计算负担并造成信息丢失。此外，BoW 无法区分同一词汇在不同上下文中的意义。③ 为了弥补这些缺点，可以采用基于词向量的表示方法，如 Word2Vec 或 GloVe。这些方法能够更好地捕捉词汇之间的语义关系和上下文信息，从而提供更有效的文本表示。

(2) 与 Word2Vec 相比,GloVe 在词向量表示中的主要优势是什么？它的局限性又有哪些？

答：① GloVe 的主要优势在于它通过分析词汇在整个语料库中的共现信息，能够捕捉到词汇的全局语义关系。② 这种全局统计信息使得 GloVe 在大型数据集上表现良好，特别是对语义相似的词汇进行更准确的建模。③ 然而，GloVe 的局限性在于它对数据的稀疏性敏感，特别是在共现信息不足或语料库不够大时，模型可能无法有效生成高质量的词向量。此外，GloVe 与 Word2Vec 相比，对处理局部上下文信息的能力较弱，因此可能无法很好地捕捉长文本中的复杂上下文关系。

习题巩固

一、单项选择题

1. 词袋模型(BoW)的主要特点是什么？(　　)

A. 考虑词汇顺序　　　　　　　B. 统计词频但忽略词序

C. 能捕捉复杂的语义关系　　　D. 基于神经网络训练

2. 自然语言处理不包括以下哪项内容？(　　)

A. 语法分析　　　　　　　　　B. 语音生成

C. 视频压缩　　　　　　　　　D. 情感分析

3. 下列选项哪个是 GloVe 模型的主要特点？（　　　）

A. 基于词汇的上下文关系　　　B. 依赖全局语料库共现信息

C. 无法捕捉语义信息　　　　　D. 生成稀疏向量

4. 以下哪种算法能够处理词义消歧问题？（　　　）

A. 词袋模型　　　　　　　　　B. 情感分析

C. 语义分析　　　　　　　　　D. 机器翻译

5. 句法分析的目标是什么？（　　　）

A. 理解句子的语法结构　　　　B. 提取关键词

C. 翻译文本　　　　　　　　　D. 忽略句子的语法

6. Transformer 模型在 NLP 中提升了什么能力？（　　　）

A. 长距离依赖处理　　　　　　B. 短文本处理

C. 仅限句子翻译　　　　　　　D. 语法错误纠正

二、填空题

1. Word2Vec 的两种训练机制是 CBOW 和_____。

2. 词袋模型忽略了词汇的_____和上下文信息。

3. 深度学习时代的 NLP 模型包括 RNN、LSTM 和_____。

4. 自然语言处理的目标是使计算机能够理解和_____人类的语言。

三、简答题

LSTM 相对于传统 RNN 的改进点有哪些？

任务三　文本分词与词性标注项目实战

　　自然语言处理(NLP)是人工智能领域中最具潜力的研究方向之一。随着大数据的崛起和计算能力的提升，自然语言处理在文本分析、机器翻译、智能问答等多个领域取得了显著进展。文本分词和词性标注是自然语言处理中基础且关键的技术环节。分词是将一段连续的文本切分成一个个独立的词语，而词性标注则是在分词的基础上为每个词语标注其在句子中的词性，如名词、动词、形容词等。

文本分词与词性标注项目实战

　　本次的任务将深入探讨文本分词与词性标注的原理、方法及其在实际应用中的实现。我们将通过 Python 编程语言和相关的自然语言处理框架实现一个简单的文本分词与词性标注系统，并详细阐述说明其运行逻辑以及在不同场景下的应用。

任务目标

- 理解文本分词与词性标注的基本概念。
- 实现文本分词与词性标注系统。

- 分析并优化分词与词性标注的效果及其应用场景。

任务内容

6.3.1　文本分词与词性标注的基本概念

文本分词是自然语言处理(NLP)中的基础任务之一，指的是将一段连续的文本字符串划分为一个个独立的词语。分词的目的是将连续的字符序列转化为一个个有意义的语言单位，以便后续的自然语言处理任务如机器翻译、情感分析、信息检索等能够准确地理解文本内容。

1. 常用的分词算法

在英文等以空格分隔单词的语言中，分词相对简单，因为单词之间天然存在分隔符。而在中文等不以空格分隔单词的语言中，分词则更加复杂，因为词与词之间没有明显的边界，且有大量的多音字、多义词及不同的分词标准，需要通过算法来识别每个词的边界。下面是常用的分词算法。

1) 基于规则的方法

例如最大匹配法(Maximum Matching)，包括正向最大匹配和逆向最大匹配。这类方法简单且高效，但容易受到词典限制，难以处理未登录词。

2) 基于统计的方法

例如隐马尔可夫模型(Hidden Markov Model，HMM)和条件随机场(Conditional Random Fields，CRF)，这类方法通过统计文本中词语出现的频率或概率来进行分词，效果较好，但需要大量的训练数据。

3) 基于深度学习的方法

近年来，基于深度学习的分词方法(如双向长短期记忆网络(BiLSTM)和 BERT 模型)取得了显著的效果，这些方法能够捕捉文本中的上下文信息，从而提高分词的准确性。

2. 常用的词性标注算法

词性标注是为每个分词后的词语标注其对应的词性(如名词、动词、形容词等)的过程。在自然语言处理中，词性标注能够为句法分析、语义理解提供重要的语法信息，是后续处理的基础。下面是常用的词性标注算法。

1) 基于规则的方法

如基于预定义规则的词性标注器，这类方法通过人工设定的语法规则来标注词性，适用于规则较为明确的文本，但扩展性较差。

2) 基于统计的方法

如 HMM、CRF 等，这些方法通过训练数据学习词性标注的规律，能够较好地适应多变的语言环境。

3) 基于深度学习的方法

如 BiLSTM-CRF、Transformer 等，这些方法在大规模语料库上进行训练，能够学习到复杂的语法和语义信息，从而实现高精度的词性标注。

文本分词与词性标注通常是自然语言处理流程中的连续步骤，尤其是在中文处理任务中。文本分词为词性标注提供了输入单元，而词性标注则为后续的高级语言处理任务提供了句法和语义信息。这两者的精度对下游任务的效果至关重要，因而在实际应用中常常结合使用以达到最佳效果。

6.3.2　文本分词与词性标注系统的设计与实现

在本小节，我们首先要安装和配置自然语言处理的第三方库，通过相关的框架库来分别设计和分析中文文本分词和词性标注。接着将两个步骤合并，以实现一个简单的文本分词与词性标注系统。最后，对系统进行分析和优化。

1. 配置环境

在开始实操之前，首先需要配置 Python 环境并安装相关的第三方库。本次任务使用的主要库包括 jieba(用于中文分词)和 NLTK(用于文本处理和词性标注)。

jieba(结巴)是一个用于中文分词的第三方 Python 库。它基于多种算法，提供了多种分词模式，如精确模式、全模式和搜索引擎模式，能够对中文文本进行高效、准确的分词。jieba库在中文自然语言处理任务中应用广泛，如文本分析、信息检索、机器翻译等。

NLTK(Natural Language Toolkit)是一个功能强大的 Python 库，用于处理和分析自然语言数据。它提供了丰富的工具和数据集，包括文本处理、词性标注、语法分析、命名实体识别、语料库管理等功能。

在 PyCharm 集成开发环境中，我们还是找到底部左侧的终端按钮，使用 pip 命令来安装第三方库，命令如下：

```
pip3 install jieba nltk
```

输入安装命令，如图 6-3-1 所示。

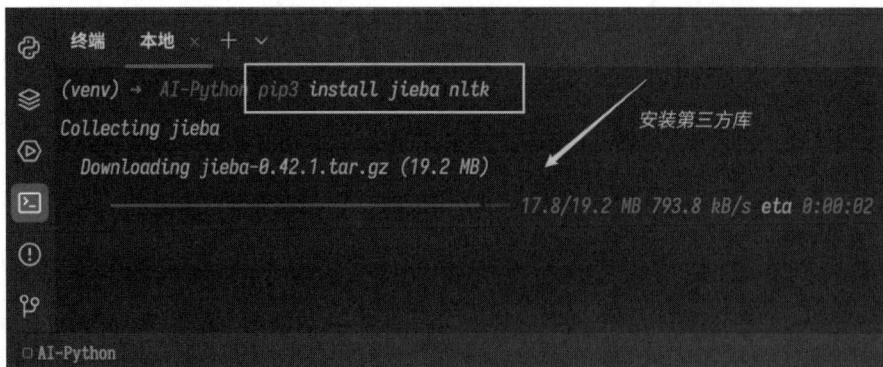

图 6-3-1　安装第三方库

等待安装完成，如图 6-3-2 所示，说明第三方库安装完成。

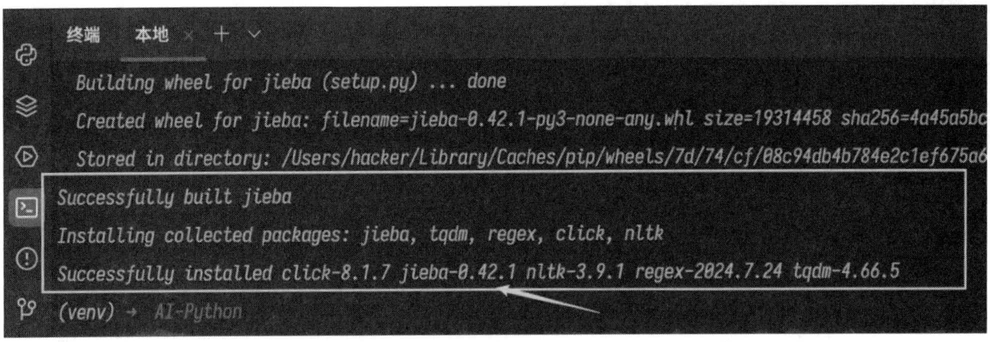

图 6-3-2　安装完成

2. 实现中文文本分词

下面使用 jieba 库实现一个简单的中文文本分词程序。程序中调用了 jieba.lcut() 方法对文本进行分词。lcut() 方法使用精确模式对文本进行切分，将文本分割成一个个独立的词语，返回一个包含这些词语的列表。精确模式确保每个词语都能被合理切分，适合用于分析和处理任务。

例如，对于文本"自然语言处理是人工智能的一个重要领域。"，jieba 会识别并保留像"自然语言处理"和"人工智能"这样的复合词，而不是将它们错误地分割为独立的词语。这种能力对于处理专业术语、名词短语等特别重要。

实现中文文本分词的代码如下：

```
import jieba

# 示例文本
text = "自然语言处理是人工智能的一个重要领域。"

# 使用 jieba 进行分词
words = jieba.lcut(text)
print("分词结果:", words)
```

这段代码简洁地展示了如何使用 jieba 进行中文分词。分词是中文自然语言处理的关键步骤，因为中文句子中的词语通常没有明显的分隔标记。通过将句子分割成独立的词语，jieba 能够帮助我们更好地理解和分析中文文本。在实际应用中，合理使用 jieba 的分词功能，可以显著提高文本处理任务的准确性和效率。

3. 实现词性标注

下面使用 NLTK 库对分词后的文本进行词性标注，代码如下：

```
import nltk
nltk.download('all')

# 将分词结果合并为句子
sentence = " ".join(words)
```

```
# 使用 NLTK 进行词性标注
tokens = nltk.word_tokenize(sentence)
tagged = nltk.pos_tag(tokens)

print("词性标注结果:", tagged)
```

这段代码使用 NLTK 对中文文本进行词性标注，尽管 NLTK 本质上是为英文设计的，但通过将中文词语作为独立的标记，它仍能为中文词语提供合理的词性标签。

词性标注是理解句子结构和意义的重要步骤，可以用于句法分析、信息提取和其他自然语言处理任务。虽然 NLTK 的词性标注器主要适用于英文文本，但与 jieba 分词工具的结合使用，能够实现对中文文本的基本处理。

4. 文本分词与词性标注系统的实现

前面分别实现了文本分词和词性标注，这里将两段代码合二为一来真正地实现一个简单的文本分词与词性标注系统。详细代码如下：

```
import jieba
import nltk

# 安装依赖
nltk.download('all')

# 示例文本
text = "自然语言处理是人工智能的一个重要领域。"

# 使用 jieba 进行分词
words = jieba.lcut(text)
print("分词结果:", words)

# 将分词结果合并为句子
sentence = " ".join(words)

# 使用 NLTK 进行词性标注
tokens = nltk.word_tokenize(sentence)
tagged = nltk.pos_tag(tokens)

print("词性标注结果:", tagged)
```

打开 PyCharm 集成开发环境，在 AI-Python 项目中新建 Python 文件，命名为 NLP-Text，创建该 Python 文件，如图 6-3-3 所示。

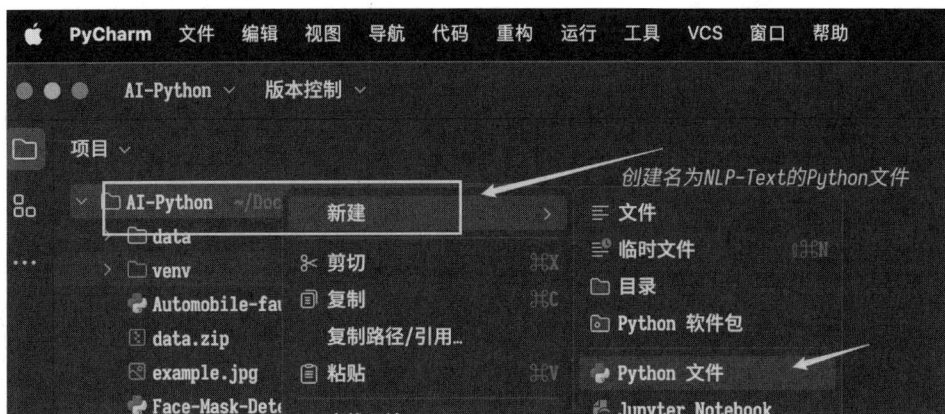

图 6-3-3　创建 Python 文件

将上述代码复制粘贴到 NLP-Text.py 文件中，点击运行按钮运行该程序，运行结果如图 6-3-4 所示。

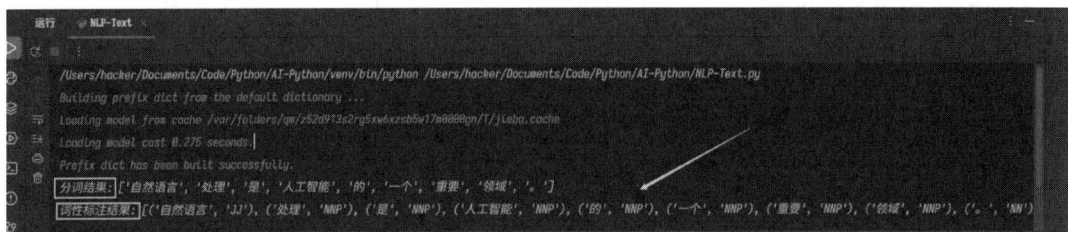

图 6-3-4　运行结果

这里对词性标注结果进行解读，具体如下：

'自然语言处理' (NN): NN 表示名词 (Noun)，这里标注为名词，因为"自然语言处理"是一个名词短语。

'是' (VB): VB 表示动词 (Verb)，这里标注为动词，表示状态或动作。

'人工智能' (NN): 同样标注为名词，指代一个概念。

'的' (DEG): DEG 是形容词修饰词(可能是 NLTK 的一种自定义标注，通常 DT 表示限定词，可能因语境不同标注为 DEG)。

'一个' (CD): CD 表示基数词 (Cardinal Number)，表示数量。

'重要' (JJ): JJ 表示形容词 (Adjective)，用于修饰名词。

'领域' (NN): 标注为名词，表示一个概念或范围。

'。' (.): . 标记为句号或其他标点符号。

在本次任务中，我们发现 jieba 在中文文本处理方面表现出色，能够准确地进行分词和词性标注。相比之下，NLTK 虽然在英文处理上表现良好，但在处理中文文本时存在一定的局限性。

5. 分析与改进的建议

1) 中文词性标注的改进

虽然 NLTK 可以对中文词语进行词性标注，但它主要针对的是英文语料。因此，使用中文专用的词性标注工具或库(如 HanLP、THULAC 或 jieba)的词性标注功能会更加准确。

2) 多模型组合的改进

可以结合多个模型或工具的结果来提高准确性。例如，先用 jieba 进行分词，然后用 THULAC 进行词性标注。

3) 使用深度学习模型

使用 BERT、ERNIE 等预训练模型对文本进行词性标注，可以显著提高标注的准确率。可以通过使用 Transformers 库来加载这些模型。

4) 词性标注效果优化

可以通过调整分词工具的词典或训练专用的词性标注模型来优化标注的准确性。

5) 实验结果与分析

可以对比不同工具或模型的分词与词性标注效果，通过定量和定性的分析方法来评估效果。

6) 模型优化与改进

尝试集成多个模型的结果，或微调预训练模型，以适应特定的领域或任务需求。

通过对 jieba 和 NLTK 的学习和实践，读者可深入理解这些技术的工作原理和应用场景，并认识到在实际应用中需要根据具体情况进行调整和优化。

任务思考

(1) 在处理中文文本时，为什么使用 jieba 的分词功能比使用 NLTK 的分词功能更合适？

答：① jieba 的分词功能特别适合处理中文文本，因为中文文本没有明确的词边界，分词的准确性直接影响到后续的文本分析。② jieba 提供了专门为中文设计的分词算法和模型。③ 精确模式，能够准确地识别出词语边界，适合文本分析。④ 全模式，列出所有可能的词语，速度较快，适用于信息检索。⑤ 搜索引擎模式，对长词进行进一步切分，适合搜索引擎应用。⑥ NLTK 的分词功能主要针对英文文本，英文文本有明确的词边界，分词相对简单。因此，使用 jieba 对于中文分词来说更合适，它可以处理中文特有的语言特性和词汇分布，提高分词的准确性。

(2) 如何提高中文分词和词性标注的准确性？请列举几种方法。

答：① 扩展词典。通过添加领域特定的词汇或新词到分词工具的词典中，提高分词的准确性。② 使用多模型组合。结合不同的分词和词性标注模型，综合结果以提高准确性。例如，使用 jieba 进行初步分词，然后用 THULAC 进行进一步处理。③ 应用深度学习模型。使用深度学习模型，如 BERT、ERNIE 等，这些模型可以捕捉上下文信息，提升分词和词性标注的精确度。④ 模型微调。对预训练模型进行微调，适应特定领域或任务的需求，提高模型的表现。⑤ 定期更新和优化工具。定期更新词典和优化分词工具的算法，以适应语言变化和新出现的词汇。

习题巩固

一、单项选择题

1. 下列哪项是深度学习时代的主要 NLP 模型？（　　）

A. Word2Vec　　　　B. N-gram　　　　C. Transformer　　　D. HMM

2. 自然语言处理的重要性体现在什么地方？（　　）

A. 提高语法分析的速度　　　　　　B. 提高计算机与人类自然交互的能力

C. 增加机器的处理速度　　　　　　D. 减少硬件消耗

3. LSTM 相比于传统 RNN 的优势是什么？（　　）

A. 更少的参数　　　　　　　　　　B. 能处理长序列依赖

C. 快速训练　　　　　　　　　　　D. 使用静态数据

4. NLP 与计算机视觉结合的应用不包括以下哪项？（　　）

A. 图像描述生成　　　　　　　　　B. 语法检查

C. 图文结合的场景理解　　　　　　D. 图片中的文本识别

5. 基于规则的自然语言处理方法的主要缺点是什么？（　　）

A. 灵活性不足　　　　　　　　　　B. 效率低

C. 对大规模数据不适应　　　　　　D. 只能处理简单任务

6. 语义分析的核心任务之一是什么？（　　）

A. 词性标注　　　B. 词义消歧　　　C. 数据清洗　　　D. 机器翻译

二、填空题

1. Transformer 模型主要依赖于_____层来实现信息的多头注意力机制。

2. N-gram 是一种统计语言模型，用来估计词汇序列的_____。

3. Word2Vec 中的 CBOW 模型可基于上下文预测_____。

4. RNN 在处理长序列依赖时会出现_____问题，LSTM 通过引入门控机制来解决这个问题。

三、简答题

什么是词义消歧？为什么它在自然语言处理中很重要？

项目七　解码人工智能生成内容 AIGC 的独特技术

本项目将深入探讨人工智能生成内容(AIGC)的发展历程、技术体系及其多元化应用场景，内容涵盖 AIGC 的发展历程与概念，技术体系及其演进方向，特别是视觉、语言和多模态大模型的提升能力。这些技术的进步为内容生成带来了显著的变化，提高了系统对复杂任务的处理能力和创造力。

项目还包括基于情感知识增强的预训练模型分析与预测，旨在令读者全面理解和预测 AIGC 的未来发展和影响。

▶▶ 项目架构

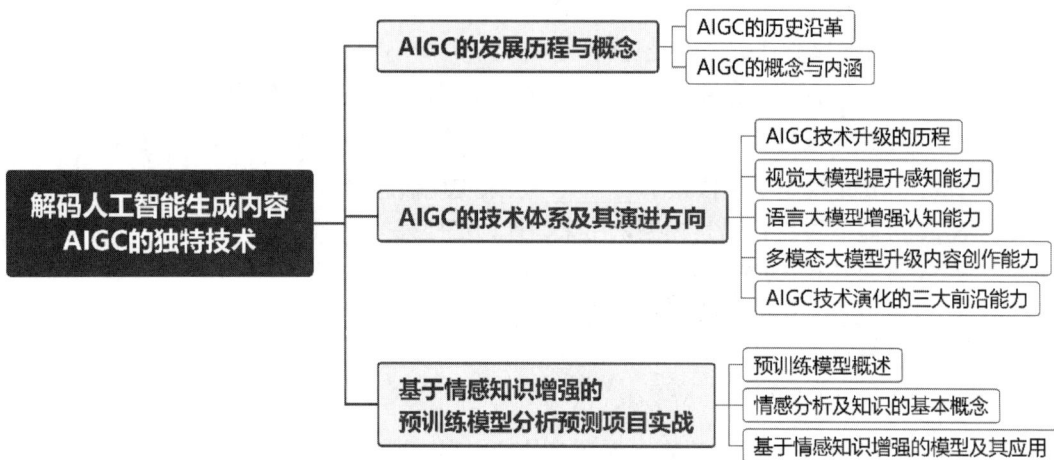

任务一　AIGC 的发展历程与概念

AIGC(Artificial Intelligence Generated Content，人工智能生成内容)是人工智能技术在内容生产领域的一个重要应用方向，随着计算机技术的发展，特别是自然语言处理(NLP)和机器学习技术的突破，AIGC 逐渐从简单的算法自动生成内容，发展到如今可以通过深度学习等先进技术生成具有创造性的文本、图像、音频等多媒体内容。未来，AIGC 将继续发展，推动内容产业创新，引领生产力变革。

AIGC 的发展
历程与概念

- 理解 AIGC 的发展历程和演变。
- 掌握常见的 AIGC 表示方法。
- 探究并掌握 AIGC 的概念与内涵。
- 学习并理解 AIGC 的特点与特性。

7.1.1　AIGC 的历史沿革

AIGC(人工智能生成内容)的历史沿革大致可以分为三个阶段,即早期萌芽阶段、沉淀积累阶段和快速发展阶段。

1. 早期萌芽阶段

在这个阶段,受限于当时的科技水平,AIGC 的应用范围较小,主要局限于实验性质。但这一时期的探索为后续的发展奠定了基础。这一时期主要集中在 20 世纪 50 年代至 20 世纪 90 年代中期。

1950 年,艾伦·图灵(Alan Turing)(如图 7-1-1 所示)在其论文"计算机器与智能"中提出了著名的"图灵测试",给出了判定机器是否具有"智能"的实验方法,即机器是否能够模仿人类的思维方式来"生成"内容继而与人交互。

图 7-1-1　艾伦·图灵

这标志着人工智能用于内容创造的期许开始萌芽。

1957 年,莱杰伦·希勒和伦纳德·艾萨克森完成了历史上第一支由计算机创作的弦乐四重奏《伊利亚克组曲》。

1966 年，约瑟夫·魏岑鲍姆和肯尼斯·科尔比开发了世界上第一款可与人机对话的机器人 Eliza。

到了 20 世纪 80 年代中期，IBM 创造了语音控制打字机 Tangora，进一步推动了 AIGC 在语音交互领域的发展，如图 7-1-2 所示。

图 7-1-2　IBM 语音控制打字机

2. 沉淀积累阶段

随着深度学习算法的突破和算力设备的提升，AIGC 逐渐从实验性向实用性转变，但应用范围仍然有限，这一时期主要集中在 20 世纪 90 年代中期至 21 世纪 10 年代中期。

2006 年，深度学习算法、图形处理器、张量处理器等都取得了重大突破，为 AIGC 的发展提供了强有力的技术支持。

2007 年，纽约大学研究员古德温装配的人工智能系统通过对公路旅行中的一切所见所闻进行记录和感知，撰写出世界第一部完全由人工智能创作的小说《1 The Road》。

然而，这部作品存在可读性不强、拼写错误、辞藻空洞、缺乏逻辑等明显缺点，其象征意义远大于实际意义。

2012 年，微软公开展示了一个全自动同声传译系统，可以自动将英文演讲者的内容通过语音识别、语言翻译、语音合成等技术生成中文语音，展示了 AIGC 在跨语言交流方面的潜力。

3. 快速发展阶段

自 2014 年起，随着以生成对抗网络(Generative Adversarial Network，GAN)为代表的深度学习算法的提出和迭代更新，AIGC 迎来了新时代，生成内容百花齐放，效果逐渐逼真直至人类难以分辨。

GAN 的提出为 AIGC 技术的发展带来了全新的可能性。GAN 通过生成器和判别器的博弈学习，极大地提升了生成内容的真实性和清晰度。

2017 年，微软人工智能少女"小冰"(如图 7-1-3 所示)推出了世界首部 100%由人工智能创作的诗集《阳光失了玻璃窗》，展示了 AIGC 在文学创作领域的潜力。

图 7-1-3　微软小冰

2018 年，英伟达发布的 StyleGAN 模型可以自动生成高分辨率图片，其生成的图片人眼难以分辨真假。同年，人工智能生成的画作在佳士得拍卖行以 43.25 万美元成交，成为世界上首个出售的人工智能艺术品。

2019 年，DeepMind 发布了 DVD-GAN 模型用以生成连续视频，在特定场景下表现突出，如图 7-1-4 所示。

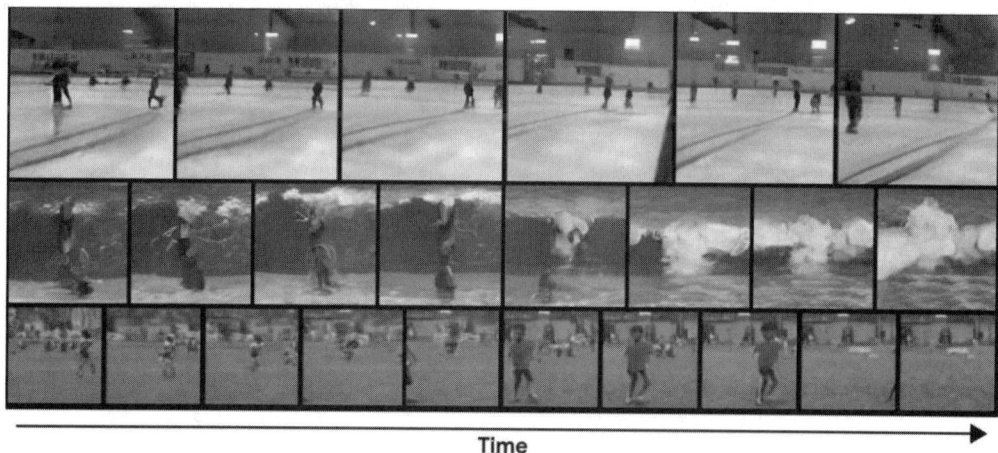

图 7-1-4　DVD-GAN 模型生成连续视频

2021 年，OpenAI 推出了 DALL-E 并于一年后推出了升级版本 DALL-E-2，主要应用于文本与图像的交互生成内容。用户只需输入简短的描述性文字，DALL-E-2 即可创作出相应极高质量的绘画作品。

2022 年，深度学习模型 Diffusion 扩散化模型的出现，进一步推动了 AIGC 的发展。

过去，互联网的内容都是由用户生成、上传的，AI 只能协助人类完成一部分最简单、最基础的工作，无法独立生成内容。但 Diffusion 扩散化模型的开源应用打破了这一状况，AIGC

成为了继 UGC 之后的又一大内容生成方式。

7.1.2   AIGC 的概念与内涵

AIGC 利用人工智能算法和技术，通过对海量数据的学习与训练，自动生成具有创造性和独特性的文本、图像、视频、音频等多种形式的内容。

作为 AI 技术的一个重要应用领域，AIGC 融合了深度学习、自然语言处理、计算机视觉和生成对抗网络(GAN)等多种前沿技术，旨在模拟或超越人类的创造能力。

AIGC 的核心在于其生成过程的智能化和自主化。与传统内容创作依赖于人类的劳动和创造力不同，AIGC 通过学习和训练大量的现有内容，能够根据设定的规则或目标，自动生成新的内容。

这不仅大幅提高了内容生产的效率，还使得个性化和定制化内容生成成为可能。例如，用户可以通过提供关键词或简单描述，生成一篇符合要求的文章，或者通过上传图片，生成风格化的艺术作品。

在 AIGC 的应用场景中，除了自动化文本生成，图像和视频的生成也是非常重要的领域。基于 GAN 技术，AI 可以通过对图像数据的学习，生成与真实世界相似的逼真图像。这些技术在广告设计、游戏开发、虚拟现实等领域都得到了广泛应用。

除了技术层面的进步，AIGC 还涉及伦理、版权和法律等方面的讨论，如图 7-1-5 所示。

图 7-1-5   对 AIGC 的疑问

由于 AI 能够模仿人类的创作风格甚至生成超越人类的内容，因此如何界定 AI 生成内容的版权归属以及如何确保生成内容的真实性和可信度，成为了学界和业界关注的重要问题。

AIGC 的优势在于能够自动化地生成高质量、高效率的内容，降低人力成本和时间成本。然而，它也面临着一些挑战，如技术成熟度、内容创新性、道德和伦理问题等。随着技术的不断进步和应用场景的不断拓展，AIGC 有望在未来发挥更加重要的作用。

任务思考

(1) AIGC 的发展历程可以分为哪些主要阶段？每个阶段的关键技术或里程碑是什么？

答：AIGC 的发展历程可分为四个阶段。① 早期探索阶段，以规则引擎和早期对话系统为主。② 技术突破阶段，引入了隐马尔可夫模型和支持向量机。③ 深度学习崛起阶段，卷积神经网络和递归神经网络推动了 AI 的快速发展，GPT-2 是这一阶段的里程碑。④ 生成模型成熟阶段，基于变换器的生成模型大幅提升了生成能力，依赖大规模预训练和多模态学习技术。

(2) AIGC 技术的应用有哪些？请举例说明这些应用的影响。

答：AIGC 技术应用广泛。在内容创作中，AIGC 自动生成文章和广告，提升效率。在个性化推荐中，它为电商和社交平台提供精准推荐，增强用户体验。在教育领域，AIGC 生成教学内容和个性化学习建议，优化教学资源。在创意产业，AIGC 用于生成音乐、艺术和剧本，大幅节省创作时间。这些应用提高了效率，但也带来了伦理和内容真实性的挑战。

习题巩固

一、单项选择题

1. AIGC 的全称是什么？（　　）

A. Artificial Intelligence Generated Content

B. Artificial Intelligence General Content

C. Automated Intelligent Generated Content

D. Algorithm Intelligent Generated Content

2. AIGC 最早的萌芽阶段始于哪个年代？（　　）

A. 20 世纪 50 年代　　　　　　　　B. 20 世纪 70 年代

C. 20 世纪 90 年代　　　　　　　　D. 21 世纪 00 年代

3. 生成对抗网络(GAN)是由谁提出的？（　　）

A. 艾伦·图灵　　　　　　　　　　B. 莱杰伦·希勒

C. 约瑟夫·魏岑鲍姆　　　　　　　D. 伊恩·古德费洛

4. IBM 的语音控制打字机 Tangora 出现在哪一年？（　　）

A. 1950 年　　　　　　　　　　　 B. 20 世纪 80 年代中期

C. 20 世纪 90 年代中期　　　　　　D. 2000 年

5. 微软"小冰"在什么时候发布了第一部完全由人工智能创作的诗集？（　　）

A. 2014 年　　　　B. 2017 年　　　　C. 2019 年　　　　D. 2021 年

6. AIGC 的发展分为几个阶段？（　　）

A. 2 个　　　　　B. 3 个　　　　　C. 4 个　　　　　　D. 5 个

二、填空题

1. AIGC 的全称是_____。

2. 图灵测试是由_____提出的。

3. 世界上第一支由计算机创作的弦乐四重奏是《_____》。

4. 生成对抗网络的英文缩写是_____。

三、简答题

什么是 AIGC？AIGC 与 UGC 的主要区别是什么？

任务二　AIGC 的技术体系及其演进方向

AIGC 的技术体系基于深度学习、自然语言处理及生成对抗网络等，实现了文本、图像、视频等内容的自动生成。

其演进方向包括模型规模持续扩大以提升生成能力，算法优化以增强内容质量与多样性，以及跨模态生成技术的探索，如文本到图像的转换。同时，AIGC 正逐步向更多领域渗透，推动内容产业创新，引领生产力变革。

AIGC 的技术体系及其演进方向

任务目标

- 理解 AIGC 的技术体系概念。
- 掌握常见的 AIGC 大模型技术的方法和概念。
- 探究并掌握 AIGC 的技术演化能力。
- 学习并理解 AIGC 的深入发展历程。

任务内容

7.2.1　AIGC 技术升级步入深化阶段的历程

AIGC 技术升级步入深化阶段的历程是一个持续不断且快速发展的过程。以下是该历程的详细梳理。

1. 技术萌芽与初期探索

20 世纪 50 年代至 20 世纪 90 年代中期是 AIGC 的探索时期。在这一阶段，人工智能技术尚处于萌芽状态，主要基于逻辑推理和规则系统，用于解决一些简单的控制问题。AIGC 的雏形开始出现，但受限于当时的科技水平，其应用范围较小，主要局限于实验性质。

科学家们开始研究如何将人工智能技术应用于控制系统中，并尝试生成一些简单的内容，如文本、音乐等。然而，这些生成内容的质量和多样性都相对有限。

2. 技术积累与突破

20 世纪 90 年代中期至 21 世纪 10 年代初期，随着计算机技术的发展和深度学习算法的突破，AIGC 系统的性能和功能得到了显著提升。专家系统和遗传算法等新兴的人工智能技术开始被引入到 AIGC 系统中，提高了系统的学习和优化能力，如图 7-2-1 所示。

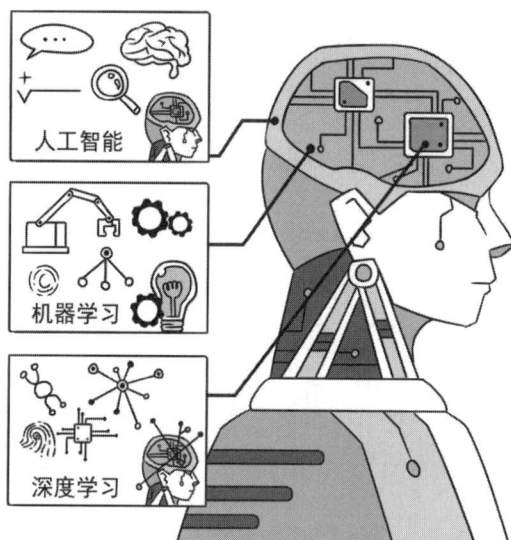

图 7-2-1　AIGC 与其他技术相结合

AIGC 系统开始能够处理更加复杂和多样化的任务，生成内容的质量和多样性也有所提高。

3. 快速发展与广泛应用

2010 年至今，深度学习技术的兴起和大模型技术的突破为 AIGC 的发展注入了新的动力。2014 年，生成对抗网络(GAN)的提出成为 AIGC 领域的一个重要里程碑。GAN 通过生成器和判别器的博弈学习，极大地提升了生成内容的真实性和清晰度。

2017 年，Transformer 架构的引入进一步推动了 AIGC 的发展。这一架构在自然语言处理和计算机视觉等领域都取得了显著成果，为 AIGC 的多模态生成提供了可能。

2020 年至今，随着大语言模型的兴起和商业化应用，AIGC 技术在语言理解、生成和推理等方面取得了显著进步。这些模型能够处理更加复杂和抽象的任务，生成高质量、多样化的内容，如图 7-2-2 所示。

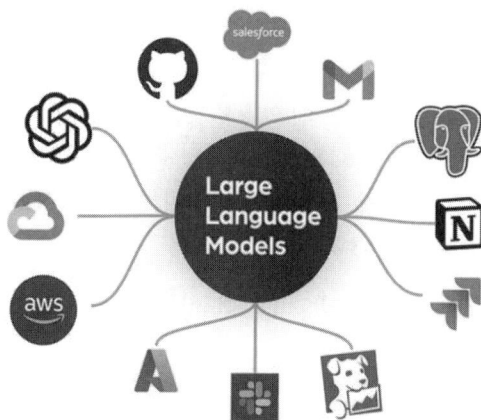

图 7-2-2　AIGC 与大语言模型

AIGC 技术已经广泛应用于文案创作、音乐创作、游戏设计、虚拟数字人、智能客服等多个领域。同时，它还在推动产业数字化转型方面发挥着重要作用，帮助企业实现无缝融合，提高运营效率。

4. 深化阶段的特点与趋势

当前的 AIGC 技术仍处于深化发展阶段，未来 AI 模型将更加倾向于多模态，即能够同时处理文本、图像、音频等多种类型的数据。这种技术将极大地丰富 AI 的应用场景，提升其理解和交互能力。

同时，AIGC 技术将与其他领域的技术(如基因组学、环保技术等)相融合，产生更多的创新应用。例如，AI 将成为基因组学创新的关键驱动力，有望在医疗健康、农业生物育种等领域带来革命性的突破。

7.2.2　视觉大模型提升 AIGC 感知能力的延展

随着 AIGC 技术的发展，视觉大模型的出现为 AIGC 的感知能力带来了革命性的提升，如图 7-2-3 所示。

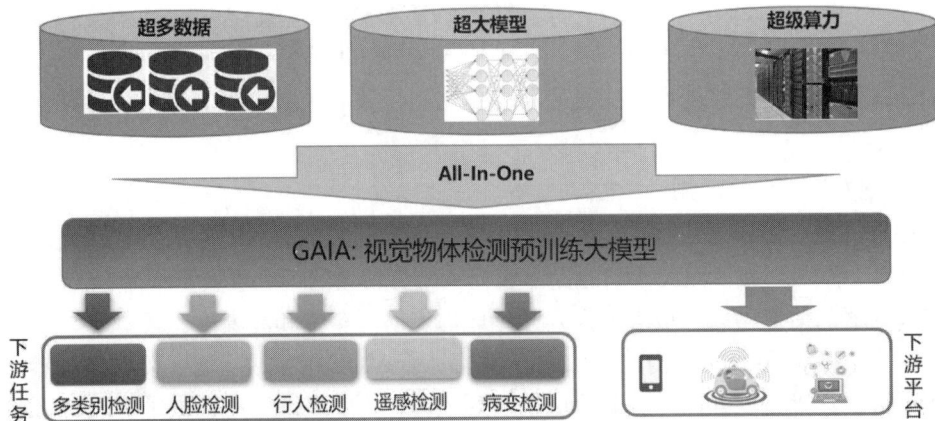

图 7-2-3　视觉大模型

视觉大模型通过深度学习技术，尤其是以卷积神经网络为代表的技术，实现了对图像、视频等视觉信息的高效感知和处理。视觉大模型不仅能识别、分类和生成图像，还能结合其他模态如文本、音频进行多模态融合，使 AIGC 的感知能力更加智能化和多样化。

1. 视觉大模型的技术基础

视觉大模型基于深度学习算法，特别是卷积神经网络(CNN)和 Transformer 等架构，通过大量的图像数据进行训练，从而学习到丰富的视觉特征表示。这些特征表示涵盖了从低级的像素级特征到高级的语义级特征，为 AIGC 提供了强大的视觉感知能力。

2. 视觉大模型如何提升 AIGC 感知能力

视觉大模型能够处理不同场景、环境和条件下的图像数据，从而提高了 AIGC 在不同场景下的感知能力。

无论是室内环境还是室外环境，无论是清晰图像还是模糊图像，视觉大模型都能提供准确的感知结果。

随着技术的发展，视觉大模型已经能够处理高分辨率的图像数据。这使得 AIGC 在生成图像内容时，能够保持更高的清晰度和细节度，从而提升用户体验。视觉大模型通过深度学习算法，能够提取图像中的复杂特征，如形状、纹理、颜色等。这些特征信息为 AIGC 提供了丰富的素材，使得生成的内容更加逼真和丰富，如图 7-2-4 所示。

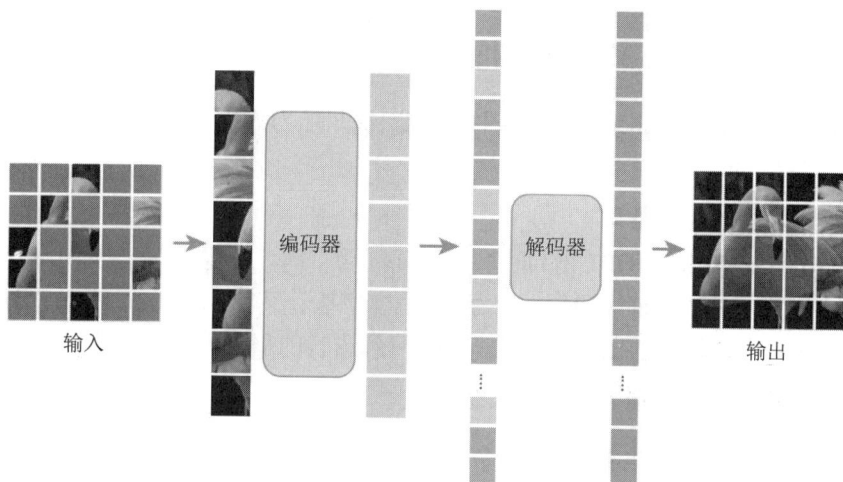

图 7-2-4　视觉大模型提取图片特征

视觉大模型还可以与其他模态的大模型(如语言大模型)进行融合，实现多模态的感知和生成。这种多模态融合的能力使得 AIGC 能够生成更加综合和复杂的内容，满足用户多样化的需求。

3. 视觉大模型在 AIGC 中的应用案例

在广告创意领域，视觉大模型被用于生成符合各种风格的高品质、逼真的视觉作品。通过生成式 AI 技术，商家可以将上传的图片或视频延展至任意尺寸，从而满足不同广告场景的需求。

视觉大模型还可以用于生成虚拟数字人的外观和动作。通过捕捉真实人物的图像和动作数据，并结合视觉大模型的生成能力，可以创建出具有高度真实感的虚拟数字人形象，如图 7-2-5 所示。

图 7-2-5　AIGC 虚拟人视频

在智能视频监控领域，视觉大模型被用于实时分析监控画面中的异常行为或事件。通过对图像数据的深度学习和分析，视觉大模型能够及时发现并报告潜在的安全威胁。

7.2.3　语言大模型增强 AIGC 认知能力的发展

语言大模型在增强 AIGC(人工智能生成内容)认知能力方面的发展，是近年来人工智能领域的一个重要趋势。

1. 语言大模型的技术基础

语言大模型(如 BERT、GPT 等)通过大规模预训练，学习到了人类语言的丰富知识和结构，从而具备了强大的语言理解和生成能力。这些模型基于深度学习算法，特别是 Transformer 架构，能够在海量文本数据上进行训练，并学习到语言的复杂特征和规律。

2. 语言大模型如何增强 AIGC 认知能力

语言大模型通过预训练，掌握了丰富的词汇和语法知识，能够准确理解输入文本的含义和上下文关系。

这种理解能力是 AIGC 进行高质量内容生成的基础。随着模型规模的增大和训练数据的增加，语言大模型的语言理解能力也在不断提升，能够处理更加复杂和抽象的语言任务。基于大语言模型的多模态大模型通用结构如图 7-2-6 所示。

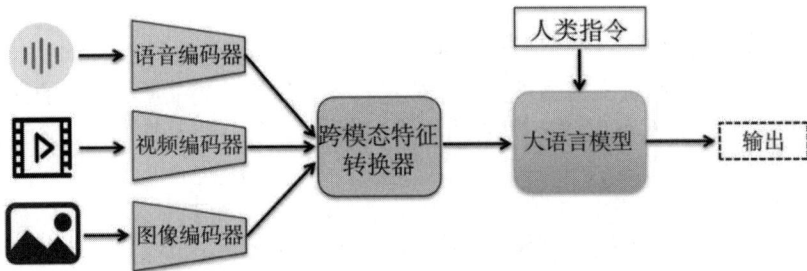

图 7-2-6　基于大语言模型的多模态大模型通用结构

语言大模型在预训练过程中不仅学习了语言本身的知识，还通过大量文本数据中的实体、关系等信息，构建了一个庞大的知识图谱。这使得模型能够进行一定程度的知识推理和逻辑推断。

在 AIGC 应用中，语言大模型的知识推理能力可以帮助生成更加准确、有逻辑的内容，提升用户体验。语言大模型还可以与其他模态的大模型(如视觉大模型)进行融合，实现跨模态的理解和生成。这种多模态融合的能力使得 AIGC 能够处理更加复杂和多样化的输入数据，并生成更加丰富和全面的内容。

3. 语言大模型在 AIGC 中的应用案例

随着 AIGC 技术的快速发展，语言大模型在提升 AIGC 认知能力方面发挥了至关重要的作用。

通过深度学习模型，特别是基于 Transformer 架构的语言大模型，AIGC 不仅能够理解和生成自然语言，还能够进行复杂的推理、上下文理解、文本生成等任务。这一进步大大增强了 AIGC 的认知能力，使其在内容创作、信息提取、交互式对话等领域具有强大的应用潜力，下面我们介绍几个实际案例。

1) 智能问答系统

基于语言大模型的智能问答系统能够准确理解用户的问题，并从海量知识库中检索相关信息进行回答。这种系统广泛应用于搜索引擎、智能客服等领域，如图 7-2-7 所示。

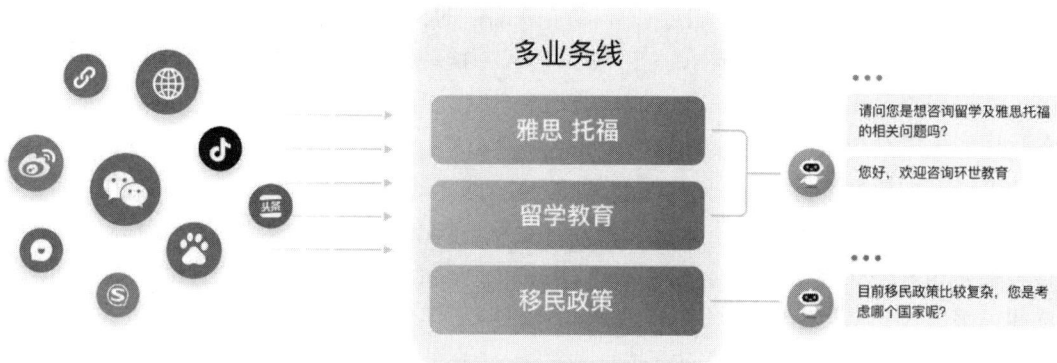

图 7-2-7　智能问答系统

2) 文本生成

语言大模型可以生成各种类型的文本内容，如新闻报道、小说、诗歌等。在 AIGC 应用中，这种生成能力可以辅助创作者进行内容创作，提高创作效率和质量。

3) 对话系统

基于语言大模型的对话系统能够与用户进行自然流畅的对话交流，理解用户的意图和需求，并给出相应的回应。这种系统广泛应用于智能家居、智能车载等领域。

7.2.4　多模态大模型升级 AIGC 内容创作能力

多模态大模型在升级 AIGC(人工智能生成内容)内容创作能力方面展现出了巨大的潜力和优势。

多模态大模型是指能够处理并融合来自不同模态数据的大型神经网络模型，如图 7-2-8 所示。

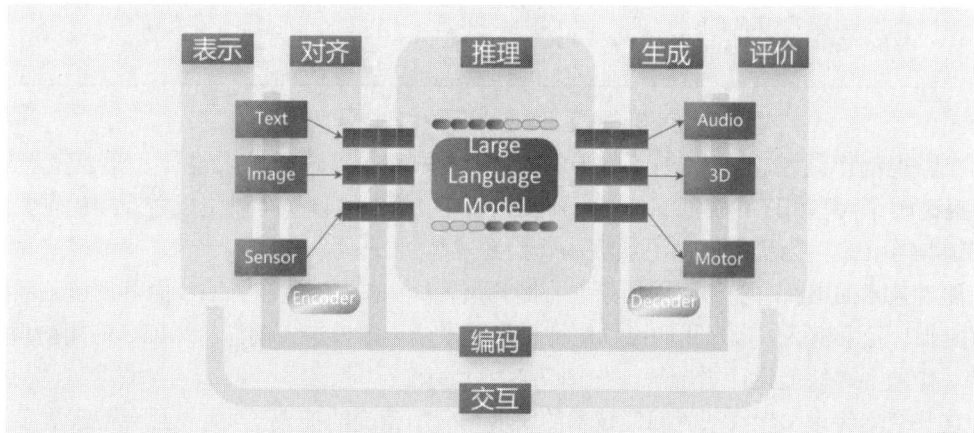

图 7-2-8　多模态大模型

　　这些模型通过深度学习算法，将不同模态的原始数据映射到统一或相似的语义空间中，实现不同模态信号之间的相互理解与对齐。这种跨模态的理解和生成能力，为 AIGC 的内容创作提供了丰富的素材和灵活的表达方式。

　　多模态大模型能够融合来自不同模态的信息，生成包含文字、图像、音频、视频等多种元素的综合内容。这种多样性不仅丰富了 AIGC 的输出形式，还使得生成的内容更加生动有趣，满足不同场景下的需求。传统的 AIGC 内容创作往往需要人工进行大量的数据收集、处理和整合工作。而多模态大模型通过自动化处理流程，能够快速地提取和分析多模态数据，生成高质量的内容，显著提升创作效率。

　　多模态大模型不仅关注文本内容的理解和生成，还能够通过图像、音频等模态捕捉和表达情感信息。这使得 AIGC 在生成内容时能够更加准确地把握用户的情感需求，生成更具感染力和共鸣的作品。多模态大模型在融合不同模态信息的过程中，可能会产生新的创意和灵感。这种跨模态的创意碰撞为 AIGC 的内容创作提供了更多的可能性和想象空间，有助于生成更具创新性和独特性的作品。

　　在广告创意领域，多模态大模型可以根据文本描述生成与之匹配的图像和视频内容，提供更加丰富的创意选择，如图 7-2-9 所示。

图 7-2-9　百度 AIGC 广告创意

　　在影视制作领域，多模态大模型可以辅助编剧和导演进行场景设计、角色塑造等工作，提高制作效率和作品质量。在游戏开发领域，多模态大模型可以生成游戏中的场景、角色和道具等元素，为玩家提供更加沉浸式的游戏体验。

　　随着技术的不断进步和应用场景的不断拓展，多模态大模型在 AIGC 内容创作领域的应用将更加广泛和深入。未来我们可以期待看到更多基于多模态大模型的 AIGC 应用出现，如智能写作助手、智能设计平台等，如图 7-2-10 所示。

　　这些应用将进一步推动 AIGC 技术的发展和应用范围的扩大，为人类社会带来更多便利和创新。

图 7-2-10 多模态大模型应用

7.2.5 趣谈 AIGC 技术演化出的三大前沿能力

AIGC 技术的快速发展，不仅推动了人工智能领域的创新，还催生了一系列前沿能力。以下是 AIGC 技术演化出的三大前沿能力的趣谈。

1. 智能数字内容孪生能力

智能数字内容孪生能力是指 AIGC 技术能够创建与现实世界中的对象、场景或过程高度相似的数字副本。这种能力通过深度学习、计算机视觉等技术，实现对现实世界的精准模拟和再现。

在电商领域，用户可以通过上传自己的照片或视频，利用 AIGC 技术生成的虚拟试衣功能，实时预览不同服装的穿着效果，提升购物体验，如图 7-2-11 所示。

图 7-2-11 虚拟试衣

在城市规划和管理中，AIGC 技术可以构建城市的数字孪生体，帮助决策者模拟不同政策或项目对城市的影响，优化资源配置。

2. 智能数字内容编辑能力

智能数字内容编辑能力是指 AIGC 技术能够自动或半自动地对生成的内容进行编辑、优化和调整，以提高内容的质量和吸引力。这种能力依赖于自然语言处理、图像识别与生成等技术的综合应用。

智能数字内容编辑能力主要应用于自动文案撰写、智能图像处理等领域。

1) 自动文案撰写

在广告、新闻等领域，AIGC 技术可以根据输入的主题和要求，自动生成符合规范的文案，并自动调整语言风格、结构等，提高撰写效率和质量。

2) 智能图像处理

在摄影、设计等领域，AIGC 技术可以自动对图像进行裁剪、调色、修复等操作，使图像更加美观、专业。

3. 智能数字内容创作能力

智能数字内容创作能力是指 AIGC 技术能够基于深度学习等算法，自主创作出具有创新性和个性化的内容。这种能力不仅限于文本、图像等传统形式，还包括音乐、视频、3D 模型等多媒体内容。

AIGC 技术可以根据输入的旋律、节奏等要素，自动生成符合风格要求的音乐作品，为音乐人提供创作灵感和素材。

在影视制作、短视频等领域，AIGC 技术可以根据剧本、场景描述等输入信息，自动生成视频内容，包括角色动画、特效合成等，降低制作成本和时间，如图 7-2-12 所示。

图 7-2-12　国内影视制作、短视频常见 AIGC

AIGC 技术的三大前沿能力——智能数字内容孪生能力、智能数字内容编辑能力和智能数字内容创作能力，共同推动了人工智能在内容生成领域的革命性进展。

随着技术的不断进步和应用场景的不断拓展，AIGC 技术将在更多领域发挥重要作用，为人类生活带来更多便利和创新。

任务思考

(1) AIGC 的技术体系主要包括哪些核心技术？这些技术各自的作用是什么？

答：① AIGC 的技术体系由多个核心技术组成，主要包括自然语言处理、计算机视觉和生成对抗网络等。② 自然语言处理用于处理和生成文本内容，如文本生成、翻译和对话系统；计算机视觉负责图像生成、识别和处理，常用于自动生成图片或视频内容；生成对抗网络则通过两个神经网络相互对抗，用于生成逼真的图像、视频或音频内容。这些技术共同构成了 AIGC 的基础，推动了内容生成的多样性与质量提升。

(2) AIGC 未来的演进方向是什么？这些趋势可能带来哪些新的技术挑战或社会影响？

答：AIGC 未来的演进方向包括更高质量的生成内容、多模态融合和个性化内容生成。生成内容将变得更加逼真和复杂，涉及文本、图像、音频、视频等多种形式的整合。多模态融合技术将打破单一内容形式的局限，实现跨领域的生成能力，提供更丰富的交互体验。个性化生成将使内容更贴近用户需求。这些趋势可能带来技术上的挑战，如模型复杂性、计算资源需求增加等，也会引发社会问题，包括内容的伦理监管和虚假信息的传播。

习题巩固

一、单项选择题

1. 2014 年，由生成对抗网络(GAN)带来的 AIGC 技术主要提升了哪方面？(　　)

A. 数据量　　　　　　　　　　B. 图像质量和清晰度

C. 语音识别能力　　　　　　　D. 视频生成速度

2. DALL-E 属于哪类模型？(　　)

A. 文本生成模型　　　　　　　B. 图像生成模型

C. 语音生成模型　　　　　　　D. 视频生成模型

3. OpenAI 的 DALL-E-2 模型主要应用于什么场景？(　　)

A. 视频生成　　　B. 语音生成　　　C. 图像生成　　　D. 音乐创作

4. 微软的全自动同声传译系统展示于哪一年？(　　)

A. 2010 年　　　B. 2012 年　　　C. 2014 年　　　D. 2016 年

5. 哪种技术被认为是 AIGC 的里程碑？(　　)

A. GAN　　　　B. CNN　　　　C. SVM　　　　D. RNN

6. AIGC 技术的最大优势是什么？(　　)

A. 自动生成高质量内容　　　　B. 完全依赖人类创作

C. 生成内容固定　　　　　　　D. 生成内容无逻辑

二、填空题

1. 微软发布的第一本完全由人工智能创作的诗集名为《_____》。

2. StyleGAN 模型是由_____公司发布的。

3. DALL-E 的主要功能是将_____转化为图像。

4. 视觉大模型通过_____技术来实现图像的生成和处理。

三、简答题

生成对抗网络(GAN)的工作原理是什么？

任务三　基于情感知识增强的预训练模型分析预测项目实战

随着人工智能技术的不断进步,人工智能生成内容(AIGC)在多个领域得到了广泛应用。AIGC 技术不仅能够生成文本、图像、音频和视频,还能够在这些内容中嵌入丰富的情感信息,增强用户体验。情感分析在情感计算和自然语言处理(NLP)领域中占有重要地位。它通过分析文本数据中的情感线索来识别和分类用户的情感状态。结合预训练模型的强大语言理解能力,可以更加精确地捕捉和预测文本中的情感趋势,从而为营销、客户服务、用户体验优化等应用提供有力支持。

基于情感知识增强的
预训练模型分析预测
项目实战

在本次任务中,我们将基于情感知识增强的预训练模型进行情感分析和预测。这不仅包括对情感数据的预处理、模型训练与优化,还包括对模型的分析和预测结果进行深入探讨。通过本次任务,我们期望能够展示如何将情感知识与预训练模型相结合,以实现更高效、更准确的情感分析和预测。

任务目标

- 理解预训练模型的基础知识及其在自然语言处理中的应用。
- 探讨情感分析的基本概念及其在自然语言处理中的重要性。
- 掌握将情感知识与预训练模型结合的方法。
- 实现基于情感知识增强的预训练模型并探讨该模型在实际应用中的潜力和未来的改进方向。

任务内容

7.3.1　预训练模型概述

预训练模型是一种通过大规模无监督数据预先训练的深度学习模型,其目的是学习广泛的语言模式和表示,然后通过少量的有监督数据进行微调,以适应特定任务。这种方法被证明在自然语言处理(NLP)领域具有极大的优势,尤其在文本分类、机器翻译、问答系统和情感分析等任务中表现出色。

预训练模型的发展经历了从简单的词向量(Word2Vec、GloVe)到复杂的语言模型(GPT、BERT)的演进过程。Transformer 模型的提出是预训练模型发展的关键突破。Transformer 通过自注意力机制有效捕捉句子中各个词之间的关系,无须依赖序列处理,解决了 RNN 的长依赖问题。基于 Transformer 的模型如 BERT 和 GPT 成为了 NLP 领域的主流。

BERT(Bidirectional Encoder Representations from Transformers)是一种基于 Transformer 的模型,其核心在于双向编码器的设计。与传统的语言模型不同,BERT 能够同时考虑单

词的左右上下文信息，因此在理解句子含义时更为准确。BERT 的预训练过程包括两个主要任务：Masked Language Model(MLM)和 Next Sentence Prediction(NSP)，分别用于增强模型的词汇理解能力和句间关系的判断能力。

本次项目实战的主要目的是构建一个情感分析及预测系统，能够根据用户输入的中文文本判断其情感倾向，如正面或负面。为此，我们将使用预训练的 BERT 模型，并通过在特定情感数据集上的微调来实现该目标。

7.3.2　情感分析及情感知识的基本概念

1. 情感分析

情感分析(Sentiment Analysis)，又称意见挖掘(Opinion Mining)，是自然语言处理(NLP)中的一个重要任务。它的核心目标是识别、提取和分类文本中的情感信息，从而确定文本表达的主观性和情感倾向。情感分析的应用领域非常广泛，包括社交媒体分析、市场调研、用户反馈管理等。

情感分析的方法可以分为基于规则的方法、基于机器学习的方法和基于深度学习的方法。情感分析的类型主要有以下几种。

(1) 极性分类。这是最常见的情感分析任务，即将文本分类为正面、负面或中性。极性分类是许多情感分析应用的核心，比如产品评论的好评或差评分类。

(2) 情感强度分析。不仅仅是分类为正面或负面，情感强度分析还要识别情感表达的强度。例如，区分"喜欢"和"非常喜欢"或"讨厌"和"极度讨厌"。

(3) 多类别情感分类。除了简单的正负面分类，多类别情感分类还涉及识别文本中的具体情感，如快乐、愤怒、悲伤等。这种分类对于细粒度情感分析任务非常有用。

(4) 目标情感分析。本任务不仅要分析整体情感倾向，还要识别文本中针对不同对象的情感。例如，在一句话中识别出对产品的评价和对服务的评价分别是什么。

2. 情感知识

情感知识指的是与情感相关的语言学特征和信息，这些信息包括情感词典(Sentiment Lexicons)、情感语料库(Sentiment Corpora)以及特定情感表达的模式或规则。情感知识在情感分析任务中扮演了至关重要的角色，尤其在对文本情感进行更精细的分类和分析时更为重要。情感知识的来源主要有情感词典、情感标注语料库、情感规则。

(1) 情感词典。情感词典是最常见的情感知识来源之一，包含了大量具有明确情感倾向的词汇及其情感极性(如正面或负面)。常用的情感词典包括 SentiWordNet、VADER 等。

(2) 情感标注语料库。情感标注语料库包含了经过人工标注的文本数据，并明确标注了每个文本片段的情感类别或情感强度。这些数据在训练和评估情感分析模型时具有重要作用。

(3) 情感规则。情感规则是通过特定的语法结构或修辞手法实现的，如反语、讽刺、夸张等。这些规则通常通过语言学分析获得，并可以作为情感分析的辅助知识。

在预训练模型中注入情感知识可以显著提升模型在情感分析任务中的表现。这是因为预训练模型虽然在广泛的无监督数据上学到了丰富的语言表示，但在特定的情感任务中，单纯依靠这些表示可能不足以捕捉情感细微差别。而情感知识的注入能够补充这一不足，使得模型在处理复杂的情感表达时更加准确和高效。

7.3.3　实现基于情感知识增强的预训练模型及其应用

在本任务中，我们利用预训练的 BERT 模型对中文文本进行情感分类，通过相关的第三方库来进行数据读取与预处理、模型加载与初始化、构建自定义数据集类、数据集划分、模型训练、模型评估、情感预测，构建一个完整的情感分析系统。

1. 相关第三方库的介绍与安装

我们在本次任务中使用了 torch、transformers、pandas 这三个第三方库。

1) torch

torch 是一个开源的深度学习框架，广泛用于研究和生产。它提供了强大的张量计算能力以及基于动态计算图的灵活性，使得深度学习模型的构建与训练更加便捷。在本实验中主要用于构建和训练神经网络模型；管理 GPU 设备，加速计算；提供自动微分机制，简化梯度计算与模型优化。

2) transformers

transformers 库由 Hugging Face 开发，提供了多种预训练的 Transformer 模型(如 BERT、GPT 等)及其对应的分词器。它是 NLP 任务中不可或缺的工具。

3) pandas

pandas 是一个强大的数据分析工具，主要用于结构化数据的操作，如表格数据。它提供了高效的读取、清洗、转换数据的方法。

我们可以通过 pip 来安装这些库，在终端中输入下面的代码即可。

```
pip3 install torch transformers pandas
```

在终端中输入 pip 命令安装库，如图 7-3-1 所示。安装完成后，如图 7-3-2 所示。

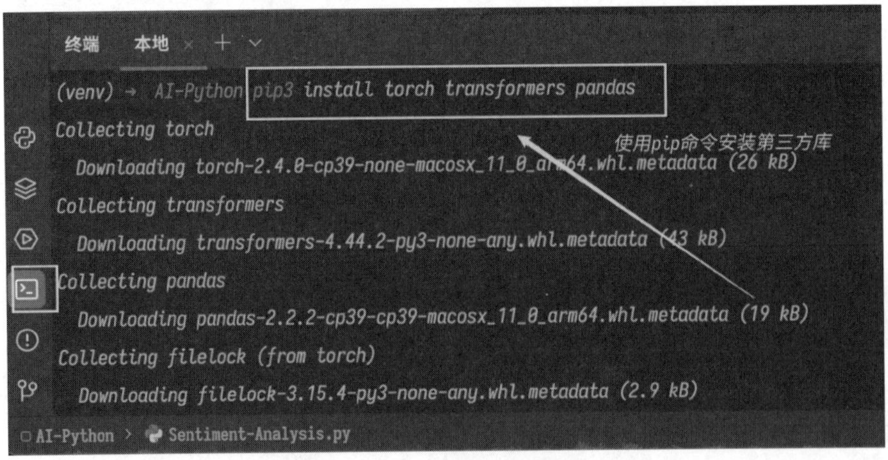

图 7-3-1　安装第三方库

图 7-3-2 安装完成

2. 数据读取与预处理

数据的加载和预处理是深度学习任务中的重要环节。这里使用素材库中已经预先收集好的数据，这些数据来自某外卖平台收集的用户评价。将数据文件 sentiment_data.csv 放入到 AI-Python 的项目中，数据文件内容如图 7-3-3 所示。

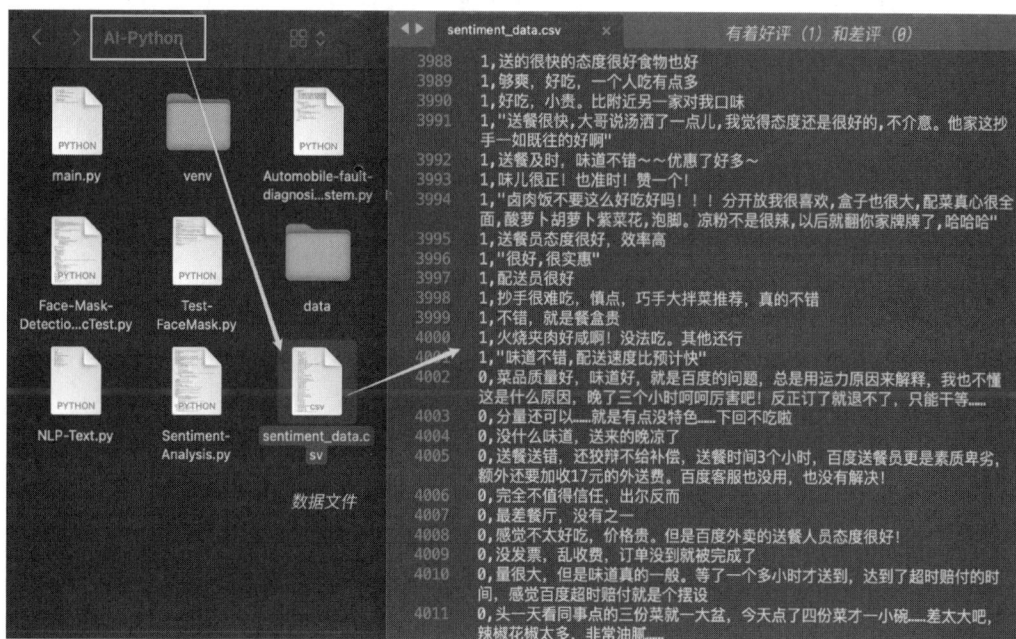

图 7-3-3 外卖数据内容

数据集中包含多条文本评论及其对应的情感标签。每一条评论都带有一个标签，其中 1 表示正面情感，0 表示负面情感。在处理自然语言任务时，数据的质量直接影响模型的性能，因此在此步骤中需要仔细检查数据的完整性，并对数据进行适当的清理。因此我们将使用 sample 方法对数据进行随机打乱，以避免数据顺序对模型训练产生潜在影响。具体代码如下：

```
df = df.sample(frac=1).reset_index(drop=True)
```

通过设置 frac=1，我们确保所有数据都被打乱，reset_index(drop=True)用来重置索引，保证数据集的连续性和一致性。

3. 模型加载与初始化

加载预训练模型和分词器是使用 BERT 进行文本分类的核心步骤。BERT 模型的强大之处在于其双向编码能力，它能够同时考虑句子中的前后文的关系。在文本分类任务中，BertForSequenceClassification 类将 BERT 模型的输出层修改为分类层，以适应情感分类任务。BertTokenizer 负责将文本转换为模型可接受的输入格式(如 input_ids 和 attention_mask)。具体代码如下：

```
tokenizer = BertTokenizer.from_pretrained('bert-base-chinese')
model = BertForSequenceClassification.from_pretrained('bert-base-chinese')
```

我们还需要通过 random.seed(42)设置随机种子，确保模型训练的可重复性。在机器学习中，设置随机种子可以确保每次运行时产生相同的随机数序列，从而保证实验结果的一致性。这对于模型调试和结果复现非常重要。

4. 构建自定义数据集类

在深度学习模型中，数据集的管理和数据加载方式对训练效率和效果有很大影响。具体代码如下：

```
class SentimentDataset(Dataset):
    def __init__(self, dataframe, tokenizer, max_length=128):
        self.dataframe = dataframe
        self.tokenizer = tokenizer
        self.max_length = max_length

    def __len__(self):
        return len(self.dataframe)

    def __getitem__(self, idx):
        text = self.dataframe.iloc[idx]['review']
        label = self.dataframe.iloc[idx]['label']
        encoding = self.tokenizer(text, padding='max_length', truncation=True, max_length=self.max_
length, return_tensors='pt')
        return {
            'input_ids': encoding['input_ids'].flatten(),
            'attention_mask': encoding['attention_mask'].flatten(),
            'labels': torch.tensor(label, dtype=torch.long)
        }
```

我们定义了一个自定义数据集类 SentimentDataset，目的是将原始文本数据转换为模型可以直接处理的输入形式。__getitem__ 方法用于按索引读取数据，并通过 BERT 分词器将文本编码为张量。每条数据都由 input_ids、attention_mask 和 label 组成，这些数据将作为输入传递给模型。

5. 数据集划分

在构建好数据集类之后，接下来需要将数据集划分为训练集和验证集，并创建数据加载器。具体代码如下：

```
# 创建数据集对象
dataset = SentimentDataset(df[:1500], tokenizer)

# 划分训练集和验证集
train_size = int(0.8 * len(dataset))
val_size = len(dataset) - train_size
train_dataset, val_dataset = random_split(dataset, [train_size, val_size])

# 创建数据加载器
train_loader = DataLoader(train_dataset, batch_size=8, shuffle=True)
val_loader = DataLoader(val_dataset, batch_size=8, shuffle=False)
```

6. 模型训练

模型训练是深度学习任务的核心部分，通过不断优化模型参数，提升模型在目标任务上的表现。我们将使用 AdamW 优化器，它结合了 Adam 优化器的自适应学习率机制，并对 L2 正则化做了改进，适合于 Transformer 架构的模型。示例代码如下：

```
optimizer = AdamW(model.parameters(), lr=5e-5)
device = torch.device("cuda" if torch.cuda.is_available() else "cpu")
model.to(device)
model.train()
for epoch in range(5):    # 5 个 epoch 作为示例
    for batch in tqdm(train_loader, desc="Epoch {}".format(epoch + 1)):
        input_ids = batch['input_ids'].to(device)
        attention_mask = batch['attention_mask'].to(device)
        labels = batch['labels'].to(device)

        optimizer.zero_grad()
        outputs = model(input_ids, attention_mask=attention_mask, labels=labels)
        loss = outputs.loss
        loss.backward()
        optimizer.step()
```

7. 模型评估

训练结束后，需要在验证集上对模型进行评估，以判断其在未见过的数据上的表现，代码如下：

```
model.eval()
total_eval_accuracy = 0
```

```
for batch in tqdm(val_loader, desc="Evaluating"):
    input_ids = batch['input_ids'].to(device)
    attention_mask = batch['attention_mask'].to(device)
    labels = batch['labels'].to(device)

    with torch.no_grad():
        outputs = model(input_ids, attention_mask=attention_mask)

    logits = outputs.logits
    preds = torch.argmax(logits, dim=1)
    accuracy = (preds == labels).float().mean()
    total_eval_accuracy += accuracy.item()
```

在评估阶段，将模型设为评估模式(model.eval())，以关闭 dropout 等影响评估的机制。通过计算每个批次的准确率并求平均值，可以得到模型在验证集上的整体表现。

8. 情感预测

训练好的模型可以用于预测新文本的情感倾向。以下是使用微调后的 BERT 模型进行情感预测的示例。

```
def predict_sentiment(sentence):
    inputs = tokenizer(sentence, padding='max_length', truncation=True, max_length=128, return_tensors='pt').to(device)
    with torch.no_grad():
        outputs = model(**inputs)
    logits = outputs.logits
    probs = torch.softmax(logits, dim=1)
    positive_prob = probs[0][1].item()    # 1 表示正面
    print("Positive Probability:", positive_prob)


# 测试一个句子
predict_sentiment("这个饭一般般吧，以后是不打算吃了。")
```

该函数首先将输入句子编码为模型可接受的格式，然后通过模型前向传播计算出各情感类别的概率分布。通过 softmax 函数，将 logits 转化为概率值，最终输出正面情感的概率。

9. 实现基于情感知识增强的预训练模型分析预测

接下来我们结合上述所有步骤，对代码进行优化整理。完整的 Python 程序代码如下：

```
import torch
from transformers import BertTokenizer, BertForSequenceClassification, AdamW
from torch.utils.data import DataLoader, Dataset, random_split
```

```
import pandas as pd
from tqdm import tqdm
import random


# 读取训练数据集
df = pd.read_csv("sentiment_data.csv")    # 替换为你的训练数据集路径
# 加载预训练的 BERT 模型和分词器
tokenizer = BertTokenizer.from_pretrained('bert-base-chinese')
model = BertForSequenceClassification.from_pretrained('bert-base-chinese')
# 设置随机种子以确保可重复性
random.seed(42)
# 随机打乱数据行
df = df.sample(frac=1).reset_index(drop=True)
# 数据集中 1 为正面，0 为反面
class SentimentDataset(Dataset):
    def __init__(self, dataframe, tokenizer, max_length=128):
        self.dataframe = dataframe
        self.tokenizer = tokenizer
        self.max_length = max_length


    def __len__(self):
        return len(self.dataframe)


    def __getitem__(self, idx):
        text = self.dataframe.iloc[idx]['review']
        label = self.dataframe.iloc[idx]['label']
        encoding = self.tokenizer(text, padding='max_length', truncation=True, max_length=self.max_length, return_tensors='pt')
        return {
            'input_ids': encoding['input_ids'].flatten(),
            'attention_mask': encoding['attention_mask'].flatten(),
            'labels': torch.tensor(label, dtype=torch.long)
        }


# 为了快速训练展示，下面程序只加载了 1500 条数据。
# 创建数据集对象
dataset = SentimentDataset(df[:1500], tokenizer)
# 创建数据集对象
```

```
dataset = SentimentDataset(df[:1500], tokenizer)


# 划分训练集和验证集
train_size = int(0.8 * len(dataset))
val_size = len(dataset) - train_size
train_dataset, val_dataset = random_split(dataset, [train_size, val_size])


# 创建数据加载器
train_loader = DataLoader(train_dataset, batch_size=8, shuffle=True)
val_loader = DataLoader(val_dataset, batch_size=8, shuffle=False)
# 设置训练参数
optimizer = AdamW(model.parameters(), lr=5e-5)
device = torch.device("cuda" if torch.cuda.is_available() else "cpu")
model.to(device)
# 训练模型
model.train()
for epoch in range(5):    # 5 个 epoch 作为示例
    for batch in tqdm(train_loader, desc="Epoch {}".format(epoch + 1)):
        input_ids = batch['input_ids'].to(device)
        attention_mask = batch['attention_mask'].to(device)
        labels = batch['labels'].to(device)

        optimizer.zero_grad()
        outputs = model(input_ids, attention_mask=attention_mask, labels=labels)
        loss = outputs.loss
        loss.backward()
        optimizer.step()
# 评估模型
model.eval()
total_eval_accuracy = 0
for batch in tqdm(val_loader, desc="Evaluating"):
    input_ids = batch['input_ids'].to(device)
    attention_mask = batch['attention_mask'].to(device)
    labels = batch['labels'].to(device)

    with torch.no_grad():
        outputs = model(input_ids, attention_mask=attention_mask)
```

```
        logits = outputs.logits
        preds = torch.argmax(logits, dim=1)
        accuracy = (preds == labels).float().mean()
        total_eval_accuracy += accuracy.item()


average_eval_accuracy = total_eval_accuracy / len(val_loader)
print("Validation Accuracy:", average_eval_accuracy)


# 使用微调后的模型进行预测
def predict_sentiment(sentence):
    inputs = tokenizer(sentence, padding='max_length', truncation=True, max_length=128, return_tensors=
'pt').to(device)
    with torch.no_grad():
        outputs = model(**inputs)
    logits = outputs.logits
    probs = torch.softmax(logits, dim=1)
    positive_prob = probs[0][1].item()    # 1 表示正面
    print("Positive Probability:", positive_prob)


# 测试一个句子
predict_sentiment("这个饭一般般吧，以后是不打算吃了。")
```

在 PyCharm 中的 AI-Python 项目中新建一个名为 Test-FaceMask 的 Python 文件，将上面的代码复制粘贴到文件中，如图 7-3-4 所示。

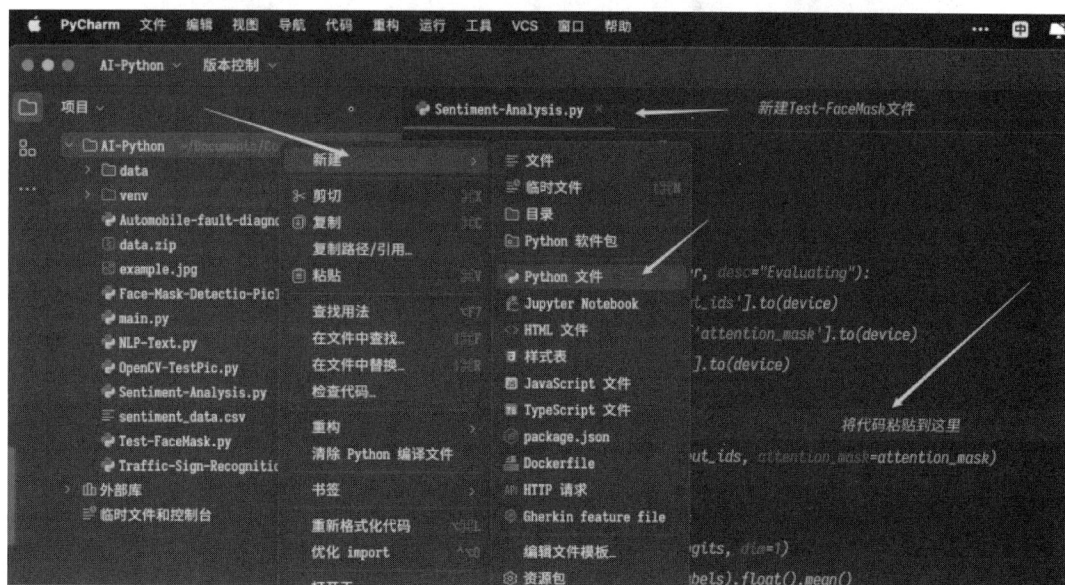

图 7-3-4　新建 Test-FaceMask 文件

点击 PyCharm 上部的运行按钮运行该程序，如图 7-3-5 所示。

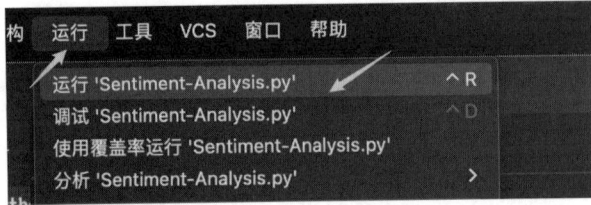

图 7-3-5　点击运行按钮运行程序

可以看到下方的代码开始训练模型了，如图 7-3-6 所示，等待一会即可。

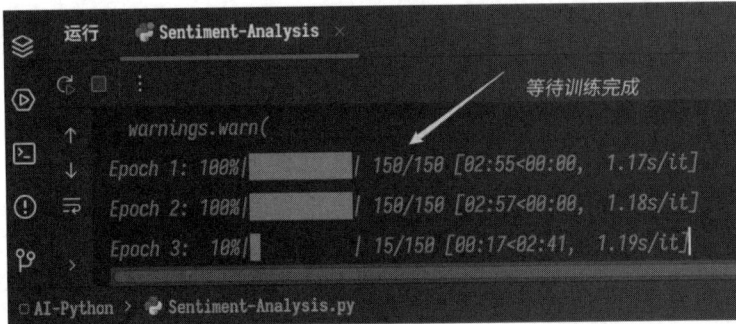

图 7-3-6　训练模型

十分钟左右，模型训练完成，程序运行结束，如图 7-3-7 所示。

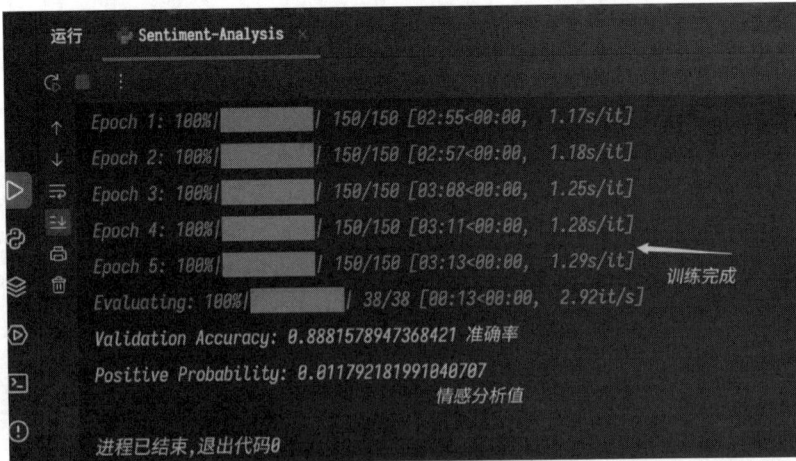

图 7-3-7　运行结束

我们可以看到模型的准确率约为 88.81%，而我们给出了语句，分析的结果是 0，也就是负面的情感，判断无误。

在本次任务中，我们通过使用 PyTorch 和 Hugging Face 的 transformers 库，成功构建了一个基于 BERT 的情感分类模型。通过详细的模块分析与代码实现，我们了解了从数据加载、预处理、模型训练到评估的整个流程。实验结果表明，基于 BERT 的情感分类在验证集上取得了较高的准确率，表明其在处理中文文本情感分析任务中的有效性。

此外，通过使用多种 Python 第三方库，我们简化了数据处理和模型构建的复杂性。这些库不仅提供了丰富的功能，还在一定程度上保证了代码的可读性和易维护性。

本次任务的成功实施，展示了预训练模型在实际 NLP 任务中的应用潜力。未来的工作可以包括进一步优化模型、扩展数据集以及探索其他预训练模型在情感分类中的表现。

任务思考

(1) 在实验过程中，哪些超参数的调整对模型性能有显著影响？

答：学习率和训练轮数是两个对模型性能有显著影响的超参数。学习率过高可能导致模型无法收敛，而学习率过低则可能使模型训练速度过慢。训练轮数决定了模型的训练深度，过少可能导致欠拟合，而过多则可能导致过拟合。

(2) 情感知识增强对预训练模型在应对复杂情感表达时的作用是什么？

答：情感知识增强使得预训练模型能够更好地理解复杂情感表达，尤其是在情感表达存在隐含或多义性时，增强后的模型可以更准确地预测文本的情感倾向。

习题巩固

一、单项选择题

1. 深度学习算法主要用于提升 AIGC 的什么能力？（　　）

A. 逻辑推理　　　　　　　　　B. 感知和生成内容的能力

C. 语言识别　　　　　　　　　D. 数据存储

2. DALL-E 能够将文本转化为什么？（　　）

A. 图像　　　　　　　　　　　B. 音频

C. 文字　　　　　　　　　　　D. 数据

3. OpenAI 的哪一款模型推动了 AIGC 的发展？（　　）

A. GPT　　　　　　　　　　　B. DALL-E

C. Tangora　　　　　　　　　D. Eliza

4. AIGC 未来最具潜力的领域是什么？（　　）

A. 医疗　　　　　　　　　　　B. 艺术创作

C. 游戏设计　　　　　　　　　D. 教育

5. AIGC 主要依赖于哪种学习方法？（　　）

A. 监督学习　　　　　　　　　B. 强化学习

C. 深度学习　　　　　　　　　D. 元学习

6. 多模态大模型提升了 AIGC 的哪种能力？（　　）

A. 内容生成的多样性   B. 数据存储的效率

C. 内容分发的速度   D. 语言理解的精准度

二、填空题

1. AIGC 技术可以提升_____的效率，减少人工干预。

2. 微软全自动同声传译系统首次亮相于_____年。

3. 世界上第一部由 AI 创作的诗集是在_____发布的。

4. 深度学习是通过模仿_____的结构和功能进行学习的。

三、简答题

DALL-E 模型的核心技术是什么？

项目八 拥抱 AI 大模型的奇妙世界

本项目探讨了大模型技术的基本概念及其发展，涵盖大模型的定义、历史、类型及其对社会经济的影响；分析了多模态大模型的技术体系、网络结构设计、自监督学习优化、下游任务微调适配，介绍了模态与多模态的概念。

项目还提供了私有化多模态大模型的实战案例，以帮助学习者全面理解大模型的潜力与挑战。

项目架构

```
                                    ┌─ 大模型的定义、内涵、作用
                                    ├─ 大模型的发展历程
                    大模型技术的基本概念 ─┼─ 大模型的类型
                                    ├─ 大模型对经济社会发展的意义
                                    └─ 大模型技术的风险与挑战

                                    ┌─ 模态与多模态
                                    ├─ 多模态大模型的技术体系
拥抱AI大模型  ───  多模态大模型的技术发展 ─┼─ 网络结构设计
的奇妙世界                            ├─ 自监督学习优化
                                    └─ 下游任务微调适配

                                    ┌─ 多模态大模型的基本概念
                    私有化多模态大模型项目实战 ─┼─ Ollama、OpenWebUI和Llama3的介绍
                                    └─ 本地部署实战
```

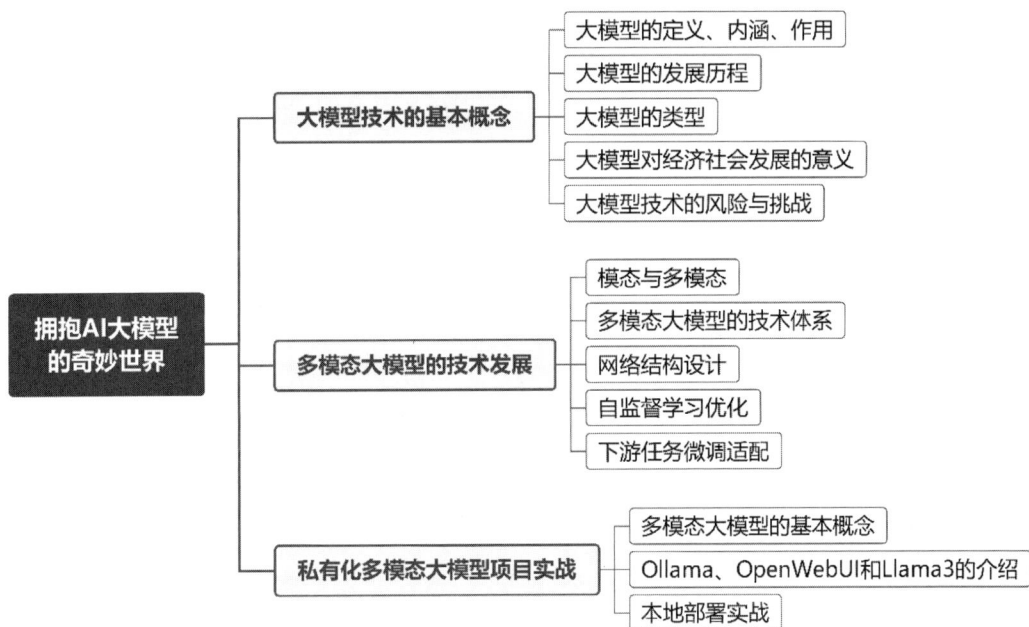

任务一 大模型技术的基本概念

大模型是指具有数千万甚至数亿参数的深度学习模型，它们通常由复杂的神经网络架构组成，如 Transformer 等。这些模型通过在大规模数据集上进行预训练，能够捕捉数据的深层次特征，并在各类任务中表现出色，如自然语言处理、计算机视觉等。大模型技术的

目标是提高模型的表达能力和预测性能，以应对更加复杂的数据和任务。

任务目标

- 理解大模型的概念和作用。
- 了解并掌握大模型的发展历程。
- 探究并掌握大模型的社会发展意义。
- 掌握大模型技术的风险和挑战。

大模型技术
的基本概念

任务内容

8.1.1 大模型的定义、内涵、作用

作为人工智能领域的一个重要概念，大模型的定义、内涵、作用、分类和发展趋势可以从多个方面进行阐述。

1. 大模型的定义

大模型是指具有数千万甚至数亿参数的深度学习模型。随着计算机技术和大数据的快速发展，研究者们为了提升模型的性能，不断尝试增加模型的参数数量，从而诞生了大模型这一概念。大模型通常由深度神经网络构建而成，拥有数十亿甚至数千亿个参数，其设计目的是提高模型的表达能力和预测性能，以处理更加复杂的任务和数据。

2. 大模型的内涵

1) 规模庞大

大模型包含数十亿甚至数千亿个参数，模型大小可以达到数百吉字节(GB)甚至更大，这种巨大的规模为其提供了强大的表达能力和学习能力，如图 8-1-1 所示。

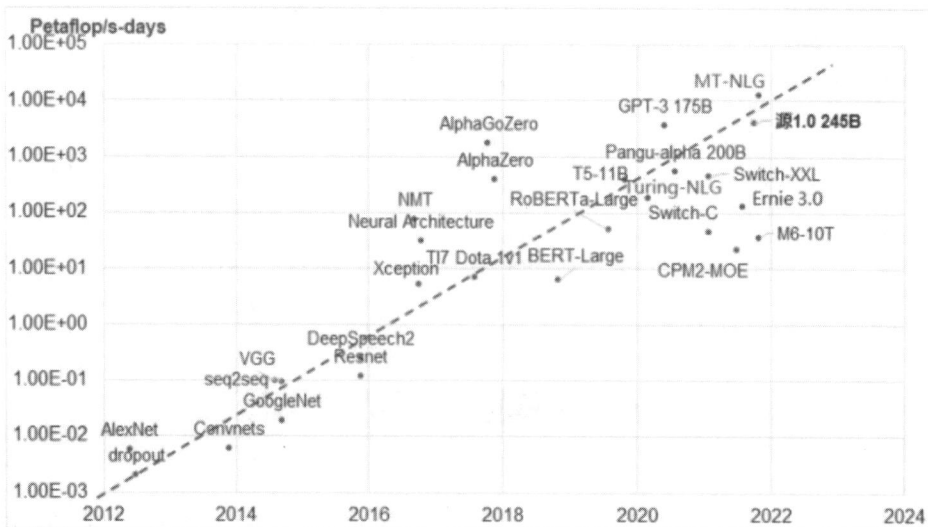

*部分数据来源: OpenAI.

图 8-1-1 模型参数及计算量越来越大

2) 多任务学习

大模型通常会一起学习多种不同的 NLP(自然语言处理)任务,如机器翻译、文本摘要、问答系统等,使其能够学习到更广泛和泛化的语言理解能力。

3) 计算资源要求高

训练大模型需要巨大的计算资源,通常需要数百甚至上千个 GPU,以及大量的时间,通常在几周到几个月不等。

4) 数据需求量大

大模型需要大量的数据来进行训练,只有大量的数据才能发挥大模型的参数规模优势。

3. 大模型的作用

1) 提升任务性能

大模型具有庞大的参数规模和强大的学习能力,可以在各种任务上发挥良好的性能,大模型的组成如图 8-1-2 所示。

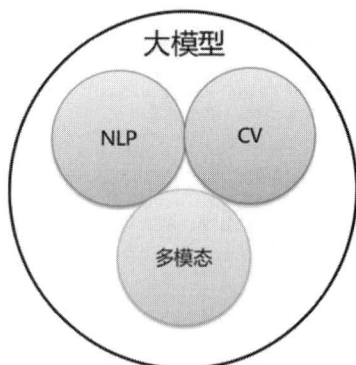

图 8-1-2 大模型的组成

2) 促进技术创新

大模型的发展推动了人工智能技术的创新,如 Transformer 架构的提出和应用,为大模型的发展提供了重要支撑。

3) 拓宽应用领域

大模型的应用领域非常广泛,包括智能助手、智能客服、智能翻译、图像识别、语音识别、自动驾驶、金融风控等多个领域。

4) 推动产业升级

大模型的应用推动了相关产业的升级和转型,如电商行业通过 AIGC + 电商模式推进虚实交融,营造沉浸体验;影视行业通过 AIGC + 影视模式拓展创作空间,提升作品质量;娱乐行业通过 AIGC + 娱乐模式扩展辐射边界,获得发展动能等。

4. 大模型的分类

大模型可以根据输入数据类型和应用领域的不同进行分类。按输入数据类型可分为语言大模型、视觉大模型和多模态大模型;按应用领域可分为通用大模型、行业大模型和垂直大模型。

5. 大模型的发展趋势

随着技术的不断进步和应用的不断拓展,大模型的发展趋势将更加多元化和智能化。一方面,大模型将继续在各个领域发挥重要作用,推动相关产业的升级和转型;另一方面,大模型的技术也将不断创新和完善,如通过引入新的架构和算法来提升模型的性能和效率。

8.1.2　大模型的发展历程

大模型的发展历程可以概括为萌芽期、沉淀期、爆发期这三个主要阶段,每个阶段都伴随着技术上的重大突破和应用领域的不断扩展。

1. 萌芽期(1950—2005 年)

1956 年，计算机专家约翰·麦卡锡首次提出了"人工智能"的概念，标志着 AI 领域的正式诞生。

AI 发展最初基于小规模专家知识，逐步发展为基于机器学习的方法，如图 8-1-3 所示。

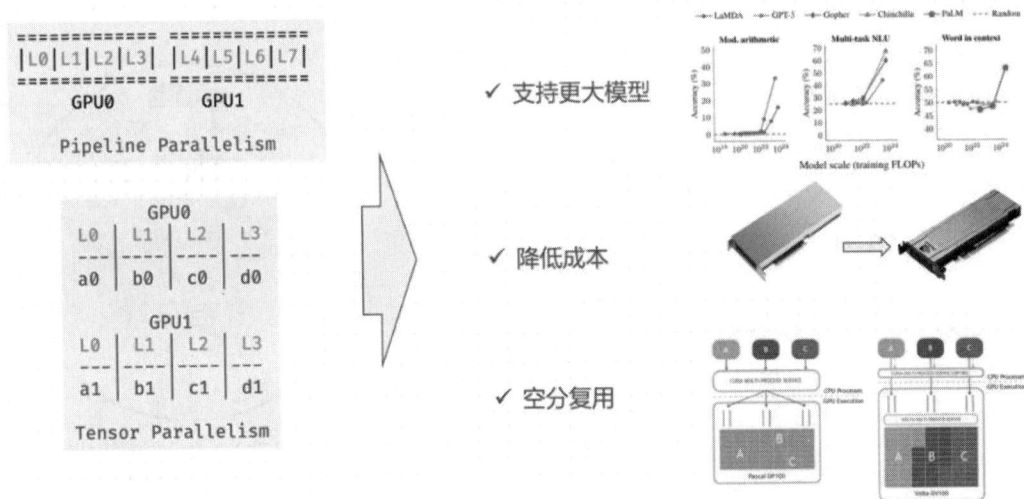

图 8-1-3   大模型的发展

1980 年，卷积神经网络(CNN)的雏形出现，为后续的深度学习奠定了基础。1998 年，现代卷积神经网络的基本结构 LeNet-5 诞生，推动了机器学习方法由浅层机器学习向深度学习的转变。

2. 沉淀期(2006—2019 年)

此阶段以 Transformer 为代表的全新神经网络模型成为主流。Transformer 架构的提出奠定了大模型预训练算法架构的基础。

2013 年，自然语言处理模型 Word2Vec 诞生，它首次将单词转化为向量表示，这种方式使得计算机处理文本数据更为便捷。2014 年，GAN(对抗式生成网络)的出现，标志着深度学习进入了生成式大模型阶段。2017 年，Google 提出了 Transformer 架构，随后在 2018 年，OpenAI 和 Google 分别发布了 GPT-1 与 BERT 大模型，标志着预训练大模型成为自然语言处理领域的主流。

3. 爆发期(2020 年至今)

大模型的参数规模迅速扩大，从亿级发展到百亿级、千亿级，甚至更高。如 GPT-3 的参数规模达到了 1750 亿。

更多策略如基于人类反馈的强化学习(RHLF)、代码预训练、指令微调等被用于提升大模型的推理能力和任务泛化能力。

大模型在多个领域得到广泛应用，如自然语言处理、计算机视觉、语音识别等。其中，ChatGPT 的推出更是引发了全球范围的关注和讨论。

国内外科技巨头纷纷加入大模型竞赛，竞相发布自己的大模型产品。如 OpenAI 的 GPT 系列、Google 的 PaLM、微软的 Copilot Office 等。

8.1.3　大模型的类型

随着人工智能(AI)技术的飞速发展，大模型(Large Models)作为 AI 系统的核心，正成为推动人工智能广泛应用和深入发展的关键因素。

大模型泛指通过深度学习技术构建的参数量庞大的模型，通常需要大量数据进行训练，能够在语言、视觉、语音、游戏等不同任务中展现强大的泛化能力。大模型的类型多种多样，根据其结构、功能和应用领域的不同，大致可以分为语言模型、视觉模型、多模态模型、生成模型、对抗模型和自监督模型等几类。每一种类型的大模型都有其特定的应用场景和技术特点，它们共同推动着人工智能领域的发展。

1. 语言大模型

语言大模型是人工智能领域最具代表性的大模型之一，主要用于自然语言处理(NLP)任务。语言大模型通过大量文本数据进行训练，能够处理文本的生成、理解和分析等任务。其广泛应用于机器翻译、对话系统、文本生成、情感分析等领域。常见手机大模型图标如图8-1-4 所示。

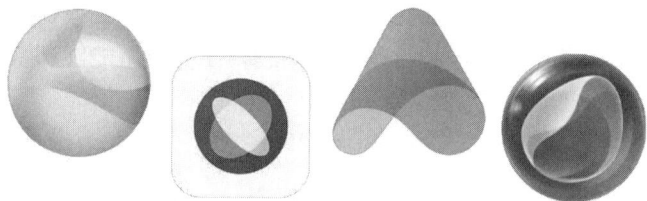

图 8-1-4　常见手机大模型图标

1) GPT 系列模型

由 OpenAI 推出的 GPT(Generative Pretrained Transformer)系列模型是语言大模型的代表作之一。GPT 模型基于 Transformer 架构，通过无监督预训练和有监督微调实现强大的文本生成和理解能力。GPT-3 模型拥有 1750 亿参数，是当前最为庞大的语言模型之一，能够在多种自然语言处理任务中表现出色，如文本生成、问答、翻译等。

2) BERT 模型

由 Google 发布的 BERT(Bidirectional Encoder Representations from Transformers)模型是一种双 Transformer 架构的预训练模型，它能够从上下文中同时捕捉前后信息，从而更好地理解语义。BERT 在文本分类、实体识别、阅读理解等任务中取得了显著效果。

3) T5 模型

Google 提出的 T5(Text-To-Text Transfer Transformer)模型将所有自然语言处理任务统一为"文本到文本"的形式。T5 通过将各种任务转化为文本生成问题，展现了极强的通用性和跨任务的泛化能力，如图 8-1-5 所示。

语言大模型的核心技术是 Transformer 架构，Transformer 通过自注意力机制(Self-attention)实现对序列数据的高效建模。自注意力机制能够捕捉句子中单词之间的远距离依赖关系，使模型具备理解复杂上下文的能力。此外，语言大模型通常采用大规模预训练和微调的方式。预训练阶段，模型通过海量无标注文本进行自监督学习，捕捉语言的共性知识；微调阶段，模型针对特定任务进行有监督学习，从而实现对具体任务的高效适应。

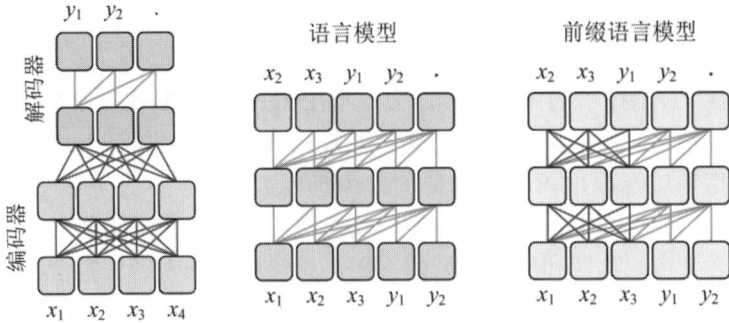

图 8-1-5　T5 模型

2. 视觉大模型

视觉大模型主要用于计算机视觉任务，如图像分类、目标检测、图像分割、图像生成等。随着深度学习技术的进步，视觉大模型通过大规模的图像数据进行训练，能够有效提取和理解图像中的复杂特征。

1) ResNet

由微软提出的 ResNet(Residual Networks)是视觉模型的一个重要里程碑。通过引入残差连接，ResNet 解决了深层网络中梯度消失的问题，使得模型能够训练更深的网络，从而显著提升了图像分类的性能，如图 8-1-6 所示。

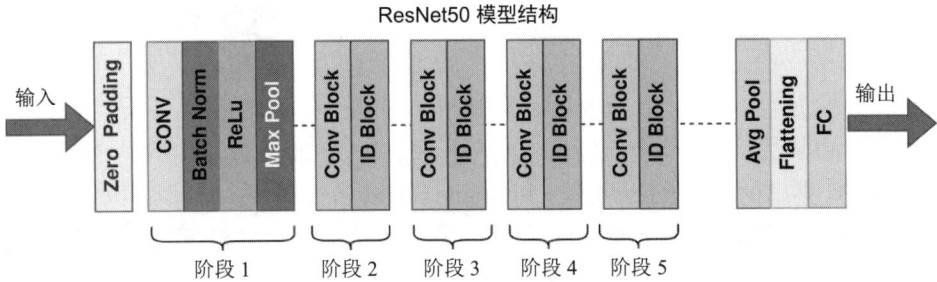

图 8-1-6　ResNet 模型

2) ViT

ViT(Vision Transformer)是首个将 Transformer 架构引入计算机视觉的模型。ViT 通过将图像分割成小块并对其应用 Transformer 架构，打破了 CNN(卷积神经网络)在视觉领域的垄断地位，并在多个视觉任务上表现出色。

视觉大模型的核心技术包括卷积神经网络(CNN)和 Transformer 架构。CNN 通过卷积操作提取图像中的局部特征，通过池化操作缩减特征维度，逐层抽象出更高层次的语义信息。Transformer 则通过自注意力机制在图像块之间建立长距离依赖关系，从而提升对全局特征的理解。此外，视觉大模型通常需要大量的标注图像数据进行训练，随着自监督学习和对比学习等技术的发展，模型可以从未标注的数据中学习有用特征，进一步提升其感知能力。

8.1.4　大模型对经济社会发展的意义

大模型对经济社会发展的意义深远，主要体现在五个方面。

1. 推动技术进步与创新

大模型作为人工智能领域的核心技术之一，其发展和应用推动了深度学习、自然语言处理、计算机视觉等技术的不断创新。这些技术的突破为经济社会的发展提供了新的动力。

大模型不仅限于单一领域，其跨领域的应用能力使得不同行业之间可以共享技术成果，促进技术融合与创新。

2. 促进产业升级与转型

大模型通过对传统产业的赋能，帮助传统产业实现数字化、智能化转型。例如，在制造业中，大模型可以优化生产流程、提高生产效率、降低能耗和成本。

大模型的应用还催生了一系列新兴产业，如智能客服、自动驾驶、智能医疗等。这些新兴产业的崛起为经济增长提供了新的增长点。

3. 提高生产效率与经济效益

大模型通过对大数据的分析，可以帮助企业更好地了解市场需求和消费者行为，从而优化生产计划和资源配置。例如，通过分析用户购物习惯，电商平台可以为商家提供个性化的推荐服务，提高销售效率。

大模型的应用还提高了企业的决策能力。通过实时数据分析和预测，企业可以更加精准地把握市场趋势和变化，制订更加合理的经营策略。

4. 创造就业机会与人才培养

随着大模型在各个领域的广泛应用，对数据分析师、人工智能工程师等专业人才的需求将不断增加，这为社会创造了大量的就业机会，如图 8-1-7 所示。

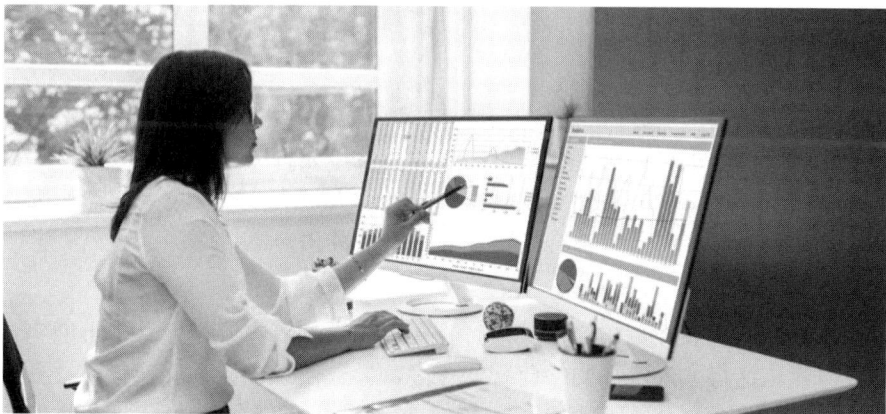

图 8-1-7 数据分析师

大模型的发展也推动了人才培养的升级。为了满足市场需求，教育机构和企业纷纷加强人工智能领域的人才培养，提高劳动者的技能水平和竞争力。

5. 促进经济社会发展与变革

大模型在公共服务领域的应用也具有重要意义。例如，在医疗领域，大模型可以帮助医生进行疾病诊断、治疗方案制订等工作，提高医疗服务水平；在教育领域，大模型可以为学生提供个性化的学习资源和辅导服务，提高教育效果。

大模型的发展还促进了全球范围内的合作与交流。不同国家和地区的企业和机构可以通过共享技术成果和经验，共同推动人工智能技术的发展和应用。

8.1.5　大模型技术的风险与挑战

大模型技术作为人工智能领域的核心驱动力之一，其快速发展为经济社会带来了前所未有的机遇，但同时也伴随着一系列的风险与挑战。以下是大模型技术面临的主要风险与挑战。

1. 技术层面的风险与挑战

1) 算力需求巨大

大模型的训练过程需要庞大的硬件算力资源支撑，包括高性能计算集群、大量 GPU 等。随着模型参数规模的持续扩张，对算力的要求也越来越高。大模型的训练和运行消耗大量电能，不符合社会可持续发展的理念。据统计，当前大模型已经消耗了约 5%的人类电力，并且这一比例还在快速增长。

2) 数据隐私与安全

大模型的训练通常依赖于大量的公开数据集和个人数据。如果这些数据包含敏感信息，模型可能会无意间学习到并保存这些信息，导致数据泄露风险增加。攻击者可能通过向模型输入精心设计的数据样本，使其产生错误输出，这种行为称为对抗性攻击。这种攻击方式严重威胁到大模型的安全性和可靠性。

3) 模型偏见与歧视

大模型的学习过程中可能会吸收训练数据中的偏见，导致模型输出具有歧视性的内容。这会影响公平性和公正性，引发社会争议。大模型的算法本身也存在局限性，可能无法完全避免偏见和歧视问题。

2. 应用层面的风险与挑战

1) 经济风险

大模型的研发和应用需要巨大的资金投入，但并不一定能够带来相应的经济回报。如果技术路线选择错误或市场需求变化，可能导致大量投入打了水漂。

大模型的广泛应用可能导致部分从事脑力劳动的人员失业，如文秘、绘画师、视频剪接工作者等。这将对经济消费和社会稳定造成一定的冲击。

2) 社会风险

大模型能够快速生成大量的文字、语音、图片和视频等内容，但其中可能包含虚假信息和误导性内容。这将大大增加网络监管的难度，导致信息虚无主义盛行。

数据污染、模型算法的局限性或恶意攻击等因素都可能导致大模型歪曲正确的价值观，生成和散播虚假有害信息，误导人类决策，从而破坏政治、文化等领域的认知安全根基。

3) 法律与伦理风险

当前法律法规对于大模型技术的监管相对滞后，无法完全覆盖其可能带来的风险和问题。这可能导致一些不法分子利用大模型技术进行违法活动。

任务思考

(1) 大模型技术的核心概念是什么？这些概念如何支撑 AIGC 的生成能力？

答：大模型技术的核心概念包括大规模预训练、深度学习架构和参数化模型。大规模预训练通过在大量数据上进行训练，使模型能够掌握广泛的知识和语境理解。Transformer 架构利用自注意力机制，能够并行处理大量数据，提高训练效率，优化生成效果。参数化模型通过增加模型参数，能够增强生成内容的复杂性和多样性。这些概念共同支撑了 AIGC 生成高质量、多样化内容的能力。

　　(2) 大模型技术未来的发展方向是什么？这些技术的进步可能带来哪些新的挑战和机遇？

　　答：大模型技术未来的发展方向包括模型规模的进一步扩展、跨模态生成能力的提升以及效率优化。模型规模将继续扩大，以捕捉更多复杂的语义和多模态数据。跨模态生成能力将融合文本、图像、音频等多种形式的数据，推动多模态内容的生成。效率优化则关注如何在降低计算成本的同时保持生成质量的提升。随着技术进步，新的挑战包括能源消耗、数据隐私和模型的可解释性，但同时也带来了在医疗、教育和娱乐等领域的新机遇。

习题巩固

一、单项选择题

1. 大模型是指(　　)。
A. 具有少量参数的深度学习模型　　B. 具有数千万甚至数亿参数的深度学习模型
C. 仅用于图像识别的模型　　　　　D. 只有一个神经网络层的模型

2. Transformer 架构主要用于(　　)。
A. 视觉数据处理　　　　　　　　　B. 生成模型
C. 序列数据处理　　　　　　　　　D. 数据压缩

3. 下列哪一项不是大模型的特点？(　　)
A. 高计算资源要求　　　　　　　　B. 小规模数据需求
C. 多任务学习　　　　　　　　　　D. 大规模参数

4. 以下哪种模型是语言大模型的代表作？(　　)
A. ResNet　　　　　　　　　　　　B. GPT
C. Vision Transformer　　　　　　　D. CLIP

5. 视觉大模型主要用于(　　)。
A. 文本生成　　　B. 语音识别　　　C. 图像分类　　　D. 游戏模拟

6. 多模态技术的核心优势是什么？(　　)
A. 处理单一模态数据　　　　　　　B. 提供更全面、更丰富的信息
C. 仅限于图像数据处理　　　　　　D. 简化数据处理流程

二、填空题

1. 大模型的参数规模通常是从数千万到_____个参数。

2. Transformer 架构的核心机制是_____机制。

3. 语言大模型中，_____模型被广泛应用于自然语言处理任务。

4. 视觉大模型通常使用_____神经网络来处理图像数据。

三、简答题

简述大模型的定义及其特点。

任务二　多模态大模型的技术发展

多模态大模型技术发展迅速，成为人工智能领域的新热点。它融合了文本、图像、音频和视频等多种数据类型，通过深度学习技术实现跨模态的理解与生成。随着技术的不断演进，多模态大模型在图像理解、视觉生成、统一视觉模型、LLM 支持及多模态 Agent 等方向展现出强大的能力，推动了人工智能在各领域的广泛应用和智能化发展。其技术进步不仅提升了模型的准确性和鲁棒性，还促进了人工智能技术的全面升级和产业升级。

任务目标

- 理解模态与多模态的概念。
- 熟悉多模态大模型的技术体系。
- 掌握多模态大模型的技术发展。

多模态大模型
的技术发展

任务内容

8.2.1　模态与多模态

模态与多模态是人工智能和数据处理领域中两个重要的概念，它们各自具有独特的含义和应用场景。

1. 模态

模态(Modality)在多个领域中有不同的定义，但在数据处理和人工智能领域，它通常指的是单一类型的数据或信息源。这些数据类型或信息源可以是多种多样的。

2. 多模态

多模态(Multimodality)指同时使用两种或多种不同类型的模态(即数据类型或信息源)进行信息交互或处理的方式。多模态数据如图 8-2-1 所示。

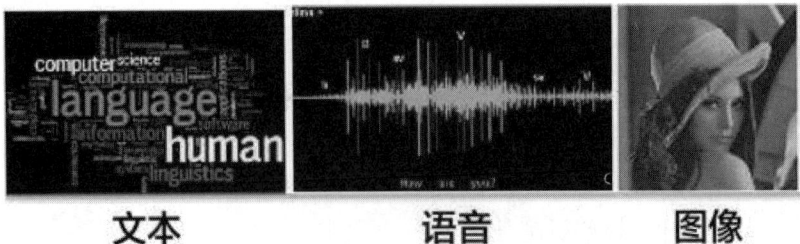

| 文本 | 语音 | 图像 |

图 8-2-1　多模态数据

在人工智能领域，多模态技术旨在融合不同类型的数据和信息，以实现更加准确、高效的人工智能应用。

多模态技术的核心优势在于能够整合多种类型的数据，从而提供更全面、更丰富的信息, 有助于提高人工智能系统的性能和应用范围。例如, 在自动驾驶汽车中, 多模态技术可以结合雷达、摄像头、超声波传感器等多种传感器获取的信息, 通过计算机视觉和深度学习等技术进行分析和处理, 从而更准确地感知周围环境并做出决策。

模态与多模态在数据处理和人工智能领域中扮演着重要角色。模态作为单一类型的数据或信息源, 为多模态技术的实现提供了基础。而多模态技术则通过整合多种类型的数据, 提高了人工智能系统的性能和应用范围, 为各个领域的发展带来了新的机遇和挑战。

8.2.2 多模态大模型的技术体系

多模态大模型的技术体系是一个复杂而综合的体系, 它融合了深度学习、自然语言处理、计算机视觉、语音识别等多种技术, 旨在处理和理解来自不同模态的信息。

1. 核心算法与技术

1) 深度学习

多模态大模型常基于 Transformer 架构, 该架构在处理序列数据方面表现出色, 能够同时处理不同模态的数据。

在此基础上, 多模态大模型通过深度学习模型(如卷积神经网络 CNN 用于图像, 循环神经网络 RNN 或 Transformer 用于文本和音频)提取不同模态数据的特征, 并将其编码为模型可理解的向量形式, 如图 8-2-2 所示。

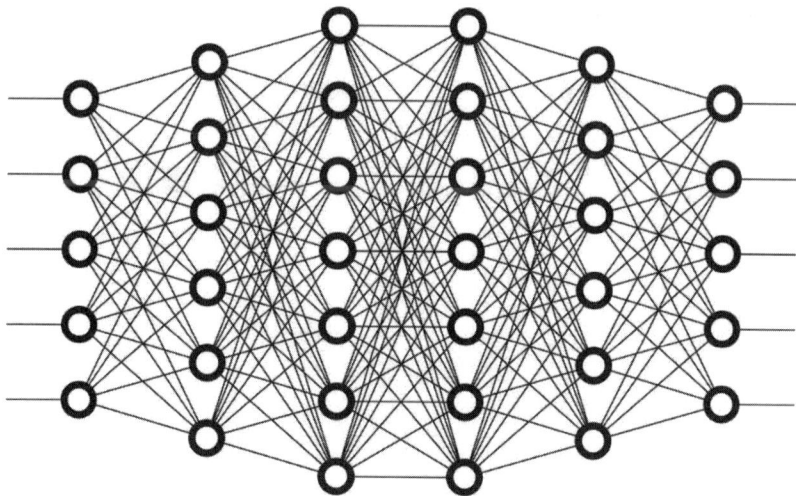

图 8-2-2 深度学习模型

2) 多模态融合

多模态大模型将不同模态的特征向量直接拼接成一个新的特征向量, 用于后续处理; 利用注意力机制来学习不同模态之间的关系, 从而实现多模态信息的有效融合; 将不同模态的信息表示为图中的节点, 利用图神经网络学习节点之间的关系, 实现多模态信息的整合。

3) 跨模态语义对齐

多模态大模型通过对比学习、自监督学习等方法, 实现不同模态之间的语义对齐, 使得模型能够理解不同模态之间的关联和互补性。

2. 技术体系架构

多模态大模型的技术体系架构通常包括以下几个部分。

1) 数据预处理

多模态大模型对不同模态的原始数据进行清洗、标注、编码等预处理操作，为模型训练提供高质量的数据集。

2) 特征提取与编码

多模态大模型使用专门的深度学习模型提取不同模态的特征，并将这些特征编码为模型可理解的向量形式。

3) 多模态融合模块

多模态大模型通过注意力机制、图神经网络等技术手段，将多个模态的特征向量整合为一个统一的表示，实现不同模态信息的融合。

4) 模型训练与优化

多模态大模型使用大规模的多模态数据集对模型进行训练，通过优化算法调整模型参数，提高模型的性能和泛化能力。

5) 应用层

多模态大模型将训练好的多模态大模型应用于实际场景，如跨模态检索、图像/视频描述生成、视觉问答、多模态情感分析等。

8.2.3 多模态大模型的网络结构设计

多模态大模型的网络结构设计是一个复杂而关键的过程，它旨在融合多种模态(如文本、图像、音频、视频等)的信息，以提高模型的理解和推理能力，如图 8-2-3 所示。

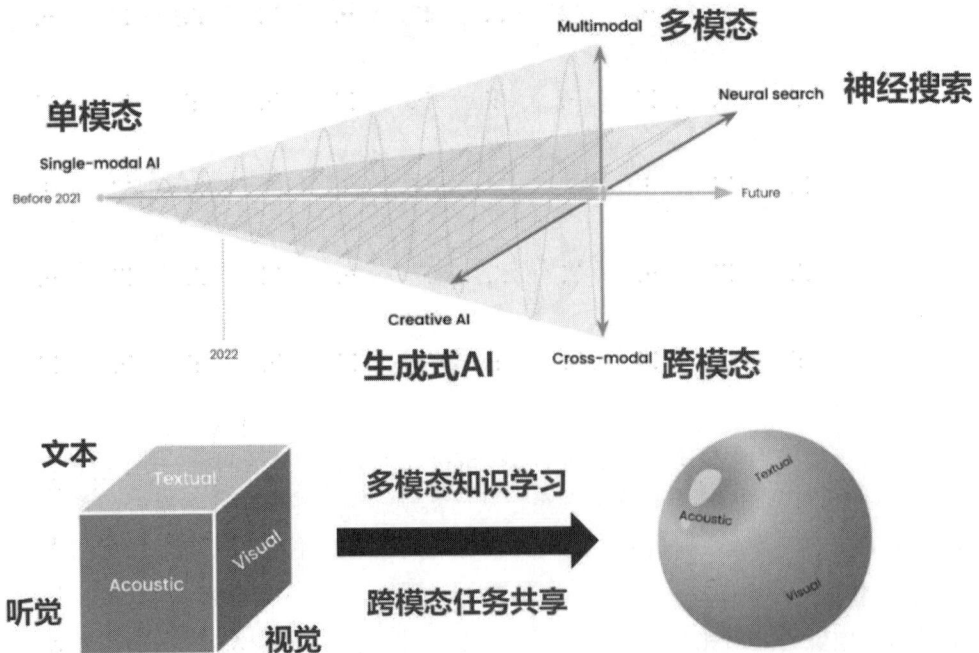

图 8-2-3 多模态大模型的网络结构

设计这样的模型涉及对网络结构的精心规划，以确保能够有效地捕捉不同模态之间的关系，融合信息并进行预测或生成。

1. 多模态大模型的架构设计

多模态大模型通常采用模块化设计，将不同模态的处理模块分开，便于对每种模态进行特定的特征提取和表示学习。这种设计方式可以有效管理不同模态的复杂性，并使得各模块可以独立优化。

每种模态的数据首先通过独立的处理模块进行预处理和特征提取。例如，图像模态可以使用卷积神经网络(CNN)提取视觉特征，文本模态可以使用词嵌入(Word Embeddings)和 Transformer 模型进行语义表示。

提取特征后，需要融合各模态的特征。常见的融合方法包括特征拼接、加权融合和对齐机制。特征融合模块的设计目标是将来自不同模态的特征整合为一个统一的表示。

融合后的特征会被输入到任务处理模块，用于具体任务的预测或生成。例如，在多模态对话系统中，任务处理模块可能包括对话生成和意图识别模块。

2. 多模态大模型的网络结构

1) 图像处理网络

对于图像模态，卷积神经网络(CNN)是主流的选择。常见的 CNN 架构包括 VGG、ResNet 和 EfficientNet 等。现代多模态模型可能会采用预训练的视觉模型(如 CLIP)作为特征提取器，以获得高质量的图像表示。

2) 文本处理网络

文本模态通常使用 Transformer 架构，例如 BERT、GPT 和 T5 等。Transformer 模型通过自注意力机制捕捉文本中的长距离依赖关系，能够生成高质量的语义表示。

3) 音频处理网络

音频模态的处理可以使用声学模型，如卷积神经网络(CNN)和循环神经网络(RNN)。此外，时频分析技术(如梅尔频率倒谱系数(MFCC))和序列到序列模型(如 CTC)也被广泛应用。

4) 视频处理网络

视频模态结合了空间和时间特征，通常采用三维卷积网络(3D CNN)、时序建模方法(如双流网络(Two-Stream Network)和时序卷积网络(TCL))。

8.2.4　多模态大模型的自监督学习优化

多模态大模型的自监督学习优化是一个复杂而重要的研究领域，它旨在通过利用未标记的多模态数据来提升模型的表现。

1. 数据增强与视图生成

1) 数据增强

多模态大模型通过对原始数据进行变换，如旋转、裁剪、颜色抖动等，生成多个视图，以丰富训练数据的多样性。这些变换后的视图在保持数据关键信息的同时增加了模型的泛化能力，如图 8-2-4 所示。

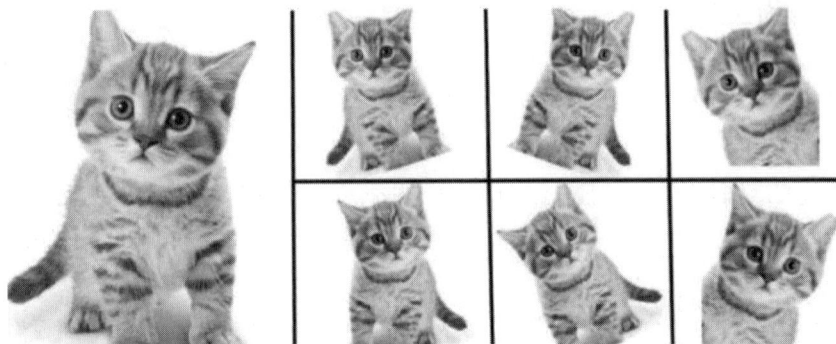

图 8-2-4　对原始数据的变换

2) 视图生成

多模态大模型利用图增强技术或其他方法生成原始数据的辅助视图，以供自监督学习使用。这些视图可以是不同模态之间的转换，也可以是同一模态内的不同表示。

2. 对比学习与目标函数

1) 对比学习

多模态大模型通过最大化正样本对之间的相似性和最小化负样本对之间的相似性来训练模型。在无负样本的情况下，可以利用数据增强生成的视图作为正样本对，通过对比不同视图之间的相似性来优化模型。

2) 目标函数

多模态大模型通过设计合理的目标函数来指导模型的训练。常见的目标函数包括对比损失(Contrastive Loss)、三元组损失(Triplet Loss)等。这些目标函数能够有效地捕捉数据之间的相似性和差异性。

3. 模型架构与融合机制

1) 编码器设计

为不同的模态设计专门的编码器，可提取各自的特征表示。这些编码器可以是卷积神经网络(CNN)、循环神经网络(RNN)或 Transformer 等。

2) 融合机制

对不同模态的特征表示进行融合，可形成统一的多模态表示。融合机制包括早期融合、晚期融合或混合融合等。其中，早期融合在特征提取阶段就进行融合，晚期融合则在特征表示形成后进行融合，而混合融合则结合了前两者的优点。

4. 注意力机制与图神经网络

1) 注意力机制

利用注意力机制捕捉用户对物品多模态特征的喜爱，可提高推荐准确率。为不同模态的特征分配不同的权重，使得模型能够更加关注重要的特征信息。

2) 图神经网络

在图基础推荐的研究中，采用图神经网络(GNN)利用多模态信息可增强用户和物品表示的学习，如图 8-2-5 所示。

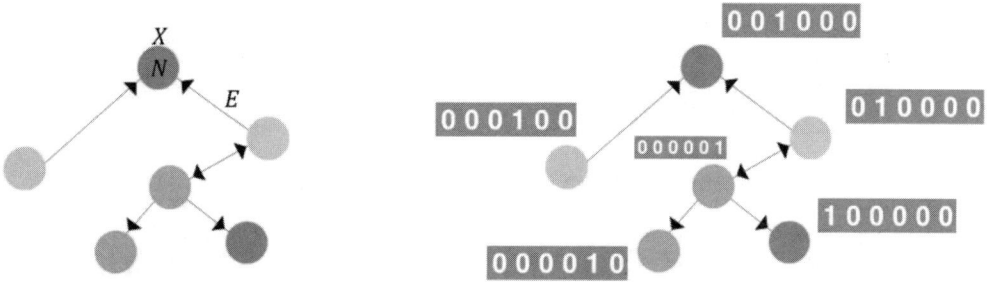

图 8-2-5　图神经网络

通过在用户-商品交互图上传播和聚合不同多模态信息，可提高模型的推荐性能。

5. 高效训练与优化算法

1) 高效训练

通过优化训练算法和硬件资源利用，可提高模型的训练速度。例如，采用分布式训练、混合精度训练等技术来加速训练过程。

2) 参数优化

利用梯度下降、Adam 等优化算法可对模型参数进行更新。

通过调整学习率、动量等超参数来优化训练过程，可提高模型的收敛速度和性能。

8.2.5　多模态大模型的下游任务微调适配

多模态大模型的下游任务微调适配是一个复杂而重要的过程，旨在使模型能够更好地适应各种具体的任务需求。

1. 下游任务微调的重要性

多模态大模型，如 LLaVA、CLIP 等，通常具有强大的泛化能力和迁移性，能够处理文本、图像、音频等多种模态的数据。然而，为了进一步提高模型在特定下游任务上的表现，往往需要对模型进行微调适配。

2. 微调适配的方法

1) 多任务指令微调

这种方法涉及对多模态大模型进行多任务训练，即同时考虑多个下游任务的数据和指令。然而，不同任务之间可能存在冲突，导致模型在泛化能力上有所下降。因此，在微调过程中需要仔细平衡不同任务的需求。

例如，研究人员通过视觉问答和图像描述等任务数据对模型进行微调，发现采用全量数据未必会取得最好效果，关键在于根据具体任务选择合适的数据集进行微调，如图 8-2-6

所示。

图 8-2-6　视觉问答

2) 稀疏专家模型与通用专家结合

为了解决多任务指令微调中的任务冲突问题，研究人员提出了稀疏专家模型(MoE)与通用专家结合的方法。不同的专家处理不同的任务，而通用专家则从所有数据中学习指令泛化能力。

例如，香港科技大学、南方科技大学和华为诺亚方舟实验室的联合研究团队提出了MoCLE 方法，如图 8-2-7 所示。

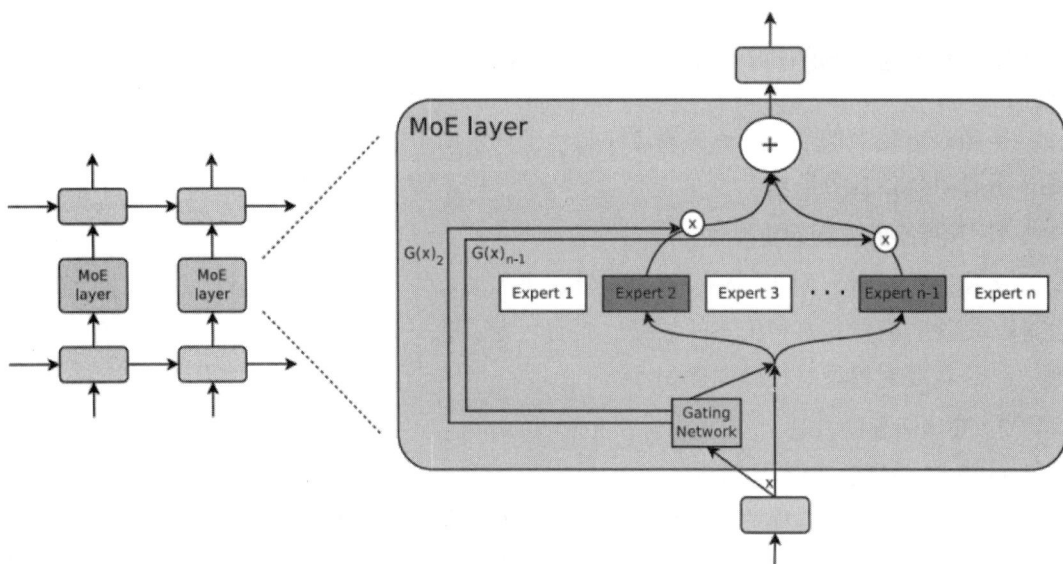

图 8-2-7　MoCLE 方法

引入稀疏专家模型和通用专家模块能够有效缓解任务冲突，并提高模型在下游任务中的泛化能力。

3) 动态专家模块

另一种方法是利用超参数网络与适配器构建动态专家模块。这种方法可以根据输入的感觉特征动态生成参数，从而实现视觉与语言对齐以及多模态指令微调的动态调整。

例如，浙江大学、上海科技大学等研究团队提出的 HyperLLaVA 方法，通过在大语言模型中引入动态专家模块，有效提升了模型在处理多样化多模态任务时的灵活性和泛化性。

4) 轻量级适配方法

为了减少计算成本和训练时间，研究人员还提出了轻量级适配方法，如 LLaMA-Adapter。

这种方法通过冻结大部分预训练模型参数，并引入少量可学习参数进行微调，实现了高效且有效的模型适配。

例如，LLaMA-Adapter 方法在 LLaMA 模型的基础上添加可学习的适应性提示层，并使用零初始化的注意力和门控机制进行微调，实现了对多模态输入的快速适应，如图 8-2-8 所示。

3. 微调适配的注意事项

在进行微调之前，需要仔细选择适合下游任务的数据集，并进行适当的预处理，包括数据清洗、标注、归一化等操作，以确保数据的质量和一致性。

微调过程中的超参数对模型性能有显著影响。因此，需要通过实验找到最优的超参数组合。在微调过程中，需要定期评估模型在下游任务上的性能，并根据评估结果进行调整和优化。这包括调整模型架构、微调策略等。

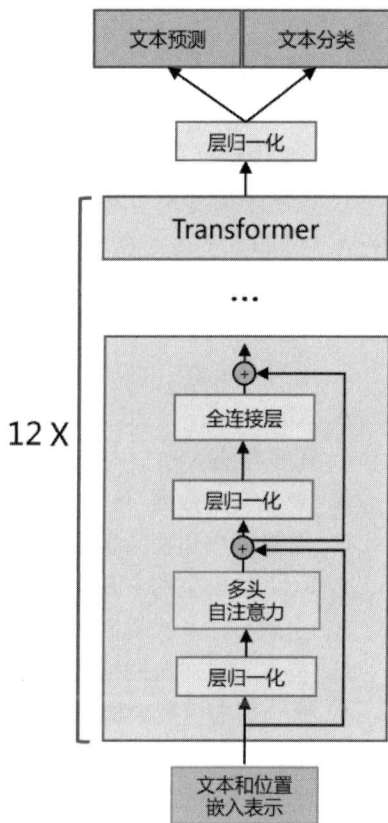

图 8-2-8　LLaMA 系列模型架构

任务思考

(1) 多模态大模型的核心技术有哪些？这些技术如何实现跨模态内容的生成与理解？

答：① 多模态大模型的核心技术包括自注意力机制、跨模态对齐和多模态融合。② 自注意力机制允许模型在处理不同模态的数据时，关注输入中的关键部分。③ 跨模态对齐技术通过将不同模态的数据映射到相同的表示空间，使得模型能够在不同模态之间建立联系。④ 多模态融合技术则将多个模态的信息整合在一起，生成统一的输出，实现文本、图像、音频等多种内容的互相生成与理解。这些技术使得 AI 可以处理和生成更复杂的、多样化的内容。

(2) 多模态大模型的发展方向是什么？这些技术的进步将给哪些领域带来重大影响？

答：① 多模态大模型的发展方向包括更精细的模态融合、实时交互生成能力以及更高效的训练与推理。② 未来模型将更精准地融合不同模态的数据，实现更复杂的交互生成。实时交互生成能力将增强虚拟现实、游戏等领域的沉浸体验，更好地满足实时互动需求。与此同时，训练与推理效率的提升将使得这些模型在低资源环境下也能发挥强大作用。③ 这些进步将对虚拟现实、智能制造、自动驾驶等领域产生重大影响，推动这些行业的智能化与创新发展。

习题巩固

一、单项选择题

1. 以下哪项技术不属于多模态大模型的核心算法？（　　）

A. 深度学习　　　　B. 目标检测　　　　C. 多模态融合　　D. 跨模态语义对齐

2. 大模型的发展历程中的"爆发期"开始于哪个年份？（　　）

A. 1956 年　　　　B. 2006 年　　　　C. 2013 年　　　　D. 2020 年

3. 语言大模型中的 BERT 模型由哪家公司发布？（　　）

A. Microsoft　　　B. Facebook　　　C. Google　　　　D. OpenAI

4. 在多模态大模型中，图神经网络的主要作用是什么？（　　）

A. 处理文本数据　　　　　　　　B. 提取视觉特征

C. 增强用户和物品表示的学习　　D. 分析音频数据

5. ResNet 模型的主要创新点是（　　）。

A. 引入自注意力机制　　　　　　B. 使用残差连接

C. 基于生成对抗网络　　　　　　D. 使用递归神经网络

6. 哪一种大模型架构用于处理图像数据？（　　）

A. T5　　　　　　　　　　　　B. GPT-3

C. Vision Transformer　　　　　D. BERT

二、填空题

1. 多模态大模型的特征提取与编码过程包括将不同模态的数据转化为_____。

2. 在多模态大模型中，_____学习是一种重要的训练策略。

3. 大模型的发展历程中的"爆发期"开始于_____年。

4. 多模态大模型中，图神经网络的作用是_____用户和物品表示的学习。

三、简答题

Transformer 架构在语言大模型中的作用是什么？

任务三　私有化多模态大模型项目实战

在人工智能发展的浪潮中，大模型尤其是多模态大模型，逐渐成为推动技术进步的重要力量。这些模型通过整合多种模态的信息，如图像、文本、语音等，能够实现更加智能和多样化的应用。本次任务将在本地搭建私有化多模态大模型，并探索如何在私有环境中实现大规模数据的安全处理与分析。

任务目标

- 理解多模态大模型的基本概念。
- 理解 Ollama、OpenWebUI、Llama3 的基本概念。
- 掌握并实践私有化多模态大模型的部署与使用。

任务内容

8.3.1　多模态大模型的基本概念

多模态大模型是人工智能领域中的一种高级模型，其独特之处在于能够同时处理和整合来自不同数据模态的信息。所谓模态，指的是数据的形式或种类，例如图像、文本、音频等。传统的人工智能模型大多是单模态的，即它们只处理单一类型的数据。例如，自然语言处理模型(如 BERT)主要处理文本数据，而卷积神经网络(CNN)则主要用于处理图像数据。这些单模态模型虽然在各自的领域内表现出色，但它们在处理多种模态数据的任务中往往存在局限性。

与之相对，多模态大模型能够同时处理多种类型的数据，并通过特定的机制将这些数据融合在一起。多模态模型的核心思想是通过联合学习，使得模型能够理解和生成与多种模态相关的信息。这种能力使得多模态大模型在许多复杂的任务中表现出色。例如，在图像问答任务中，模型不仅需要理解输入的图像，还需要根据问题的文本生成合理的回答。这种任务要求模型具备处理和整合视觉与语言信息的能力，而单模态模型显然无法胜任。

多模态大模型的定义可以归纳为：一种能够同时处理多种模态数据，并通过联合学习机制实现不同模态信息之间相互理解与生成的深度学习模型。与单模态模型相比，多模态大模型通常具有更复杂的架构和更强大的特征提取能力，这使得它们在面对多种类型数据的任务时表现更为出色。例如，在跨模态检索任务中，多模态大模型能够根据输入的文本检索相关的图像，或根据图像生成对应的文本描述。

8.3.2　Ollama、OpenWebUI 和 Llama3 的介绍

Ollama 是一个强大的语言模型接口和工具，旨在简化与大型语言模型(如 Llama3)的交互。它通过提供易于使用的 API 和工具，帮助开发者和研究人员更轻松地构建、管理和部署基于语言模型的应用。

OpenWebUI 是一个开放源代码的用户界面框架，专为机器学习和人工智能模型的可视化和交互设计。它提供了一个灵活的平台，使用户能够通过浏览器与 AI 模型交互。

Llama3 是一个新一代的语言模型，基于前沿的深度学习技术，它继承了前几代 Llama 模型的优势，并在以下几个方面进行了改进。

1) 增强的语言理解

Llama3 能够处理更复杂的语言结构，并提供更加准确的和与上下文相关的回答。

2) 更好的生成能力

Llama3 在文本生成任务中表现出色，能够生成更连贯和自然的文本。

3) 可扩展性

Llama3 支持大规模数据的训练，能够适应更广泛的应用场景。

Ollama、OpenWebUI 和 Llama3 可以组合使用，以创建强大的自然语言处理系统。例如，开发者可以通过 Ollama 接口调用 Llama3 模型，并使用 OpenWebUI 为用户提供一个交互界面。这样，用户不仅能够在浏览器中直观地与模型交互，还能够利用 Llama 的强大语言处理能力完成复杂的任务。

这种协作方式的优势在于，Ollama 提供了简化的模型管理和调用功能，OpenWebUI 提供了用户友好的交互界面，而 Llama3 则提供了强大的语言处理能力，从而形成一个功能强大且易于使用的 AI 系统。

8.3.3　使用 Ollama + OpenWebUI + Llama3 本地部署私有化多模态大模型

Ollama 是一个允许在计算机上本地运行的开源语言大模型(LLM)的工具。它可以方便地在本地 CPU 上部署许多开源的大模型。我们可以在其官网上直接下载安装。打开官网就可以看到下载选项了，如图 8-3-1 所示。

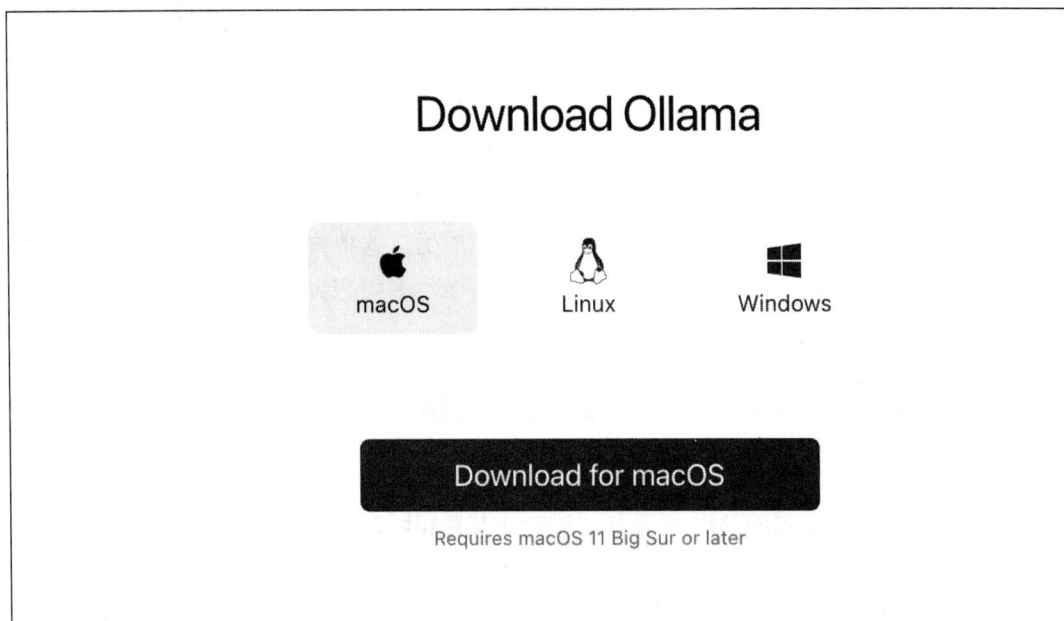

图 8-3-1　下载 Ollama 模型

下载完成后，进行安装，安装完成后需要下载需要使用的对话模型和向量模型，如图 8-3-2 所示，这里先下载对话模型。

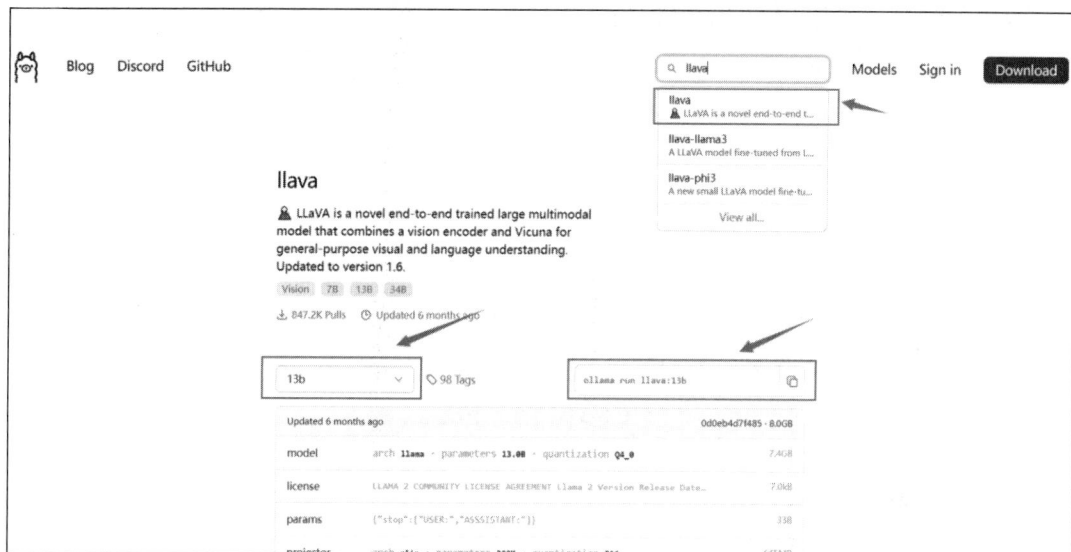

图 8-3-2　下载对话模型

在 Ollama 官网的顶部右侧找到 Models 选项，在这里可以搜索 llava 模型并选择所需要的版本复制右侧的命令指示。之后将命令复制粘贴到终端的命令提示符窗口，即可下载该模型。下载完成后如图 8-3-3 所示，并且可以测试验证是否下载完成。若能正常回复信息则证明下载完成。

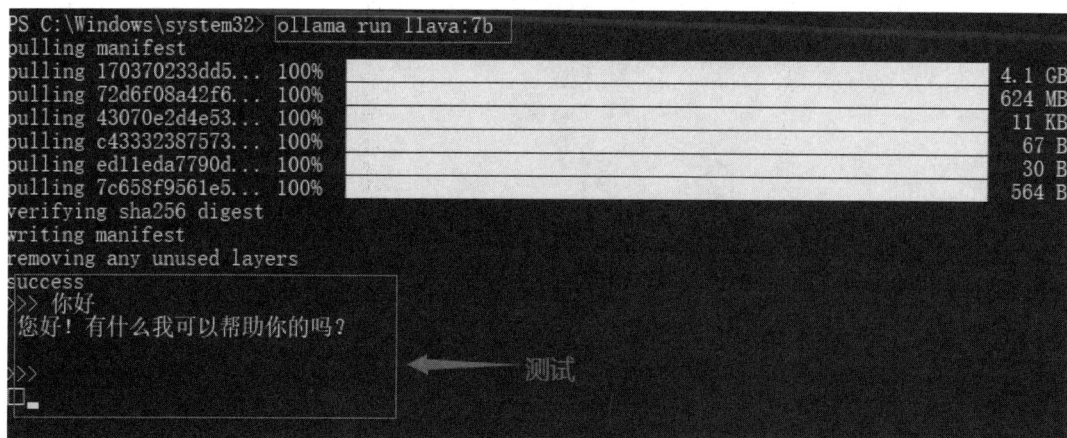

图 8-3-3　对话模型安装完成

完成对话模型的下载之后要下载一个向量模型。向量模型采用 dmeta 的中文模型，同样在官网中的 Models 选项处，搜索 dmeta 并复制其命令，和下载 llava 的方式一样，安装 dmeta。此处值得注意的是，要选择中文版，即带 -zh 后缀的，不要选错。安装完成后如图 8-3-4 所示。

```
PS C:\Windows\system32> ollama pull shaw/dmeta-embedding-zh
pulling manifest
pulling 26bd607a51eb... 100%
pulling 5bbbf644084d... 100%
verifying sha256 digest
writing manifest
removing any unused layers
success
```

图 8-3-4　向量模型下载完成

为了确保安装成功，我们可以使用 ollama list 命令在指令控制器中查看我们成功下载的模型，如图 8-3-5 所示，如果下载成功就会出现两个模型的名字、大小、下载时间等。

```
PS C:\Windows\system32> ollama list
NAME                              ID            SIZE    MODIFIED
shaw/dmeta-embedding-zh:latest    55960d8a3a42  408 MB  19 minutes ago
llava:7b                          8dd30f6b0cb1  4.7 GB  4 hours ago
PS C:\Windows\system32> _
```

图 8-3-5　验证下载

下载完两个大模型之后就需要一个十分强大且友好的交互界面，此处选择的是 OpenWebUI，这是一个可扩展的、功能丰富的、用户友好的自托管 Web 界面，被设计用于完全离线运行。

OpenWebUI 支持各种 LLM(大型语言模型)运行器，包括 Ollama 和兼容 OpenAI 的 API。下载它也十分简单，首先我们要检查 docker 是否在运行，如果 docker 在运行，那么我们可以在指令控制器中输入以下指令下载。

docker run -d -p 3000:8080 --add-host=host.docker.internal:host-gateway -v open-webui:/app/backend/data --name open-webui --restart always ghcr.io/open-webui/open-webui:main

输入完成后，等待安装，安装完成后如图 8-3-6 所示。

```
PS C:\Windows\system32> docker run -d -p 3000:8080 --add-host=host.docker.internal:host-ga
teway -v open-webui:/app/backend/data --name open-webui --restart always ghcr.io/open-webu
i/open-webui:main
Unable to find image 'ghcr.io/open-webui/open-webui:main' locally
main: Pulling from open-webui/open-webui
e4fff0779e6d: Pull complete
d97016d0706d: Pull complete
53db1713e5d9: Pull complete
a8cd795d9ccb: Pull complete
de3ba92de392: Pull complete
6f4d87c224b0: Pull complete
4f4fb700ef54: Pull complete
dd92a6022ddb: Pull complete
bbbfed48a772: Pull complete
a825beebdb5b: Pull complete
fd0f6bc6022b: Pull complete
4b10ca2c003a: Pull complete
a3ad9497b5bd: Pull complete
51f9a5aab456: Pull complete
b2d0f2e14def: Pull complete
de00304a38e7: Pull complete
Digest: sha256:739f63c9adbd6b40e6d4c99c6acc3ddf991bd181953fae4e05df14401d900af7
Status: Downloaded newer image for ghcr.io/open-webui/open-webui:main
333b981de0deb33d4ed665ee6015288d39504304282f2317283801250cdeb043
```

图 8-3-6　安装完成

安装完成后可以在 docker 看到其服务，如图 8-3-7 所示。

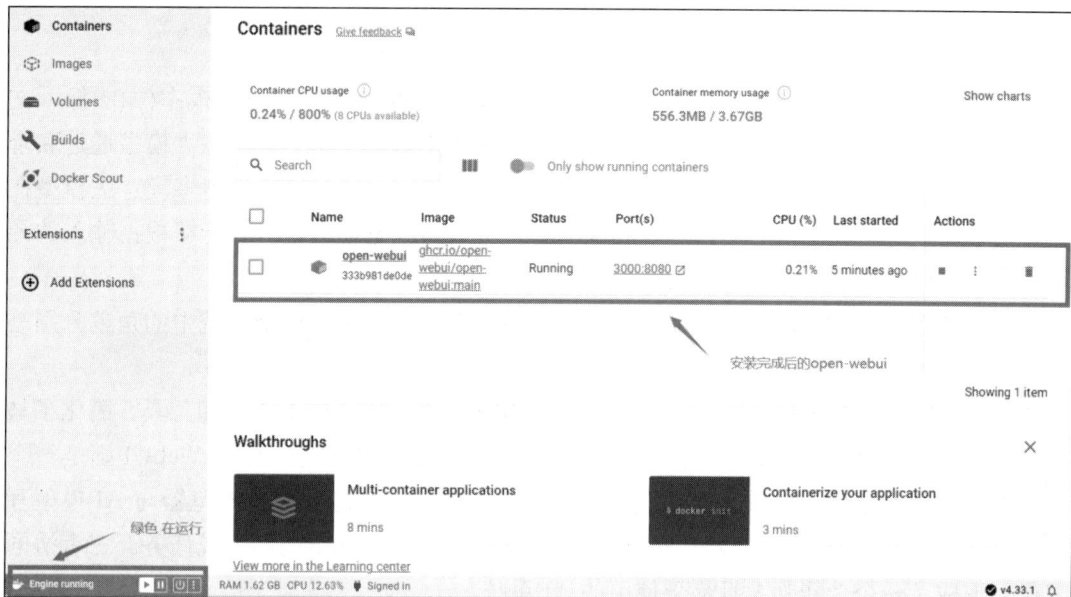

图 8-3-7　docker 部署完成

安装完成后点击 docker 上此服务的端口号并注册账号即可使用。注意，当我们采用不同模型的时候记得要更换模型。

如图 8-3-8 所示，此时就可以直接使用了，部署完成。

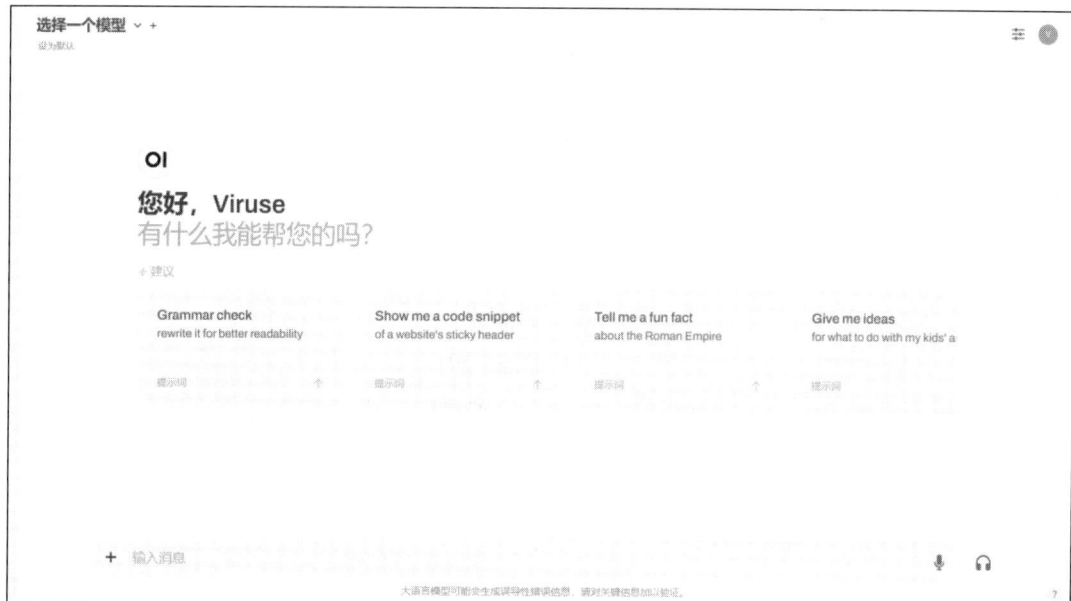

图 8-3-8　部署完成

最后就可以在本地测试私有化多模态大模型了，其性能依赖于计算机的处理性能。

任务思考

(1) 多模态大模型相较于单模态模型的主要优势是什么？

答：多模态大模型的主要优势在于它能够同时处理和整合来自不同模态(如图像、文本、音频等)的信息。与单模态模型只能处理单一类型的数据不同，多模态大模型通过联合学习机制，能够实现不同模态信息之间的相互理解与生成。这种能力使得多模态大模型在处理复杂任务时表现更为出色，例如图像问答任务或跨模态检索任务，能够根据输入的图像生成文本描述，或根据文本检索相关图像。

(2) Ollama、OpenWebUI 和 Llama 3 在构建私有化多模态大模型系统中的角色分别是什么？

答：在构建私有化多模态大模型系统中，Ollama 作为语言模型接口和工具，简化了与大型语言模型(如 Llama 3)的交互，并提供了模型管理和调用功能。OpenWebUI 则是一个开放的用户界面框架，提供了用户友好的交互平台，使用户能够通过浏览器与 AI 模型互动。Llama 3 是系统中的核心语言模型，负责处理复杂的语言结构和生成任务。三者协同工作，形成了一个功能强大且易于使用的 AI 系统。

习题巩固

一、单项选择题

1. 哪种模型架构用于处理图像数据的生成任务？( )

A. GAN   B. Transformer

C. BERT   D. ResNet

2. 以下哪种技术不用于多模态大模型的训练？( )

A. 自监督学习   B. 对比学习

C. 图像压缩   D. 数据增强

3. 大模型的"发展趋势"不包括以下哪项？( )

A. 技术多元化   B. 智能化

C. 单一模态处理   D. 性能提升

4. 多模态大模型中的"特征提取与编码"主要是( )。

A. 数据清洗

B. 特征融合

C. 将数据转化为模型可理解的向量形式

D. 模型评估

5. 哪种任务不适合多模态大模型的应用？( )

A. 图像描述生成   B. 跨模态检索

C. 线性回归   D. 多模态情感分析

6. 大模型在推动产业升级方面的作用主要表现在(　　)。

A. 提高生产力　　　　　　　　B. 增加能耗

C. 数据隐私保护　　　　　　　D. 模型简化

二、填空题

1. GAN(生成对抗网络)主要用于处理_____数据。

2. 大模型在自然语言处理中的应用包括情感分析和_____。

3. 图像数据处理的模型通常使用_____卷积神经网络。

4. 在多模态大模型中,数据预处理包括_____和清洗。

三、简答题

简述自监督学习在大模型训练中的作用。

附录　习题巩固答案解析

■ 项目一

任务一

一、单项选择题

1. A　2. B　3. A　4. B　5. A　6. C

二、填空题

1. Artificial Intelligence　2. 约翰·麦卡锡　3. 智能　4. 神经元

三、简答题

图灵测试的核心思想在于，如果一台机器能够与人类展开对话而不被辨别出其机器身份，那么这台机器就具有智能。

任务二

一、单项选择题

1. D　2. B　3. D　4. A　5. A　6. C

二、填空题

1. 20　2. 专家系统　3. 艾伦·纽厄尔(Allen Newell)　4. 神经网络

三、简答题

连接主义流派在发展历程中遇到的主要挑战包括早期理论模型的局限性、生物原型理解的不充分以及技术条件的制约，导致研究在 20 世纪 70 年代后期至 80 年代初期陷入瓶颈。尽管后来技术进步和新的算法推动了领域复兴，但仍未完全达到预期，特别是在实现通用人工智能和解决复杂决策问题方面仍面临挑战。

任务三

一、单项选择题

1. B　2. C　3. D　4. C　5. A　6. C

二、填空题

1. 上文理解与记忆　2. AI　3. 智能分析　4. 库存

三、简答题

超人工智能的实现面临诸多挑战和不确定性，包括：① 技术难题，如何实现智能水平远远超越人类的系统需要解决许多复杂的技术问题。② 安全性，超人工智能可能带来不可预测的风险，需要确保其行为对人类和社会是安全的。③ 道德和伦理问题，超人工智能可能具备人类所不具备的能力，如何规范和管理其使用是一个重要的伦理问题。

项目二

任务一

一、单项选择题

1. D　2. B　3. C　4. A　5. C　6. C

二、填空题

1. 原始素材　2. 上下文　3. 图形　4. 如果……那么……

三、简答题

数据是原始的记录和符号集合；信息是对数据进行处理和解释后得到的有意义内容；知识是在信息基础上，通过实践和经验积累起来的系统化、结构化的认知成果。这三者共同构成了人工智能系统的核心要素，推动着人工智能技术的发展。

任务二

一、单项选择题

1. A　2. B　3. C　4. A　5. C　6. C

二、填空题

1. 逻辑　2. 形式化　3. 层次　4. 分支

三、简答题

遗传算法模拟自然进化过程，通过选择、交叉、变异等操作来逐步产生新解，并通过适应度评估选择最优解。它以编码的形式表示决策变量，适用于求解复杂优化问题。

任务三

一、单项选择题

1. B　2. D　3. B　4. A　5. B　6. C

二、填空题

1. 模型选择　2. 广播　3. 匹配　4. 交互式会话

三、实操程序题

填空 1：symptom

填空 2：observations

项目三

任务一

一、单项选择题

1. B　2. B　3. B　4. D　5. B　6. B

二、填空题

1. 连续　2. 原始　3. 分类　4. 迭代更新簇中心

三、简答题

① 分类标签是离散的，表示数据样本所属的类别。② 回归标签是连续的数值，表示

预测目标的实际值。③ 分类用于将样本分类为预定义类别，回归用于预测连续数值。

任务二

一、单项选择题

1. B　2. C　3. D　4. C　5. B　6. D

二、填空题

1. 特征转换　2. 损失函数　3. 算法　4. 性能

三、简答题

模型是机器学习中的算法和数据结合的产物，通常以数学函数或计算图的形式存在。它用于接收输入数据并产生输出预测，表示了数据中的规律和模式。

任务三

一、单项选择题

1. C　2. B　3. C　4. B　5. C　6. C

二、填空题

1. 凸二次规划　2. 特征空间　3. 高斯　4. 有向边

三、实操程序题

填空 1：False

填空 2：32

■ 项目四

任务一

一、单项选择题

1. C　2. A　3. C　4. C　5. A　6. B

二、填空题

1. 学术界　2. 多层次的人工神经网络　3. 神经网络训练　4. 自动特征提取

三、简答题

深度学习与传统机器学习的主要区别在于深度学习具有自动提取特征的能力，而传统机器学习通常需要人工设计特征。深度学习能够通过构建深层次的神经网络自动从原始数据中学习并提取有效特征表示，减少了人工干预。

任务二

一、单项选择题

1. C　2. D　3. C　4. B　5. D　6. C

二、填空题

1. 神经网络　2. 原始数据　3. 输入　4. 反向传播

三、简答题

感知机是一个线性二分类模型，通过加权输入信号与偏置相加形成净输入，然后通过激活函数产生输出，用于分类决策。它包含输入层、加权求和、偏置和激活函数。

任务三

一、单项选择题

1. A　2. A　3. B　4. D　5. B　6. B

二、填空题

1. 循环　2. 梯度消失，梯度爆炸　3. 上下文　4. 随时间反向传播(BPTT)

三、简答题

GRU 通过引入更新门和重置门两个控制门结构，动态地调整信息的流动，有效捕捉长期依赖关系，从而避免了传统 RNN 中因长时间依赖导致的梯度消失问题。

■ 项目五

任务一

一、单项选择题

1. C　2. C　3. B　4. D　5. B　6. C

二、填空题

1. 质量，可用性　2. 物理世界　3. 像素　4. 挑战

三、简答题

计算机视觉的核心目标是跨越"语义鸿沟"，即在低层次的像素数据与高层次的语义理解之间建立有效的映射关系，使计算机能够理解和解释视觉数据，并做出相应的决策。

任务二

一、单项选择题

1. D　2. B　3. C　4. B　5. B　6. B

二、填空题

1. 图像识别　2. 边缘检测，纹理分析　3. 行人，车辆　4. 图像数据

三、简答题

图像预处理包括图像降噪、对比度增强、灰度转换等操作，这些步骤旨在提高图像的质量，并为后续的处理步骤做好准备。

任务三

一、单项选择题

1. C　2. B　3. B　4. B　5. D　6. C

二、填空题

1. 离散　2. 椒盐　3. 相机抖动　4. 尺度归一化

三、程序实操题

填空 1：cv2.imread('example.jpg')

填空 2：cv2.cvtColor(image, cv2.COLOR_BGR2GRAY)

填空 3：cv2.GaussianBlur(image, (15, 15), 0)

填空 4：cv2.Canny(gray_image, 100, 200)

■ 项目六

任务一

一、单项选择题

1. A　2. B　3. D　4. B　5. D　6. D

二、填空题

1. 人工智能，计算语言学　2. 层次关系　3. 共现　4. 自注意力

三、简答题

自注意力机制是通过计算句子中的每个词与其他词之间的相关性(注意力权重)，从而捕捉全局的依赖关系。它能够有效处理长距离依赖问题，避免传统序列模型中信息逐步衰减的问题。因此，它在 Transformer 模型中至关重要，使模型能够并行计算，并更好地捕捉句子中的上下文关系。

任务二

一、单项选择题

1. B　2. C　3. B　4. C　5. A　6. A

二、填空题

1. Skip-gram　2. 顺序　3. Transformer　4. 生成

三、简答题

LSTM(长短期记忆网络)通过引入遗忘门、输入门和输出门来控制信息流动，有效解决了 RNN 在处理长序列时的梯度消失和梯度爆炸问题。LSTM 能够记住和忘记特定时间步的依赖信息，因此在捕捉长距离依赖时表现更好。

任务三

一、单项选择题

1. C　2. B　3. B　4. B　5. A　6. B

二、填空题

1. 自注意力　2. 概率　3. 中心词　4. 梯度消失

三、简答题

词义消歧是指在上下文中确定一个多义词的正确含义。在自然语言处理中，许多词具有多种含义，正确理解句子或段落的含义需要准确识别每个词在特定上下文中的意义。因此，词义消歧对于提高机器翻译、信息检索和自动摘要等任务的准确性至关重要。

■ 项目七

任务一

一、单项选择题

1. A　2. A　3. D　4. B　5. B　6. B

二、填空题

1. Artificial Intelligence Generated Content　2. 艾伦·图灵

3. 伊利亚克组曲 4. GAN

三、简答题

AIGC(Artificial Intelligence Generated Content)是指通过人工智能生成的内容，而 UGC (User Generated Content)是用户生成的内容。两者的主要区别在于 AIGC 是由算法或 AI 模型自动生成的，UGC 则由用户手动创建，AIGC 极大地减少了人类干预，提高了内容生产的效率。

任务二

一、单项选择题

1. B 2. B 3. C 4. B 5. A 6. A

二、填空题

1. 阳光失了玻璃窗 2. 英伟达 3. 文本 4. 卷积神经网络

三、简答题

生成对抗网络(GAN)包括生成器和判别器两个部分。生成器试图生成与真实数据相似的内容，而判别器则判断生成的内容是否真实。两者通过相互对抗的方式提升各自的能力，最终生成器能够生成高度逼真的数据，而判别器无法区分生成的内容与真实内容。

任务三

一、单项选择题

1. B 2. A 3. B 4. B 5. C 6. A

二、填空题

1. 内容创作 2. 2012 3. 2017 年 4. 人脑神经网络

三、简答题

DALL-E 模型的核心技术是基于 Transformer 架构的自然语言处理和生成技术。DALL-E 能够通过理解文本描述，生成相应的图像。它将语言和视觉紧密结合，实现了从文本到图像的跨模态生成任务。

■ 项目八

任务一

一、单项选择题

1. B 2. C 3. B 4. B 5. C 6. B

二、填空题

1. 千亿 2. 自注意力 3. GPT 4. 卷积

三、简答题

大模型是指具有大量参数的深度学习模型，通常拥有数千万甚至数亿个参数。其特点包括高计算资源需求、能够处理复杂任务、支持多任务学习和大规模数据处理。

任务二

一、单项选择题

1. B 2. D 3. C 4. C 5. B 6. C

二、填空题

1. 向量　2. 自监督　3. 2020　4. 增强

三、简答题

Transformer 架构通过自注意力机制来处理序列数据，使得模型能够更好地捕捉上下文信息和长距离依赖关系，从而提升了语言模型的性能。

任务三

一、单项选择题

1. A　2. C　3. C　4. C　5. C　6. A

二、填空题

1. 图像　2. 文本生成　3. 深度　4. 标准化

三、简答题

自监督学习通过利用未标记的数据进行模型训练，以自我生成标签或任务，提升模型的性能。它有助于大模型在数据标注不足的情况下，仍然能够有效地学习和优化，从而提高模型的泛化能力。

参 考 文 献

[1]　李开复，王咏刚. 人工智能. 北京：文化发展出版社，2017.

[2]　周志华. 机器学习. 北京：清华大学出版社，2016.

[3]　马月坤，陈昊. 人工智能导论. 北京：清华大学出版社，2021.

[4]　缪鹏. 深度学习实践：计算机视觉. 北京：清华大学出版社，2019.

[5]　吴军. 智能时代：大数据与智能革命重新定义未来. 北京：中信出版社，2016.

[6]　高扬. 数据科学家养成手册. 北京：电子工业出版社，2017.

[7]　陈明. 人工智能基础. 北京：清华大学出版社，2023.

[8]　张华平，商建云，汤泽阳，等. 自然语言处理与应用. 北京：清华大学出版社，2023.

[9]　宋丽梅，王红一. 智能图像处理与分析识别. 北京：机械工业出版社，2023.

[10]　刘阳，林倞. 多模态大模型：新一代人工智能技术范式. 北京：电子工业出版社，2024.